ものと人間の文化史 125

# 粉

三輪茂雄

法政大学出版局

目　次

## 第2章　時間を実感できるタイムスケール　33

## 第4章 二種の石臼伝来 109

## 第5章 開花した日本の粉の文化 137

## 第6章　日本の食文化の伝統　167

## 第8章 粉のダイナミックス 227

# まえがき

私はもともと工学畑育ちだったから、文化史と称する本を書くなど大それたことは、考えてもみなかった。ところが一九八五年にＮＨＫ京都局におられた安藤都紫雄氏から「粉の文化史」という番組を作るからと誘われて教育テレビ毎週四五分番組で一二回の取材に応じた。おもしろくて無我夢中で取り組んだ。毎週の出演に使う実験資材の出入りで、研究室はおおいに攪拌された。攪拌されたのは研究室だけでなく私のその後の人生の行方まで変えた。テキストが出版された。それが元になって『粉の文化史』（一九八七年、新潮社）が出版された。

それから二十数年、世紀も変わり、粉の文化も大きく変わった。粉と聞いて小麦粉と答えた多くの学生たちもそろそろ定年の声を聞く頃だ。この辺で二〇世紀の粉の文化史をまとめておく必要がありそうだ。

内容は出来るだけ私自身が体験した事実に基づくように配慮した。粉は実際に手を汚して扱うこと抜きでは理解できない。それにしても大抵の場面で、私は実際にその粉に触れる機会があったのは幸いだった。粉体機械メーカーにも、また粉を造る会社にも役員として参加した。これは私大だったからできたことだった。粉のユーザーからのクレーム処理にも身分を隠して出かけたこともあった。営業の連中に連れられて会社に入るときは玄関から入ってはいけないとか、先方の自慢話はできるだけ聞こうとか、これは粉を扱う会社の方々なら経験があることだ。別に大学に持ち込まれる数々の粉とつき合う機会もあった。

ＩＴ時代になって検索でより詳しい情報が得られるようになったが、いわゆるごみ情報の氾濫で肝心の情報にヒットできないことが多い。検索サイトがあるが、必ずしも目指すターゲットにヒットするわけではない。キーワードだけでヒットするものは避けたが、しない場合はＵＲＬを書き込んでいるので厄介だが参照していただけるよう配慮した。書籍では無理なカラーの映像に出会えることもあり、関連する別な情報にも接する利点もある。それぞれの起源を知るための情報源もできるだけ記すよう留意した。また発明者などの名前はたとえばエジソンなどとカナ書きすることが多いが、英字表示の方が原文に出会える機会もあることに配慮した。

『粉の文化史』の出版からの二十数年は世界が大きく変わる時期だった。現在の粉体工学界はナノ粒子の世界に入り込んでいる。そのただ中にいて冷静に歴史を考える仕事は現役でない今こそできることだと思う。それに会社にも大学にも何の〝しがらみ〟もないから、今まで遠慮していたことも平気で書ける。私に親切に教えていただいた今はなき方々の顔を思い描きながらの執筆だった。

今日までに私と快くつきあっていただいた、無数の方々のお蔭である。いちいち断りもしない横暴をお許し下さい。

なお本書は一九七八年の〈ものと人間の文化史〉シリーズの『臼』・『篩』と同時に依頼されたが、何十年もの間気長に執筆を待っていただいた法政大学出版局の松永辰郎氏に感謝の意を表したい。

二〇〇四年六月吉日

三 輪 茂 雄

# 第1章　粉とは

小麦の粒を〝粉〟に挽き、麩（不純物）を除去して〝白い粉〟をつくり、この粉（素材）を捏ねて、形を整えて焼けばパンになる。順を追って述べるように、陶磁器も、絵具も、金銀財宝も、茶の湯も、その他すべての物が原点までたどれば、みな〝粉〟づくりから始まっている。本書は、素材としての〝粉〟に注目して人類の文化史を古代から現代まで見直す試みである。このような視点に立つと、文化の台所、あるいは舞台裏に入りこまねばならない。これはいつの時代にも隠された部分、あるいは人に見られたくない場所だったから、記録にはほとんど残されていない。華々しい鉄砲の歴史は書き留められても、火薬の製造現場については記されない。金銀財宝の記述はあっても、金銀鉱山での粉づくりの歴史は闇に葬られている。いうなれば本書は文化の台所に踏み込むわけだ。

難しいことであるが、私が見た考古学的遺物と、あいまいな記録や文書とを考え合わせていって文化の裏方さんの歴史を掘り起こしてみるのが本書である。現代のハイテクもまた、現代科学の粋をつくして、おそろしく手のこんだ〝粉〟（パウダー）を造るところからはじまるが、何のことはない、それを捏ねて、固めて（成型）、焼いて（焼結）と、誰にでも理解できる工程が展開している。

物質の種類を超えて製造工程の共通性に注目する〝粉〟の概念は、ものと人間の文化史を探る有力なキーであり、同時に現代技術を理解するキーでもある。そして、〝粉〟にはじまり、〝粉〟に終わる現代を眺めて、人間とは何かについて考えるのが本書である。

## 1　粉占い

表1・1は一九八五年にNHKの教育テレビ市民大学講座「粉の文化史」で発表し、一九八七年刊の拙著『粉の文化史』に出したデータである。主として学生諸君（理系も文系も男女を問わず）を対象に調査集計した結果だ。私の講義のはじめに「思いつくまま粉の名を書きなさい」と命じた。所要時間一〇分間。いくつか違う教室で総数八五〇人に行なったが、トップ五位までは、その順番まで、ピタリと一致した。多くの学生が粉といえば小麦粉を連想したのはなぜか。いろんな人にこのデータを見せてコメントを得た。これは明治の文明開化期にアメリカから小麦粉が来たとき、日本人はそれが真っ白だったので驚いた。その記憶が長く伝承されてきたのではという説がもっともらしかった。私のような昭和の世代の者にも、粉といえば小麦粉と、遺伝子のように伝承されてきたのだろうか。

同じ質問を西洋人にしたら、いずれも肩をすくめるゼスチュア付きで黒いパウダー（火薬）をまっさきに挙げた。数人のイギリス人、アメリカ人、ドイツ人などがそうだった。確かにパウダー（powder）は辞書を引けば粉、火薬とある。日本人ではまず火薬は出てこない。平和の国だからでもなかろうが。

ところが、約二〇年後に同じ質問を学生にしてみたところ、すっかり様子が変化していた。小麦粉のトップは不変だが、セメント、石灰といった生産材がほとんど出てこなかった。その代わりに、各種インスタント食品など、こまごまとしたものがいっぱい。すでに学生の「粉」の認識は一変していた。まさに消費文明時代である。不規則でデータにならなかった。現代生活は完成品に取り囲まれ、粉状の素材を扱う仕事はすべて工業化された。コンクリートブロックは見ても、素材のセメントや砂利は見ない。いわんや、家庭で粉を挽く風景など、昔話の世界でしかない。歯磨き粉も粉ぐすりも現代の若者たちは知らない。粉のままでは嫌われるので、練ったり、錠剤やカプセルになった快適な生活である。

表1.1　粉の知名度調査結果集計表（1980年代）

| 順位 | 粉の名前 | 得票数 |
|---|---|---|
| 1 | 小麦粉 | 548 |
| 2 | セメント | 463 |
| 3 | 砂 | 299 |
| 4 | 砂糖 | 296 |
| 5 | 石灰 | 250 |
| 6 | 食塩 | 244 |
| 7 | 化粧品パウダー | 214 |
| 8 | 粉末洗剤 | 193 |
| 9 | インスタントコーヒー | 182 |
| 10 | 化学調味料 | 178 |
| 11 | 粉ミルク | 124 |
| 12 | 歯磨き粉 | 106 |
| 13 | 医療品 | 93 |
| 14 | インスタントジュース | 86 |
| 15 | 殺虫剤 | 79 |
| 総計 | | 3355 |

調査学生数850名（工学部男子学生が大部分）

当時小麦粉と答えた学生諸君もそろそろ定年を意識している頃だ。二〇〇二年に入ってから粉の話題で民放のお笑い番組に呼ばれることが重なった。それは粉の話が一般大衆にも広がったと喜ぶべきか。ＮＨＫは別としても、とりわけ民放の程度が落ちたのか、それともお笑い番組に出るなんて研究者としての堕落なのか？　気になったが、わるい話でもないので、引き受けた。大阪で漫才師との対談があった。生放送だった。打ち合わせのとき対面するや否や紙切れを渡して、「一〇分間かけて、これに思いつくまま粉の名前を五つ書いて」というと、「いきなり試験ですか」といいながら気軽に書いてくれた。隣にいたアナウンサーの女性にも書いてもらった。なんとほとんど粉の食品(商品)か、お化粧品だった。ただひとつ一番年長の漫才師がセメントを書いていた。このようなテストを私は粉連想、または粉占いと呼んでいる。初対面の人に聞くと、だいたいそれでその人の職業や趣向のおおよその見当がついたものだが、つくづく時代は変わったと実感した。

だが日常生活から「粉」の姿は消えても、世の中から粉が姿を消したわけではない。むしろその逆で、工場では、粉の状態で扱う物質の種類も量も飛躍的に増加し、粉の技術(パウダーテクノロジー)の重要性は、ますます高くなっている。食品や建材からテレビ、コンピューター、冷蔵庫、自動車に至るまで、それらの原材料を生産する工場へ行ってみると、製造工程で、さまざまな粉が扱われている。ただし、それらの粉状の素材に直接に接触する立場にある人は、きわめて限られているから、自分の職場の粉は知っていても他の分野のことはわからない。これでいいのか。その危機感が本書を出す気になった第一の理由である。

## 2 粉と粒の差（粉粒体）

ところで、粉占いのときよく出た質問は、「砂も粉ですか？」だった。粉と粒はどう違うか。難しい定義や規則があるわけではないが、肉眼で粒々が見えれば粒、粒々が見えず、正体がよくわからない、ボヤッとノッペリしているのを粉だという。その点日本の漢字は立派だ。粒は米が立つと書く。粉は米を分けると書く。その通りだ。そこで工学の世界では粉と粒をまとめて粉粒体という。粉粒体工学では面倒だから簡単に粉体工学ということが多い。ちなみに大学で研究室の看板に粉体工学研究室と書いたのは、同志社大学が日本初だった（一九六六年）。当時私を同志社大学へ紹介した京都大学工学部の井伊谷鋼一教授の研究室ではまだ粉体工学と呼べなかった。国立大学の悲しさで、制御工学と呼んでいた。教授曰く「いいなあ、私学は」。

粉のことをわざわざ体という字を付け加える訳はどうしてか。物理学では物質に液体、固体、気体の三態があるが、それにもう一つ粉体を付け加える必要があるからだ。そう言い出したのは科学随筆で著名な昭和初期の物理学者寺田寅彦先生であった。

「要するに此等の問題の基礎には〝粉〟といふ特殊な物の特性に関する知識が重大な与件として要求されるにも拘はらず、其れが殆ど全く欠乏して居る。さうして唯現象の片側に過ぎない流體だけの運動をいくら論じて見ても完全な解釈がつきさうにも思はれない。粉状物質の堆積は、瓦斯でも、液でも、弾性體でもない別種のものであって、此れに対して「粉體(体)力学」があるべき筈である。近頃、土壌の力学に関連して大分此方面が理論的にも実験的にも発達して来たやうではあるが、それは併し殆ど皆静力学的のものであって、粉體の運動に関する研究は皆無といっても過言でない。此の新しい力学の領域に進入する一つの端緒としても上記の如き諸現象の研究は独自な重要意義をもつであらう。」(寺田寅彦「科学雑纂　自然界の縞模様」『科学』三、七七-八一、一九三三年)

粉とはもう少し正確にいえば、粒を見分ける目の視力の限界、すなわち、目の解像力は大体一〇分の一ミリだ。このあたりが、日常語の粒と粉を使い分ける境目であろう。ところが肉眼のかわりに顕微鏡を使えば、一〇〇〇分の一ミリぐらいまで粒を見分けられるし、さらに電子顕微鏡なら、もっと細かい粒が見分けられる。現代の技術はますます細かい粉を追求し、二一世紀のハイテクは超微粒子、一万分の一ミリ、すなわちナノメートルの世界、さらにはそれ以下に踏み込んでいる。それが現代の粉の科学である。

ついでに日常語の粉と粒の区別にこだわらず、なんでもバラバラの状態、たくさんの粒の集りを「粉」、専門用語では「粉体」と呼ぶことにすれば、大変便利なことがある。扱う物が、石であろうが、食品であろうが、みんな粉、扱い方は共通しているから、一方の技術で他方の技術を考えることができる。これをテクノロジー・トランスファー(技術転移)という。日常語では粉といえば細かいという感じがあるが、本書では粒の大きさには無関係に〝粉〟と呼ぶ。そう考えると至るところに粉が見えてくる。思いがけないものにも共通性を見出して、アイディアが湧く。粉の発見は人間の知恵の発見でもある。

このようなものの考え方は幼児教育の段階で教えるべきと思う。そのために拙著絵本『粉がつくった世界』(福音館、一九九九年)がある。この本は家庭内にひそむ粉からはじまって、いきなり旧石器時代に入り、エジプト文明、ローマ文明を経て、中世ヨーロッパ、中国の中世、戦国時代、江戸時代、そして現代のゴミ文明までを絵ときしている。この本の最終ページは私が工場建設の顧問であった縁で採用した奈良のゴミ処理工場の絵である。ここまで来ると「糞体工学」と落書きする失礼な学生も出るが、「ウン」と返事すると学生は「参った」という。

## 3 なぜ粉にするのか

小学生用の粉の話は「粉と生活」という題目で光村図書の文部省検定済の五年の国語教科書にあったが、二〇〇一年に別の題材に変わった。しかし二〇〇三年にもそれが学習書のドリルの材料や入試問題にたびたび利用されていた。中でも石臼の目の記述はなんと某大学の国語入試に出たものだ。

なぜ細かい粉なのか、第一の理由は細かくなるほど、固体の表面積が増えることである。

このことを理解するには、左図のような模型がわかりやすい。左図のように各辺を四分割すると

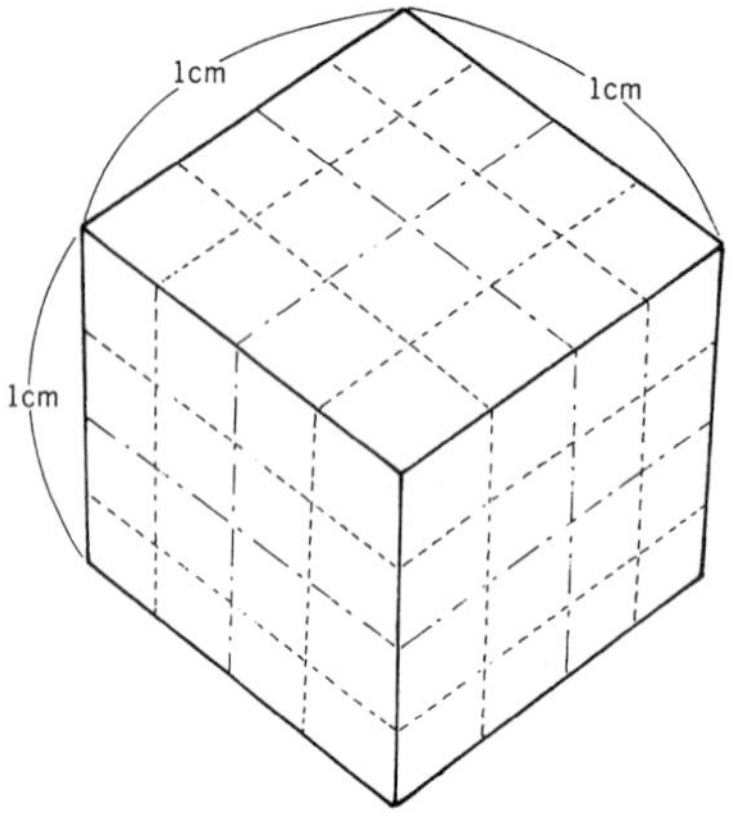

図1.1　立方体の４分割

４×４×４＝64個の立方体になる。図のように一辺一センチの立方体を、次々に一辺が½の立方体に分割してゆくと、表面積は分割ごとに倍増してゆく。この計算はまじめに考えないと間違う。（私の友人で粉体工学の大教授だった名古屋大学の神保元二教授もそうだった。結果は過少だった。「先生が間違えたら困りまっせ」とそっと手紙を出した。返事はなかったが、改訂版『粉体の科学』で直されたかどうかは知らない）。一辺一センチの立方体の表面積は六平方センチ、これを各辺¼センチに分割すると表面積は四倍の二四平方センチ、これを繰り返し各辺一ミクロン（一〇〇〇〇分の一センチ）に分割すると表面積は一万倍の六平方メートル、さらに一〇万分の一センチ＝〇・一ミクロンになれば六〇平方メートルになり、狭いながら分譲住宅ができる広さになる。さらに二一世紀の粉は一ナノメートルというからすごい。計算は上記も勘違いがあるかもしれない。検算と一緒に読者にまかせる（三十六畳敷の面積になる）。まさかと思う方はこの計算を確認してほしい。ひとつまみの米粒でも細かくすればものすごい表面積をもち、空気に触れると爆発することもある。

ＮＨＫのクイズ番組で、煙硝蔵を爆破しようと潜入した敵の忍者を逮捕したところ、変な粉を持っていた。それがなんと米の粉だった。米の粉で爆発させるなんて、なぜだ。私が説明に出されたので、米の粉を爆発させる実験をして見せた。ドカーン。(二〇〇四年にも同じ人たちがテレビでやっていたから、ご覧の方もあろう)。ただし、東京のスタジオで物騒な実験をするのには消防庁の許可をうける必要があった。そんな危険なことを見せたら誰でもまねする奴が出るのでは? という声もあったが、素人では無理だ。わたしも大学へ帰って実験してみたが、爆発しなかった。実はこの実験をやったのは日清製粉の粉塵爆発の専門家だった。第一、非常に細かい小麦粉は専門家でなければ作れない。

金属の粉も、その他なんでも細かくすると爆発する。この実験の粉は超微粉ではないが、もっと細かくなると一ミクロンのまたその千分の一のナノメートル(nm)という単位が使われる。超微粒子というのは一ナノメートルから一〇〇ナノメートル程度の粒子をいう。それくらい細かくなると、まったく違った種々の性質を示すようになる。たとえば構成する原子のうち、かなりの割合が表面に露われ、結果として、特異な機能・性質を示すようになる。これを利用して多様な機能を有する新素材が開発できる可能性があるから、いま世界中が注目しているわけだ。

## 4 京都にあった私の研究室

粉占いのとき、ぜひ書いてもらいたいと思うが、出てこなかったのが、土である。「土もコナですよ」というと、コナの専門家でも「エッ」という。あまりありふれていて、あたりまえなので、忘れているのだ。

図1.2　桑の木の下は夏も涼しい蔭をつくってくれた

一九六九年七月二〇日、アポロ一一号の宇宙船で月面に歩を進めた飛行士の第一声は「あ、パウダーだ」だった。月には水がないから粉が月面を覆っていた。そうだ、地球の大地は水に濡れた粉なんだと私自身あらためて再認識したのだった。地球は水に濡れた土に覆われている。乾燥して水をなくすれば粉になる。地球の大地も粉なのである。

粉なる大地には粉ゆえに微生物の王国がある。そしてその上に土から生まれ土に帰る人類の文明がある。今や都会では園芸用の土をデパートやスーパーで売っている時代になった。これじゃ世も末じゃなかろうか？

同志社大学工学部は烏丸今出川、京都御所の北に隣接していたが、そのキャンパスも年々舗装がすすんだ。樹木の根元に、わずかばかりの土が顔を出しているだけになった。秋に銀杏の葉や実が落ちても、その風情を観賞する間もなくセッセと掃除されてしまう。クルマが踏みにじって醜くするからだ。ただ一箇所、草が生いしげり、落葉が堆積するにまかせている一角があった。以前私の研究室はそれに続く場所だった。かつて薩摩屋敷の桑畑だったところで、残っていた一本の桑の木が夏には実をつけて学生諸君が口元を赤くして食べるのを皆楽しみにしていたものだ。

　重要文化財の赤レンガの建物に隣接し、生物学教室の実験用動物（イモリ）の池があって舗装をまぬかれていた。ここには季節があり、春はタンポポ、夏は、十薬（どくだみ）、うらじろ、蓬（よもぎ）、水引き草、秋には、芒（すすき）の穂がゆれ、彼岸花が顔を出し、漆の葉の紅葉が美しかった。昔はどこにもあった植物である。大学に隣接している冷泉（れいぜい）家の庭も、ここと同じ状態になっていた（最近は整備？　されたが）。

　ここはひと昔まえの京都のありふれた景色だった。私の友達の蚯蚓（みみず）や蟻や団子虫、などなど、たくさんの昆虫が棲み、縁の下には私が大好きな蟻地獄が棲んでいた。いまどきはお寺か神社でないと棲んでいない。ときには蛇もきた。あるとき私を訪ねて来たお客さんが真っ青な顔で私の部屋へ飛び込んで来た。「アー驚いた。キャンパスに青大将がいた」と。野良猫がなぜか気にいって、住みつくこともあった。落葉は、しばらく虫たちの隠れ家になってから腐敗して、土にかえる。ここの土は鴨川の氾濫で堆積したから砂が多かった。二メートルくらい下が室町時代、その上にも下にも京都の歴史が埋まっていた。室町時代の地層から火事で焼けた茶わんに混じって茶臼の破片も出た。

　その頃（一九八五年）ＮＨＫ教育テレビで「粉の文化史」の取材のためここから採取した土から砂を除去した細かい土は、乾燥させてからほぐすと、フワフワの粉になった。その粉は、いまどきハイテクで花形の超微粒子に匹敵しそうな細かい粒子も含んでいた。その泥水はいつまでたっても上澄みができなかった。これは超微粒子だ。母なる大地の土は、まさに粉そのもの、粉なる大地であり、粉ゆえに生命が宿っていたのだ。

「そこは舗装はしないとして、せめて芝生にしたら」という大学事務局の忠告もあった。「なぜ雑草（野草）がいけなくて芝生がいいのか」私には理解できないが、なぜ芝生がいけないのか、すぐには理解できない人たちもいた。ある強制力がかかりかけたときは、「舗装するなら私の顔に舗装してからにして」と言い放ち、工学部が郊外（京田辺市）の田辺校地に移転するまで安泰だった。移転した翌年元の巣を訪ねて見たら、待ってましたとばかり、私が大切にしていた大地は見事にアスファルトで覆われ、学生が語らうベンチが並んでいた。

人間はもともと土の上で生きてきた。道を歩きながらふと気づいたことだが、土の道は歩くとデンデンとかすかに足音が聞こえたものだ。コンクリートなどで舗装された道ではトボトボという音がする。ここで思い出したのは私がＮＨＫで土の話をした直後、それを聞いた京都にある船舶の舗床材のメーカーの方と広島の同じようなメーカーの方がそれぞれ訪ねてこられた。舗床材とは遠洋航海の船舶の甲板用材のことで、それには特別な配慮がいるので、コルクの粉砕屑を混ぜた塩ビ板が使われていた。「鉄板だと乗組員が殺伐になって喧嘩が多くなるからだ。なにかよい方法はないか」と相談があった。頭脳に伝わる振動が影響するらしいという。そういえば二〇〇二年頃から目立つわが国の険しい世相もそのせいかと思いたくなる。殊に少年犯罪の多発は気になる。

## 5　石工修業の場は学問の交流の場

私がこの場所にこだわったのは、本書で述べる石臼の加工場になっていたためだ。桑の木の木陰は最高の仕事場だった。この脇に一般教養の学生や教授たちが行き来する広い通路があった。同志社では専門課程の教授も一般教養の科目を分担したので、全学の教授が往来していたことになる。偶然だったがそのことに大変な学問的意味があった。今どき石屋が外で仕事している光景は珍しい。そういう場所には見物客が集まるものだ。大学のキャンパスとて例外ではない。あるときジッと見ている人が「こんな仕事をやらせているのは誰ですか」と聞かれた。「私自身ですよ」と答えると、「エッあなた教授ですか」といわれるから、「そうです」と答えると、「実は私は古代法が専門ですが、古代史の律令などに意味不明の語があるのですよ。「碾磑（てんがい）」といいましてね、どうもこの石臼らしいのです」。私はそれまでまったく知らなかったことだ。「すぐ文献をもってきますよ」。この出会いが私の研究にシルクロードを越えてヨーロッパに至る新しい道を拓くことになろうとは当時は思いもかけないことであった。

またドイツ語の教授はドイツには「石工の遍歴」という制度があったことや、「水車小屋の娘」という歌があるからとレコードを持参された。神学部の教授は旧約聖書に鳴く砂の山の話が出ているという耳寄りな話を、などなど、思いもかけない分野から情報をいただいた。なかでも考古学の森浩一教授との出会いは私を思いがけず古代史にまで誘う重要な意味があった。森教授は「室町時代まで石臼の歴史は遡るのではないですか、実は京都市内で出土したのですが、それを裏付けしたいんです」と。それまで考えてもみなかった、石臼の日本史への途が拓けた瞬間だった。

## 6　母なる大地は微生物のマンション

では、粉としての、どういう性質が生命を宿すのであろうか。豊かな土壌は一ミクロン以下の微小粒子が集まって、ゆるい塊、すなわち顆粒をなしている。それがまた、たくさん集まって、複雑な隙間のある土壌の団粒構造ができあがっている。

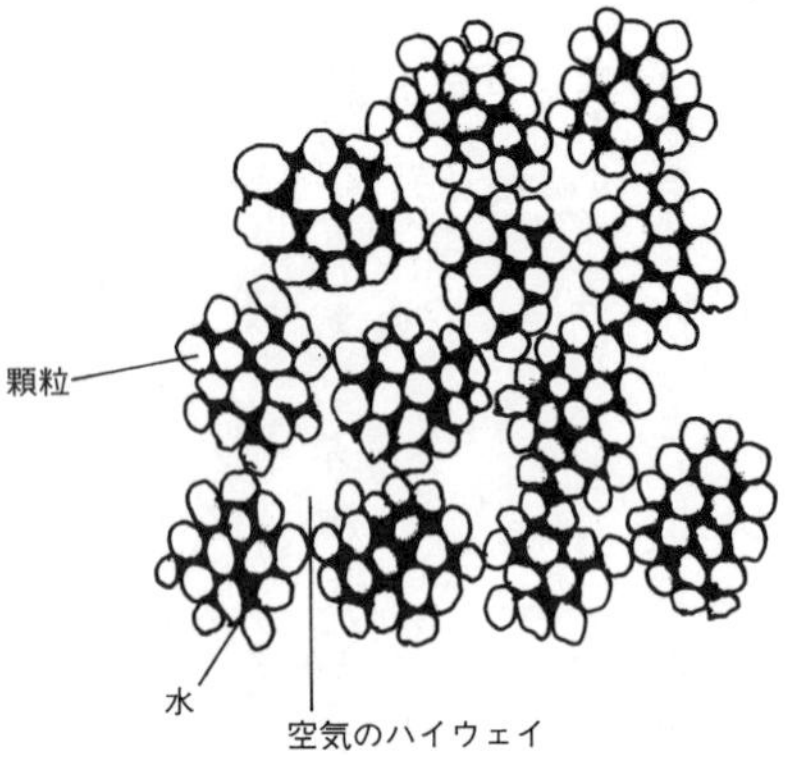

図1.3　土壌の団粒構造

土壌の団粒構造——細かい粒子はカチカチに固まるが、この顆粒と適度に混じっている砂粒子がそれを妨げる。この微妙な隙間の性質に土の機能の秘密がある。顆粒の間には大きい隙間があって、空気と水が行き来する。大きい隙間は水と空気のハイウェイ、小さい隙間は水を強く保持する小路である。こうして土は水の保持と水はけという相反する機能を持つことができるのだ。

吸い取り紙が水を吸うのは毛管現象だが、土も粒子間の隙間が、毛管の役割をする。土の中の水は想像以上に高い減圧状態にあり、土の種類や状態、細かさによって、水を引っぱる力はさまざまだが、そのおかげで、晴れた日が続く真夏でも、土の表面は空気より低い温度に保たれる。道路が舗装された京都の夏は昼も夜もたまらない暑さだ。冷房がなかった時代は、さぞかし大変だったろうと思うが、そうではない。今でも京都御所や本願寺など大きなお寺へ行けば、樹木が多く、床が高いので、縁側に坐れば快適だ。舗装して住みにくくし、莫大な金をかけて冷房して、クーラーから発生する熱風は隣の家へ伝わる。どう見ても合理的ではない。そのあげく危険承知のうえで原子力発電所を造らねばならないのが現代文明だ。

大地が粉であるゆえに、ここには無数の微生物（主として土壌菌）が棲んでいる。豊かな土壌一グラムの中には驚いたことに数千万から一億もの生命が宿るという。まさに微生物の王国がそこにある。そしてそれが大自然の物質とエネルギーの完全な循環系を形成している。ところがあたかも、この微生物に依存しない人間の文明が可能であるかのごとく、二一世紀になっても日本中でベタ一面の舗装工事が限りなく進められている。クルマが通りやすいため、コストが安いため、なんと単純な二〇世紀的発想か。

図1・4は一九七〇年代の学園紛争時代のムードで、当時、私がある雑誌に描いたマンガである。最近ではアスファルト舗装をはがして隙間のあるレンガで舗装し、水が土に浸透するようにする工事を見かけるようになった。この絵そっくりなのでうれしくなる。だが、まだ都市の大部分はコンクリ

ートで塗り固められ、雨が降ったら、水は土にしみこむことなく、ただちに下水道に入り、つぎにこれもコンクリートで固めた川を経て、海へ注ぐ。ときに大水害をもたらす。土にしみ込んで、水が土を洗い微生物を養う作用はまったく果たせない。これをRun off Pollution（流れ出てしまうことによる汚染）という。そのかわりに各種の有毒物質が浸み込み、土壌菌の王国を絶えず侵略している。

京都は日本中でも特別に土壌汚染がひどいので、井戸水を飲料水に使わないようにと、お触れが出た（『京都新聞』一九八六年十月二〇日）。トリクロロエチレン、テトラクロロエチレンなどの発ガン物質があるという。京都市の有名な豆腐屋さんなどは深井戸を掘って対応している。舗装した大地の下は、死の大地、その上につかの間の現代文明が栄えている。

図1.4

## 7　せせなぎの文化とその消滅

図1・5の字はあまり馴染みのない字だ。小さい辞書には出ていない。特別大きい辞典、たとえば平凡社刊『大辞典』をひくと「せせなぎ、またはせせなげは、せせらぎに同じ。みぞ、どぶ」とある。せせらぎは、現代語では清流を連想するが、古い時代の書物、たとえば文安三（一四四六）年の桑門行誉著『壒嚢鈔（あいのうしょう）』には、「常に不浄の水なんとの流れやらぬところを、せせらぎといふ」とある。江戸初期の書『甲陽軍鑑』には「せせなぎの傍に立ち寄り、小便の用をたし」とあり、江戸時代の『浮世床』には、おちぶれた貴人のなげきを「今の身は、せせなげに流れる米粒を拾っていれど」と記している。二〇〇四年になって「せせなぎ」で検索したら「せせなぎ団子」が出てきて驚いた。清流のせせなげ川もあり、福島県河沼郡湯川村の名物という（http://www.vill.yugawa.fukushima.jp/kome/nougyou.asp）。これは第6章で述べる信州の御幣餅に似たもののようだ。ところ変われば品変わるにしても大変な違いだ。

図1.5　「せせなぎ」の漢字

下水道が今日のように普及していなかった頃、民家の裏口から畑にそって、土を掘り割っただけの下水溝があった。お勝手場からの炊事汚水は、この溝をゆっくり流れ、近くの小川か池に注いでいた。これをせせなぎと呼んだ。せせなぎという語を記憶している人は、最近めっきり少なくなった。若者たちに説明するのは難しい。環境の変化が言葉の変化に直結している。方言では、ショショナゲ（宮城）、セアナゲ（奈良）、ゼーナ（丹後）、シシナゲ（新潟）などいろいろで、今のうちに採集しておかなければ、まもなく日本語から完全に消滅する運命にある。さいきん検索サイトで「せせなぎ」が出たのはうれしかった。しかし字はもちろん、古語の書物の話も出ていない。諺に「水三尺流れれば清し」という。もっと古い書物には「水は三寸流れれば、水神様が清める」ともある。

この諺を具体的に見せてくれたのが、このせせなぎだった。汚水流入点から数メートル先で溝の幅を広げ、水をよどませる。ここは悪臭ただようもっとも不潔な場所だから、植物を繁らせて覆い隠した。夏には、無花果（いちじく）、酸漿（ほうずき）、蕗（ふき）などが繁茂し、柿の木もすくすく育ち、木登りなど楽しい子供の遊び場にもなった。現在四〇代になる私の娘もその記憶をもっている。汚いところをうまく利用した、すばらしい工夫であった。法事などで排水量が一時的に増しても、この湿地帯が緩衝作用をもち、汚水が下流に押し流されることはなかった。せせなぎは巧妙な戸別汚水処理施設であった。

流れに沿っての水の変化を概念的に示したのが図1・7である。下水菌がピークに達するところでバクテリアが活発に活躍し、汚水中の有機物を分解する。多量の酸素を消費して、酸素が欠乏するので、酸素のないところで活躍する嫌気性菌が主力である。土の中の鉄分は二価の鉄に還元されて青味をおび、ときにはメタンガスを発生する。これを集める遊びもあった。

このバクテリアこそ、昔の人たちが言った水神様だ。ここには生態学でいう食物連鎖、つまり互い

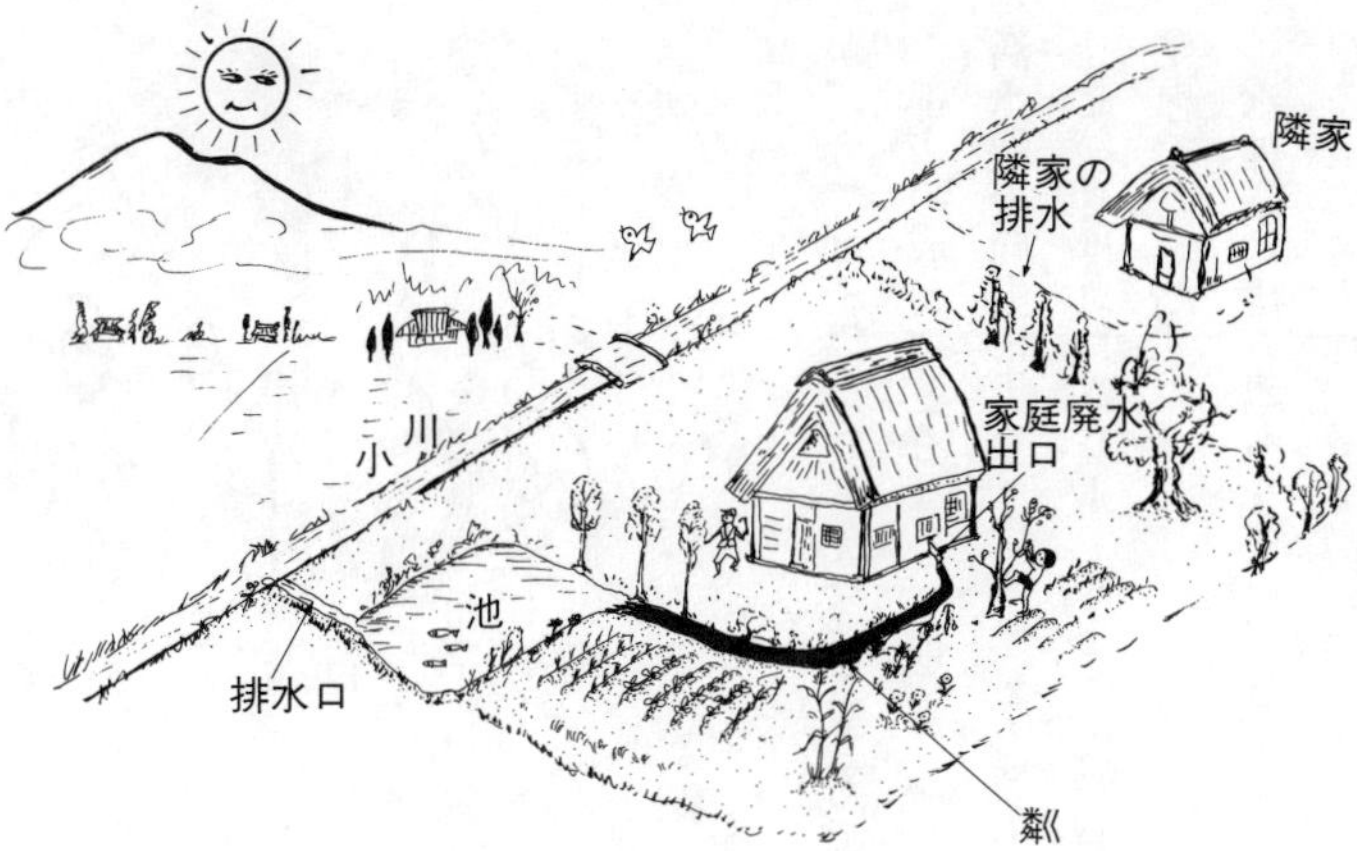


図1.6 せせなぎのある民家

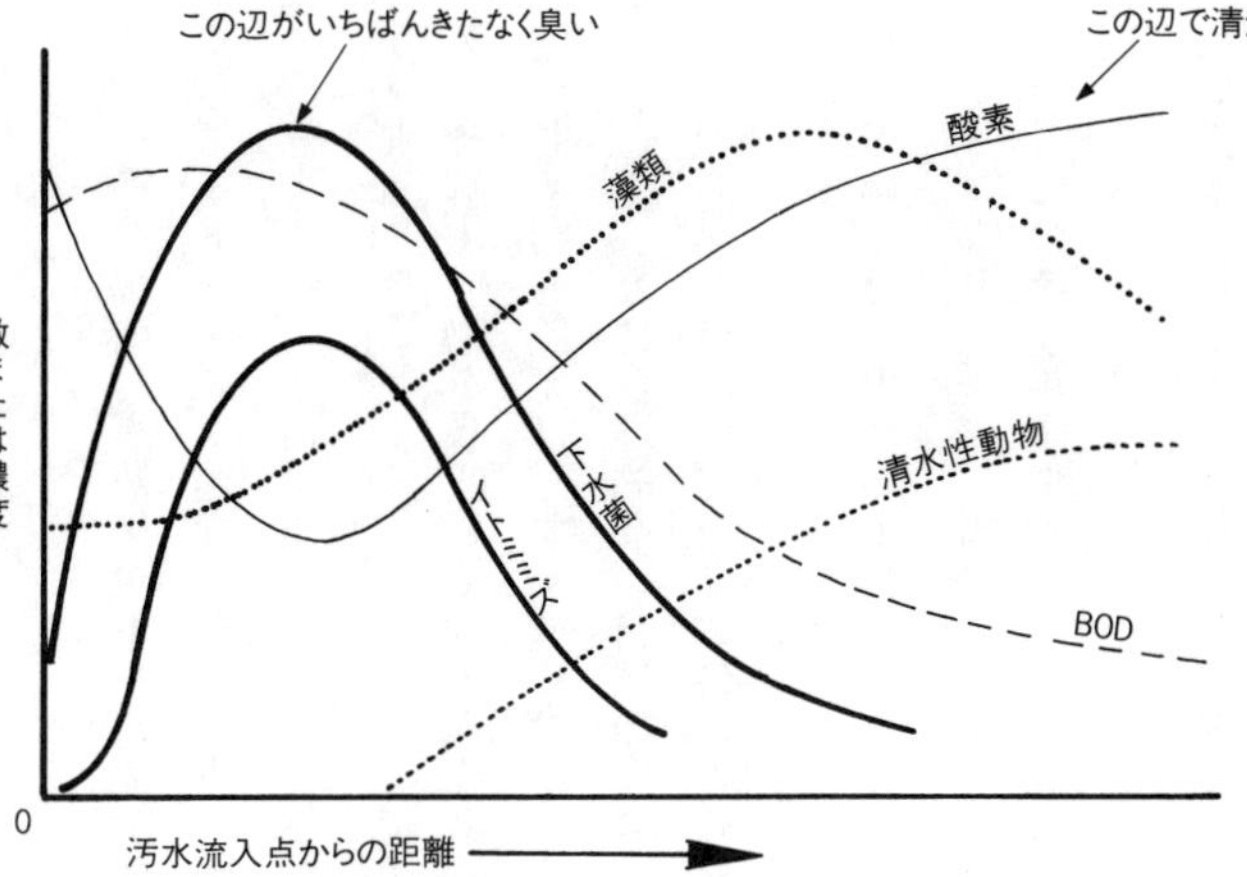


図1.7 せせなぎの汚濁指標の流れに沿っての変化

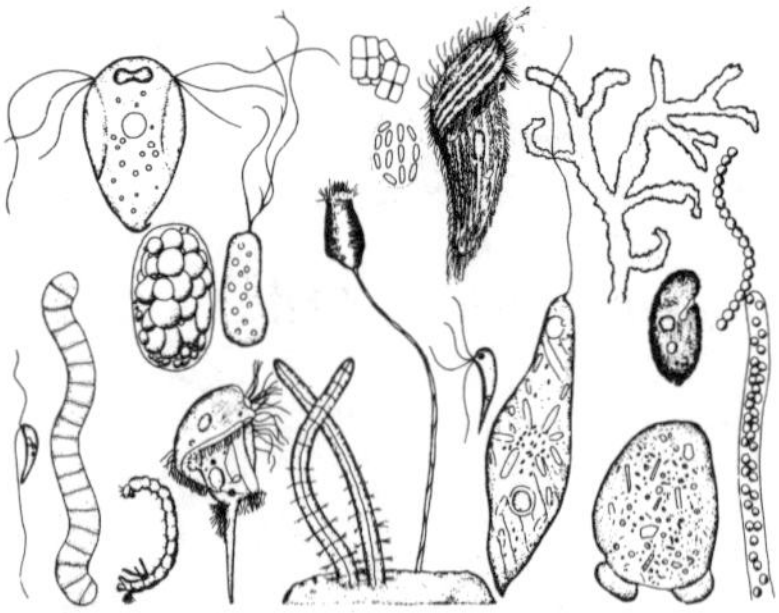

図1.8　水神様の正体（土壌菌）

に食いつ食われつの関係が成立し、微生物の王国が展開している。

ところが、この不浄な場所から数メートル下流では、溝の中の様子は一変する。イトミミズはいなくなり、青い藻類が繁茂し、水は次第に澄んでくる。下流に下るにつれて水は澄み、池や小川に流れ込む頃には、清水に近い。せせなぎの周囲の土壌は、バクテリアの分解生成物を吸収して畑の作物に養分を供給する。下流の池に鯉や鮒（ふな）を飼えば、すくすく育つ。これを自然の自浄作用という。まことに合理的な、自然の完全な循環システムである。大地の活発な自浄作用を学ぶ最高の教材であったが、今では子供たちに見せることもできない。

都市の成長にともない、都市部からせせなぎが消滅していった。土地に余裕がなくなったこと、生活水準の向上により、排水の量も質も変わったことなどが、原因である。土地に余裕がある田舎でも、せせなぎはコンクリートやビニール製下水管に代わった。このほうが衛生的という単純な二〇世紀的発想であった。

水神様は棲み場所を失い、炊事場の水は直ちに小川に排出されるようになった。洗濯汚水には洗剤が多量に含まれ、微生物を棲めなくした。かつてはメダカや小鮒が泳ぎ、ときには鰻（うなぎ）も釣れた屋敷を巡る小川は一変して死のドブ川となった。すべての河川の風物詩を完全に崩壊させてしまった。それは海へと及んでいる。ただ単に物質的環境汚染にとどまらず、こどもたちの遊び場であり、博物学研究室でもあった施設を奪ったのである。せせなぎという言葉が忘れ去られたのは、実に象徴的な文化史的事件であった。

せせなぎに代わって工業的装置で、集中的、効率的に実施しているのが、下水処理場である。活性汚泥法と呼ばれる方法の原理は、せせなぎそのものだ。かつては家ごとにやっていたことを、都市単位でやっている。つまり、隣の家との関係だったことが、都市単位に巨大化した。滋賀県から大阪までの淀川水系はその見本である。しかし、そこに決定的な違いがある。汚泥の大部分は焼却処分し、灰は埋め立てられる。その灰には現代の生活廃棄物から来るもろもろの毒物が入っているから、肥料用には危険である。それをこともあろうに山地に棄てるから、長い年月には地下水を汚染し、人間にふりかかる。現代人の悪しき遺産である。

最近、戸別生ゴミ処理機が使われはじめたのは一つの反省のあらわれである。

## 8　奈良の大仏様で発想の転換

話はまったく変わるが、私は奈良の大仏さんの前で砂の山を想像した。次図で大仏様の後方の山は三笠山ではなく空想の砂山だ。大仏様は金銅仏だが、鋳造されたというから、莫大な鋳物砂が要ったはずだ。その砂はどこの砂かは不明だし、そしてその砂は後は不要だから、どこかに捨てられたはずだ。しかし古文書を見ても、献上された金が何貫目とあっても砂はどこから運んだかは書いてない。それは現在でも同じで、マイカー一台造るのに鋳物砂はその重さの二倍は消費するというが、誰も見たことがない。現在では鋳物砂は大部分外国産だ。昔はベトナムから来たが今はオーストラリアから運ばれている。オーストラリアの現地を訪問したら、日本の企業が独占していて、巨大なタンカーに美しい海岸の砂が運ばれて日本へ行く姿を目撃することになった。その砂は日本に来て、鋳物砂になったり、ガラス工場へ行ったりしている。私はオーストラリアの東北部にあるフラタリー（Fllatary）へ輸入している会社の案内でその現地を訪ねた。すでにその砂を入手していたので、それを鳴き砂にしたものを携帯していて、先方の工場でその軽やかな鳴き声を披露したら、現地人の工場長は大いに驚いた。日本に来てガラス工場で火に掛けられて、溶融してから使い捨ての化粧瓶になり、まもなくポイ捨てされて行くオーストラリアの砂の運命をイラストにしたが、それはあまりにも哀れな話だから見せるなと言われ、それがどこの誰かは公言しないことになっている。

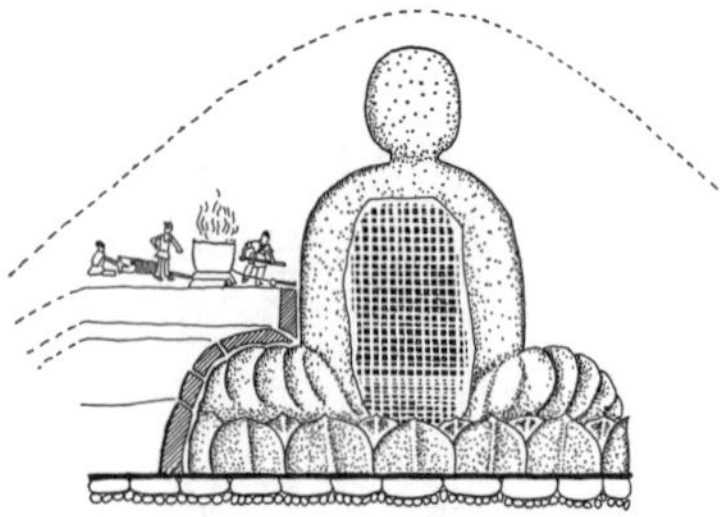

図1.9　大仏様と砂山

奈良の大仏の話に戻るが、大仏は盧遮那仏（るしゃなぶつ）。平凡社の百科事典をひいて見ると、「サンスクリット語で光明遍照などと訳され、煩悩の体が浄く、衆徳備わり、一切処にあまねきこと、あたかも日光のごとく照さぬところがないとの義」と書いてあった。現代人がこの大仏の足下に立って仰ぐ像は千二百数十年前とほとんど変わるところがないが、受ける感動は、およそ異質のものである。いまでは、国の総力を挙げてこの像をつくった想像を絶する権力もないが、造りあげた人たちの苦労話も伝えられていない。それに現代の巨大建造物を見慣れた感覚で見るから、クレーンでいとも軽々と吊りあげるさまを想像する。奈良時代を再現し、奈良時代の感覚で大仏を仰ぐことはできないものかと考えてみた。食物史を調べて、大仏造営の工事に参加した人々の食糧について知りたいと思ったが、どうもよくわからない。麦のにぎりめしに塩や味噌ぐらいの粗食であったに違いない。だがこれを「粗食」と評価するのも現代的感覚である。現代人のために「粗食」を「自然食」と言いかえてみるのも面白い。

鍍金（めっき）の時発生する水銀による中毒については記録があるが、鋳物砂については書いてない。大仏鋳造について技術的検討を加えた『奈良と鎌倉の大仏』（荒木宏著、有隣堂、一九五九年）や、『鋳造』（石野亨著、産業技術センター、一九七七年）から、工事の推移をたどることもできる。それによると、まず木材を組み立てて骨組をつくり、その外側に壁を塗るようにして、鋳物砂と粘土の混合物で大仏の原型をつくった。この原型に雲母粉のような離型材を振りかけておき、その上に、外型用の粘土砂を塗りつける。原型に接する肌砂は細かい砂、その上にやや粗い砂、さらにその上にもっと粗い砂というように、篩（ふるい）で粒を揃えた鋳物砂を用いて繰り返し塗り固め、外型の厚みを五〇センチぐらいにした。この外型を一個が畳一枚ぐらいに分割し、これを自然乾燥してから、薪や木炭の火で焼成した。

一方、外型を取り外して露出した大仏の原型は表面を一様に削り落としてから、外型をもとの位置にもどせば、削り取った分だけの隙間ができる。ここへ少しずつ鋳込んでゆく。全高を八段に分割し、下方から順次鋳込み、一段鋳込むごとに、まわりに土手を築いて、そこに手鞴（ふいご）の溶解炉をおいて作業した。最後には大仏の周辺に高さ約一七メートルの小山が築かれた。三年の歳月を費して本体を鋳造したが、これではまだ無格好な鋳放しの大仏である。表面を砥石で磨き、塗金を施さねばならぬ。水銀に金を融かしたアマルガムを塗るのに五年の歳月をかけた。このときにはアマルガムを加熱するので、大仏の周辺には有毒な水銀ガスが充満した。聞くも恐ろしい光景が展開したわけだ。

全国から駆り出された人々が帰り途で死にたえる光景もあったに違いない。大仏周辺の工事のほかに、諸国の鉱山をはじめとして、材料調達のための大規模な事業が行われた。「國銅を尽して象（像）を鎔し、大山を削って堂を構え」と天平一五年に発せられた聖武天皇の詔（みことのり）は、国土の荒廃と引換えに行われた大工事を素直に表現している。

当時の燃料は木炭であった。『木炭の文化史』（樋口清之著、東出版、一九六二年）には大仏鋳造に使われた木炭だけでも一万六六五六石、これは史上最大の木炭消費であったと書かれている。大仏と大仏殿は度々の戦火で焼失するたびに再建され、そのつど、森林の大量伐採が繰りかえされたから、たとえば中国地方の森林の現在に残る荒廃を生んだ（富山和子著『水と緑と土』中公新書、一九七四年）。鳥取砂丘はその頃できたのである。「日本列島の砂漠化」は、すでに古代より着実に進み、とどめの一撃が加えられようとしているのが現代だ。

今も昔も、鋳物砂は、白砂青松の砂浜や、美しい山を削って採取され、華々しい文化の舞台裏で、人目に触れず、焼けただれて捨て去られる悲しい運命を担った砂（粉体）である。現代社会は、一トンの鋳物をつくるのに三〜五トンの鋳物砂を産業廃棄物にしている。ガラス製造原料用の砂も含めると、わが国では一人当り年間数十キロの美しい砂を消費する勘定になる。奈良の大仏は、文明と国土とそして煩悩について考える巨大な記念物だと考えることもできる。

私は昭和電工勤務中に、近所にあった鋳物砂製造工場の技術指導に出かけて、その粒子の大きさを揃える技術にかかわったときに上記の幻想が生まれた。粒を揃えることだけでも大変だったに違いない。現代人の想像を絶する努力と技である。鋳物砂は主成分が石英であり、これが鳴き砂に関係していることも付記しておく。

［挿話］秘密の小箱——石英との出会い

子供の頃、父の机のひきだしに天保通宝などの古銭や勲章を入れた小箱があった。父が留守のときにそっと覗くと、いつもきれいな水晶が光っていた。もう一つ青みがかった石があった。青い石は火打石だと教えられたが、その青色には、不思議な魅力があった。私は人生を通じてこの二つの石を追って来たようだ。粉体工学といって、物質を粉にして扱う工場の建設にかかわる仕事をしてきたが、そこでは粉砕機械で物を粉にすることが基本だった。その機械の歴史を追って、石臼にたどりついた。工業化社会のなかで失われていった中世の道具である。

だが現代の鋼鉄の機械にはできない秘密が石臼にはあることがわかってきた。日本古来の蕎麦や豆腐そして黄粉や抹茶の微妙な味や香りなどは鋼鉄では出せない。この秘密こそ石の中に閉じ込められている水晶の微結晶による切断がなせる技である。脱工業化社会を目指して石臼を復活させたい日が来るはずだ。それまで石臼の秘密も小箱に入れておこう。

水晶は二酸化ケイ素の結晶で、コンピューター部品に欠かせないシリコン原料であるが、シリコンの語源は火打石である。約五〇〇〇年まえの遺跡から火打石と黄鉄鉱（鉄がない時代なので）のセットが発見されて、これが文明への道を拓いた人類の火の発見だったことが確かめられている。その後、鉄の文明になって黄鉄鉱は火打金にかわった。火打石と火打金、それに火口(ほくち)（植物の繊維を炭化したもの）の三点セットが貴人の所持品であったことが、古墳からの出土によって確かめられた。武士の太刀に必ず火打袋がつけられた。これは秘密の小箱ならざる小袋である。

小さい水晶の集まりである鳴き砂は私の研究の中心であった。かつて日本列島にも世界中どこにでもあまねく存在したものだが、最近五〇年間に海洋汚染で失われていった。エジプトのクフ王のピラミッドにある未探検の秘密の部屋から、鳴き砂が発見されたことが一九八七年十二月に話題になった。今の現地では想像もつかない五〇〇〇年前のエジプトの自然を見せてくれる記念物だ。このほんのひとつまみの砂はカプセルに入れて秘密の小箱に入れて京都府網野町にできた琴引浜鳴き砂文化館に保管されている。私の人生の原点として。

最後に粉の一キロあたりの値段の表を対数目盛りで左に示す。同じ目方でも随分な違いだ。これを造り出す苦労はほとんど変わらないのに、何だか変だと思いませんか。

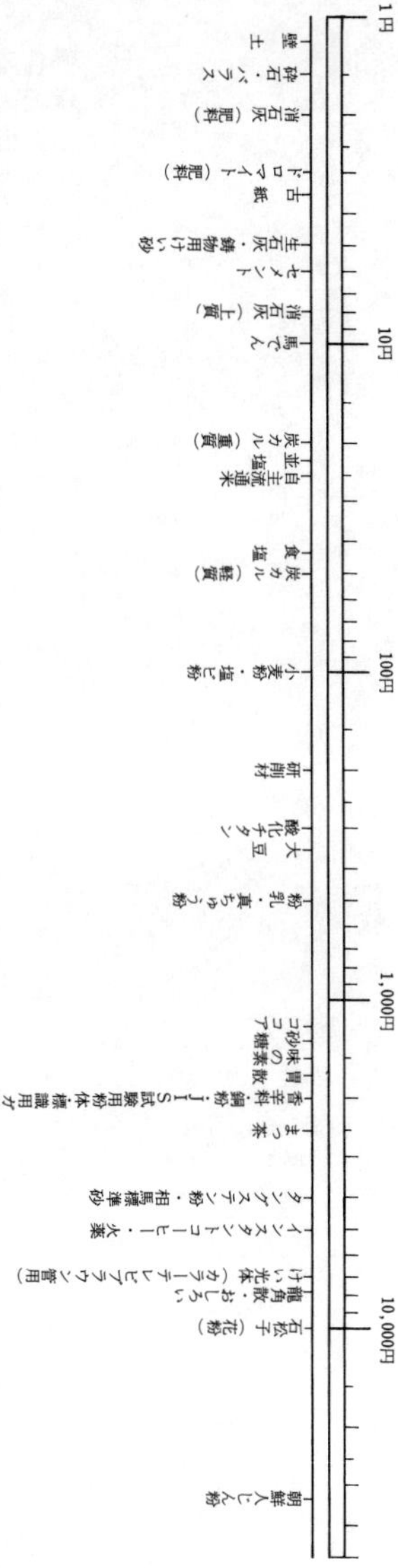


図1.10　粉体製品価格スペクトラム（流通費込）〔円／kg〕

# 第2章　時間を実感できるタイムスケール

## 1　時間を実感できる年表

四桁以上の数字になると一万円札なら解っても一万年はそろそろ解らなくなってくる。この辺で時間の尺度（タイムスケール）の話をしておく必要がある。二〇〇四年になったら「一三〇億光年の星雲が撮影できた」とNHKのニュースにあった。その星雲は光が一三〇億年かかって走れる距離だという。この辺が宇宙の果てかとも。でもこんな話はどうしようもない。今見ているのは一三〇億年前の姿だから今さら見たところでどうということはない。

でも地球は四六億年前にできたという事実ぐらいは理解したい。検索ソフトで「時間を実感」と入力したら方々の小学校などで、「時間をどうしたら実感できるか」ということに皆さん関心があるようだ。いろいろな説が出ていたが、解りにくい話ばっかりだ。これについては私はすでに対談形式で私のHPに解を出している。

友人「漫画家の故手塚治虫さんが、地球は想像もつかない、とてつもない長い時間をかけてできたのだ、と書いていたよ。手塚先生でも、四六億年という時間を想像するのは難しかったんだね。」
私「うん、それは彼は頭がいいから頭の中でだけ考えるから、手に負えなくなるんだよ。形にしてあらわして、体で体験すればもっとわかり易くなるんだ。そう、地球四六億年が見える。そこでは一年計という砂時計があって、その脇の部屋に地球四六億年年表がおいてある。仁摩サンドミュージアムというんだ。」
友人「にまさんどみゅうじあむ？……って、どこにあるの？」
私「島根県邇摩郡仁摩町という町にあるんだ。むずかしい字だね。〃にまぐんにまちょう〃と読むんだよ。」
友人「へぇーっ、それって鳥取砂丘のあるところ？」
私「いや違う、地の涯。」
友人「地の涯じゃーどうにもならないよ。ここで話して。」

この話は手塚先生に聞こえていたらしい。ある日手塚治虫さんの娘さんで自然環境保存の活動をしておられる方が私の家へインタビューにこられた。放送は二〇〇〇年八月二五日ＡＢＣラジオ番組「ガラスの地球を救え」で放送された内容が朝日新聞のＨＰに出ている。検索でキーワード「手塚治虫　三輪茂雄」で出てくる。

これとよく似た話が、司馬遼太郎さんにもある。『週刊朝日』の連載小説で、九州の北部の某浜が話題になって、そこの砂が鳴くという。私はさっそくわざわざ出かけたが、ごつごつとした岩だらけの浜だった。それを「司馬遼太郎にだまされた話」と題をつけた。たまたま同じ雑誌の同じ号だったから、すぐ彼の目についたようだ。追いかけ次号あたりで、「やられた」と書いていたという。それを見た友人から「すごい。司馬遼太郎をやっつけるとは」と驚かれた。これも故人だからいまでこそ言えるというもの。司馬さんが亡くなられた時の『週刊朝日』誌の追悼号に彼の書斎の本棚の写真が出ていた。そこには私の『鳴き砂幻想』が並んでいた。さすが勉強家の司馬さんだ。

## 2 遠近法の地球四六億年とは

横軸を対数目盛りにしたらよかろうと地球の歴史を年表にしてみると次ページ図のようになる。確かに対数にとれば二ページくらいに収まるが、紀元前一万年までたどると紀元以後が詰ってきて見にくく現代は見えない。普通は図のようなイメージで頭に描いているが、遠くのものは小さく見える遠近法だ。現実的実感がない。一目で見る方法はないだろうか。この疑問は小学生の頃、教壇の高いところに日本史の年表があり、縄文時代から昭和まで書いてあった。縄文時代がものすごく長く、それに続いて弥生時代、平安時代と続くが、「明治、大正、昭和は端っこにチョコチョコとあるだけなのはなぜだろう」という疑問だった。戦後になって考古学者の発掘が進んで、日本の縄文時代の具体的

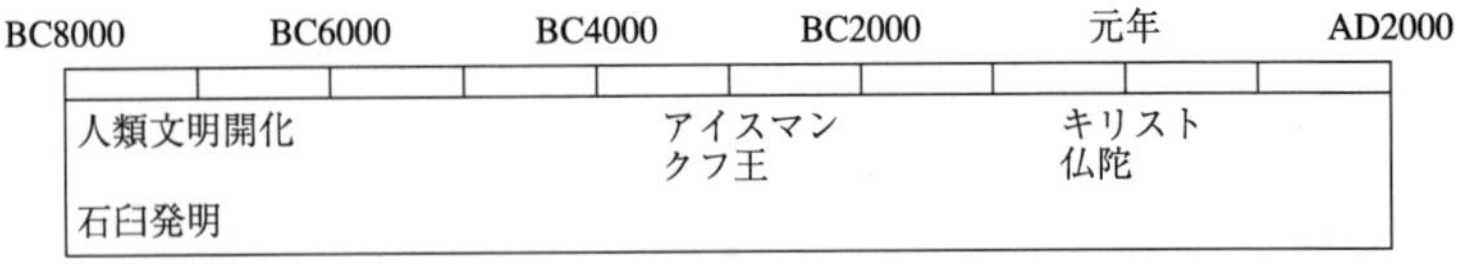

図2.1　時間を実感するための基本ラベル

な内容が明らかになってきたが、当時は学会でも知識は空白だったから、当然かも知れない。今になって思うと当時の先生は「空（から）の入れ物」を見せてくれていたのであろう。「おまえが追加するんだ」と。

## 3　人類史一万年ラベルと地球四六億年年表

上図は私が人類四六億年という長さを実感しようとして実際に作った基本となる一万年ラベルである。

人生一〇〇年は最右端の一ミリだ。マイクロスケールという顕微鏡用スライドグラス大の理化学機器がある。これには一ミリの間を最小一〇〇〇分の一ミリまで目盛りがつけてある。それを光学顕微鏡で覗いて最小目盛りを確認すれば一目盛りは一年に相当し、人生一〇〇年はあれだと顕微鏡で確認できる。京都府・京丹後市で二〇〇三年に小学生向け夏休みセミナーがあった。私が「あれが人生だよ」と子供たちに見せたら、全員「なるほど」とわかってくれた。この日は人類史五〇〇万年テープ年表を全員が作って夏休みの宿題に持ち帰った。彼らは家に帰ってどう親に報告したのだろうか。

基本ラベルには秀吉さんなど書き入れる余地はない。二〇〇〇年前の辺にキリ

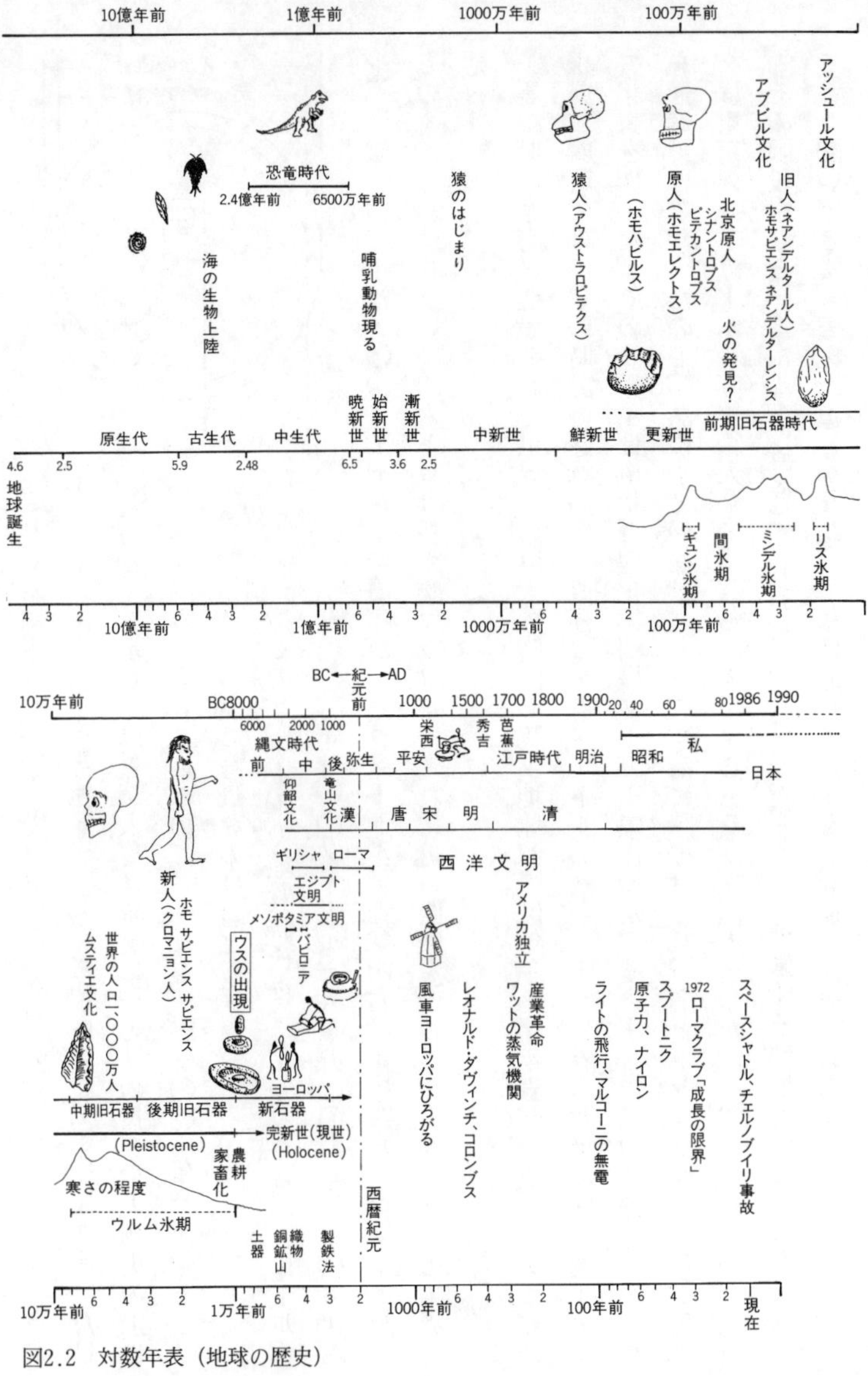


図2.2　対数年表（地球の歴史）

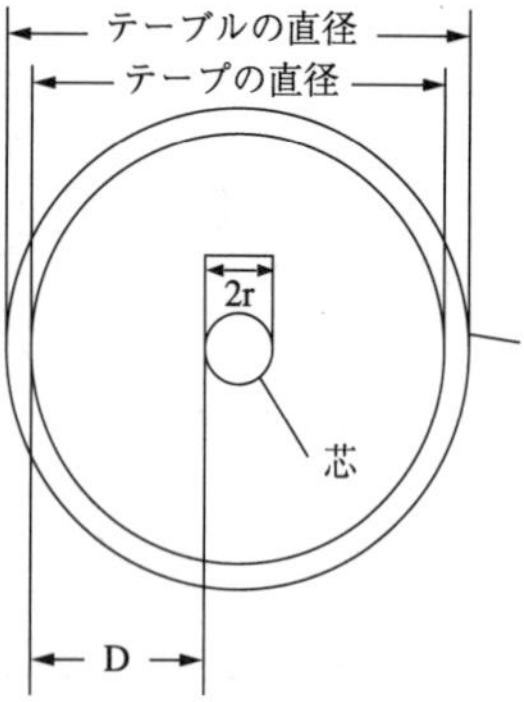

図2.3　テープ年表リール計算用記号定義

ストと仏陀そして五〇〇〇年まえのクフ王とアイスマン(http://www3.kmu.ac.jp/legalmed/DNA/iceman.html) だけを示している。人生は確実に一ミリの長さで人類史の上にきざまれているのだ。一センチが一〇〇〇年。仏陀もキリストも実に身近なのはおどろきだ。

このスケールの地質時代は、一〇万年は一メートル、一〇〇万年は一〇メートル、人類五〇〇万年は五〇メートル、一〇〇〇万年は一〇〇メートル、一億年が一キロメートル、地球四六億年は四六キロメートル。ものすごくわかり易い。四六キロは長距離マラソンでこれに近い距離を走るから人間の体力の限界と見る。

島根県仁摩町に建設された世界一の巨大砂時計の脇に地球四六億年テープ年表が設置してある。島根県仁摩町では一年砂時計の建物の中で直径二・五メートルの透明リールに巻いた地球四六億年テープ年表を作った。そのリールは東京の理化学器械メーカーで作った。そのままでは山陰線のトンネルを通過できなかったので、島根まで船便で送られ仁摩港に陸揚げされ、あとトラック便だった。テープは東京のメーカーから直接箱入りで購入し、大学からトラック便で送った。

その頃役場から、「テープの直径はどれだけあればいいですか。準備する部屋を作らねばならんので」と聞いてきた。考えたことがなかった私はあわてた。もし間違えば何百万円かがフイになる。

以下はその時考えた計算方法である。

巻直径の計算

購入した市販の紙テープの半径と芯径（図2・3のDとd）より次の計算によってテープの巻直径を計算できる。

巻数計算式

$r$：芯半径［mm］，$d$：紙厚み［mm］，$L$：テープ全長［m］は次式の等差級数で示される。

$$L = 2\pi r + 2\pi(r+d) + 2\pi(r+2d) + 2\pi(r+3d) + \cdots\cdots + 2\pi\{r+(n-1)d\}$$

和 $$L = n[2\pi r + 2\pi\{r+(n-1)d\}]/2 = (n/2)\{4\pi r + 2\pi(n-1)d\}$$
$$= \pi d + 2\pi rn - n\pi d \cdots\cdots\cdots (1)$$

$n$巻き分の厚みは巻いたテープで直接測定できる。

この測定値をDとすると$nd = D$を（1）式に入れて$\pi Dn + 2\pi rn - \pi D - L = 0$

巻数は$n = (L + \pi D)/(\pi D + 2\pi r)$

したがって求めた紙厚みを利用して未知のLの場合の巻厚みが出る。

以上によりテープ全長Lと巻厚みD、芯径rを測定すれば、巻数が求められ、D／nから紙厚みが求められる。巻数は実際に制作するときの労働の厳しさを示している。実際の作業では、カンブリア

図2.4　仁摩サンドミュージアムで完成した地球46億年年表

紀が終わる前に回転台のベアリングが壊れるハプニングで作業が中断した。

紙厚みdの値が実際の巻具合でどう変わるかは数学の問題ではなく工学の問題であった。NHKのある番組ではdを与えて計算していたが、そういうのは数学者の頭である。したがってこれは数学の問題にはならない。工学部の問題にはなるのがこれまた楽しい。数学と工学の相違は「実測値を利用する」ことである。

予備実験で人類五〇〇万年年表、恐竜年表と次第に大きいのを試作した結果、大きくなるほど固く締まることがわかり、十分固く巻いた場合のdの値を求めて、D=1.25mと計算した。結論はどちらもほとんど同じ値になる。実に不思議だったのは二〇キロメートルも巻いたとき、ひっぱると一〇キロメートル辺までテープがズルズルと動くことだった。大変な紙の接触面積で摩擦力がかかるはずだが、全長には関係せずということだ。私は説明できない。物理学者殿よろしくご教授を。

途中で作った人類五〇〇万年年表はゆっくり引き出しながら、人類のあゆみの長さを想う大演説ができる。引き出した七色のテープが机上に山積みされる様は実にきれいで、誰も退屈しない。全部引き出したとき、机からいまにもこぼれ落ちそうになった人類史の迫力は、人類の苦難に満ちた長い長

図2.5　洞穴絵画を描くさま

図2.6　粉の発見

いあゆみへの敬意が込み上げてくる。「五〇〇～三〇〇万年前は人類最古の女性ルーシーさんの時代だ。（一九八五年一一月二七日にＮＨＫ市民大学講座で見せた時は一・四億年の恐竜年表ができたばかりで、地球四六億年テープ年表は夢物語だったが、これでも巻くのに一人の卒論生はふらふらになったものだ。）

市販のテープは長さが一定ではないから二五メートルずつ切ってつないで行く。地質年代表にある重要事項は所定の場所に記入するラベルを貼ってゆく。

四六億年はテープ全長四六キロメートルになる。必要な紙テープは一八四〇本であった。これを製作する作業は私が指揮をとり、新任のコンパニオン四人を動員して始めたが、それはそれは壮観だった。まず広いと思ったミュージアム構内では最大二五メートルしかない。屋外では風に揺れる。室内でテープを延ばして引っ張る係、長さを測る係、と全員で分業。これに恐竜年表をつなげば、これまた外側のうすい紙の層になってしまうのも驚きだった。全長四六キロを延ばせば大講堂一杯になる勘定だ。

さてようやく約二週間かけて巻き終わったと思ったら、テープの上面がデコボコだ。これではガラス板が乗せられない。「さーどうするべ」。眠れぬ夜一晩考えたあげく、苦肉の策、近くの大工さんから鉋を借りてきて、私が一日がかりで鉋掛けして収めた。これヒミツ。

現代人に世界観の変革を迫る七色の地球年表は二〇〇四年現在も仁摩サンドミュージアムで展示しているはずだ。これは文字通り世界一である。これこそ四六億年という時の流れを実感する唯一の方法だが、実際にやるのは私のような大バカがやることで、話だけで十分だろう。

## 4　旧石器時代

とにかく一度テープ年表を体験すれば一万年前も一億年も驚かなくなる。粉づくりの道具は、約一万年前ころから出始め、新しい道具を生んでゆくが、新しい道具が出たからといって必ずしも古い道具が絶滅するわけではなく、多くが生き残ってゆく。たとえば旧石器時代の石の搗き（っ）ウスは現代の化学実験室に瑪瑙（めのう）乳鉢としてどっこい生きているのだ。道具は特殊な機能と多様性を追求して発達するが、古いほど万能多機能の古い道具はそれなりの用途が残る。

火の発見は粉の発見でもあった。木と木をこすり合わせて火を作る発見は人類最大の発明だったと言われる。実はこれは人類と粉との最初の出会いでもあった。そしてそれが絵具造りと並んで真っ暗な洞穴で絵を描くことも可能にした。さらに木の粉は火がつきやすい（化学反応しやすい）ことの発見でもあった。つまり粉によって別な世界（文明世界）を拓く偉大な発見であった。

## 5 粉は関所

自然の素材を利用して、人間生活に必要なものを造り出すこと、つまり、物の生産が人間社会を物質的に支えている。ところが人間が利用できる物質は、自然界に存在するそのままでは、きわめて限られている。採集狩猟時代の生活がそれであった。そのままでは利用できない物を、なんとか工夫して、利用できるようにすることによって、人類は繁栄、つまり人口増大に対処し、数々の華やかな文化を築いてきた。そのような、自然界の物質を改造し、つくり直して利用する場合には、必ず通過しなければならない「粉」という関所がある。この関所のことは、ひとむかし前まではわかりきったことだったが、今日ではよく考えなければわからないほど、複雑になってきている。社会の生産機構が複雑になったのである。

現代および未来は、ますます莫大な物質消費を前提にしているから、いまこそそれが、粉の見方からどういう結果に行き着くのかについて、関所に立ってじっくり考えておく必要がある。別の見方からすれば、この関所を押さえることによって、その時代の文化を、素材の面から理解することができる。このことは昔も今も、そして多分未来も変わらない。そういう見方で、人類文化史を現代まで眺めてみようというのが本書の〈粉の文化史〉である。

## 6　縄文文化

第1章で土が粉だと書いた。縄文時代の土器が粉の文化史のトップにあった。人類文明の発祥地はエジプトとメソポタミア、インド、黄河流域の中国が四大文明発祥の地とされているが、古代人の生活において画期的発明は縄文土器だといわれている（志村史夫著『古代日本の超技術』講談社、一九九七年）。また縄文土器の文化史的意義について、小林達雄は次のように書いている。

「それまでの道具（石器や木、竹など）は、用意した素材を割ったり削ったりしてしだいに大きさを減らし、目的とする形態に仕上げる減量型であった。ところが土器は、掌にした一塊の粘土に次々と増量しつつカサ上げしていくという正反対の方向をとる増量型である。この対照的な造形を、木村重信は、「引き算型」と「足し算型」と呼んでいる。しかも石器などでは、いったん打ちかいてしまった部分は、たとえ不本意であっても、もはや修復不可能である。けれども土器は、加除修整は自由自在である。このように土器は、それまでの人類史には絶えて見ることのなかったまったく新しい造形学的性質をもつ。やがて縄文人は道具としての土器の形態を実現するだけでなく、その造形の自由さを利用して縄文人の抱く世界観を表現するキャンバスにしていった。言い換えれば、縄文土器は日常什器の一つというにとどまらず、いわば文化的な機能の重責をも果たすようになったのである。」（小林達雄著『縄文人の世界』朝日選書、一九九六年）。

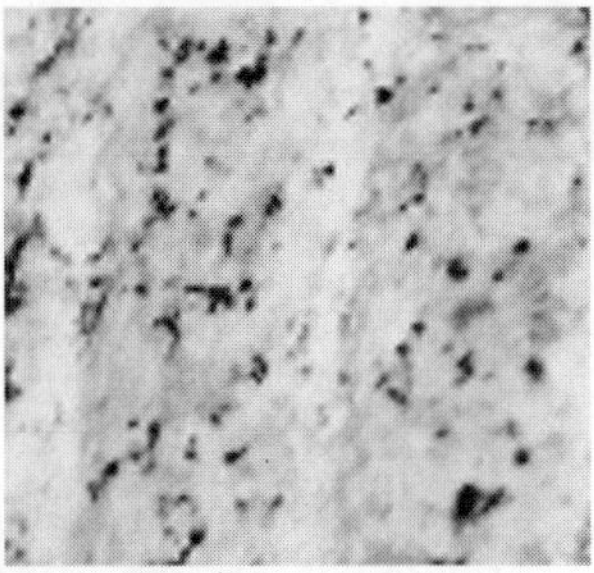

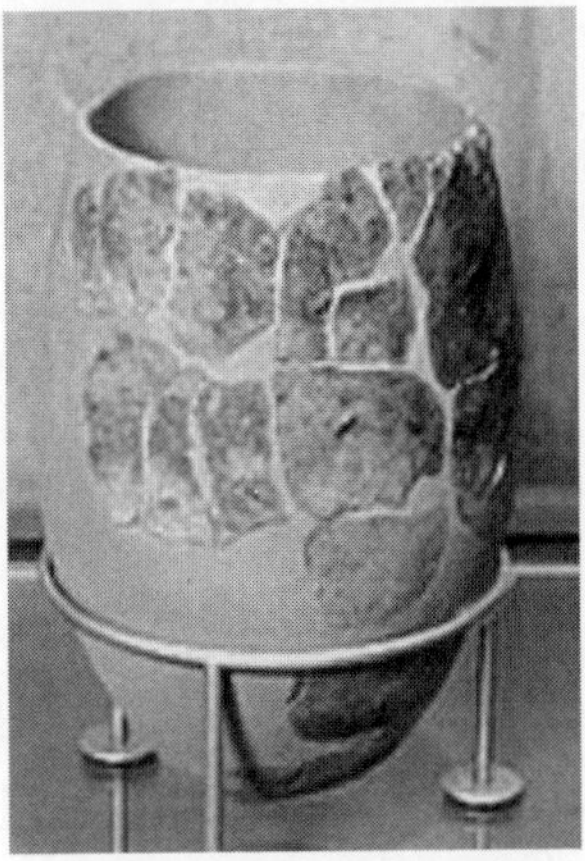

図2.7　風化花崗岩（原寸）の肌（曲谷）

図2.8　世界最古の土器とされている縄文土器（佐世保市泉福寺洞穴遺跡から1970年に出土）

土器を作るには粘土が必要だが、これは森の植物が岩石を分解することによって作りだした。また日本では土器を焼く燃料も森が作り出していた。粘土を捏ねる水もあった。土器による調理革命が起こり、煮て食べることが可能となり、堅いものを軟らかくし、味つけも可能となった。つまり汁物や雑炊という調理の無限の可能性を引きだすことができたわけだ。ゴッタ煮ができるから、食材の多様性が出た。さらに殺菌効果もあった。

## 7　豆粒文土器

現在までのところ世界最古の土器とされている一万二〇〇〇年前の土器が佐世保市瀬戸越町泉福寺洞穴から出土した（http://www.utuwa.jp/mmag/mmagw1001.htm）。科学的年代測定法と出土層から、一万二、三千年前のものと推定されている（「泉福寺洞穴の発掘記録」〈BN14857380〉佐世保市教育委員会、一九八四年）。イラクのジャルモ（http://www.uraken.net/rekishi/reki-westasia02.html）、トルコのチャタルヒュユク、エジプトのファユーム各遺跡より何千年も古い。縄文土器の独特の形については、小林達雄著『縄文土器の研究』（学生社、二〇〇二年）で、「すでに慣れ親しんでいた編籠とか樹皮籠とかあるいは獣皮袋の形をまねしたと考えられる。」と書いている。なお豆粒様の模様は、「編籠の編み目に重ねて編み込んだりしながら飾りつけた籠の文様かもしれない」と。

　豆粒文土器が世界最古の土器（セラミック）と聞いて、そういえば粘土が森の産物である事実を私は目撃したことを思いだした。粘土は花崗岩が風化してできたものだが、その風化過程をしめす粘土が伊吹山の西麓（曲谷）にあった。その場所は蝮（まむし）と熊の恐れがあり、春先の短い期間しか近づけない。一九七五年九月一九日村人の案内で曲谷臼産地調査（http://www.bigai.ne.jp/~miwa/miwa/magatjitch.html）のためだったが、調査のついでに山菜採りに少し山に入ったところ、谷あいの小川に山葵（わさび）の自生地があった。山葵を取ろうとすると、花崗岩の岩肌が見える。岩に生えている感じだ。ところが表面はつるつると粘土の感触だ。カッターを持っていたので、切るとまるで豆腐のようだ。曲谷の岩肌は黒雲母の配列に特徴がある。私の田舎にも江州臼として来ており、しかも自宅の石臼だったから馴染みがあった。不思議だったから、持ち帰ったが、乾いたらバラバラの粉になってしまった。とにかく粘土は間違いなく岩石から森の植物が分解して作ってくれた粉なのだと実感した。

図2.9　二種類のウス

## 8　豆粒文土器の別な評価

志村史夫（静岡理工科大学教授）著『古代日本の超技術』（講談社、一九九七年）を手にしてまず驚いたのは、著者が現代技術の最先端を行く現役の半導体研究者であることだった。その書き出しの第一章に出てくるのが、縄文土器であり、しかもそれが古代四大文明（エジプト、メソポタミア、インド、黄河流域）の発祥から五〇〇〇年以上前だということだ。土器は人類が化学変化を応用した最初の発明で、それが豆粒文土器であることを指摘している。彼は縄文時代以降奈良時代までの驚くべき古代技術を詳細に分析しているのである。それぞれがたいへん斬新な指摘だ。その他の内容は著書を参照して頂きたい。

## 9　臼類

粉を造る方法には出発物質が固体、液体、気体の三つの場合がある。液体や気体から造る粉があるが、特殊例なので省略する。

固体からはじまる粉造りには磨(す)ると叩くの他、転がすの三種に大別できる。図2・9がウスの基本になった二つの原始形態である。次頁に示すのは転動式を加えた臼類一覧図である。いろいろなウスがあるので、全体を臼類と呼んだほうがよさそうだ。これで世界に存在するすべての臼類を総括している。

次頁図左最下端の道具を日本ではイシウス、ヒキウス、なまってイススなどと昔から呼びならわされているが、石で作った餅つき臼もイシウスと呼ぶことがあって混乱する。日本語の臼は非常にひろい意味をもっている。ところが中国の漢字では臼は字の形が示す通りに杵でつく臼であり、回転させるウスには「磨」の字をあてて、磨る意味をこめている。考古学の文献で磨臼と書いた論文もあるが、漢字で「臼磨(きゆうま)」といえば両者の総称であってこれまた混乱する。こんな混乱をつくり出した責任は、鎌倉時代に中国へ留学した偉いお坊さんが、磨と臼をごちゃ混ぜにして、いずれも粉をつくる道具ぐらいに解して教えたのか、それとも磨は当時の日本ではまだ普及していなかったために、生徒たちが理解できなかったのか、困りものである。古い時代の西洋の石臼は英語を借用してロータリー・カーン (rotary quern) と呼ぶことにする。なお後に出てくる動力で回転する西洋の石臼は「ストーンミル」である。英文学の英語辞書などで碾臼と書いてある例があるが、碾は中国のローラー式石臼である。

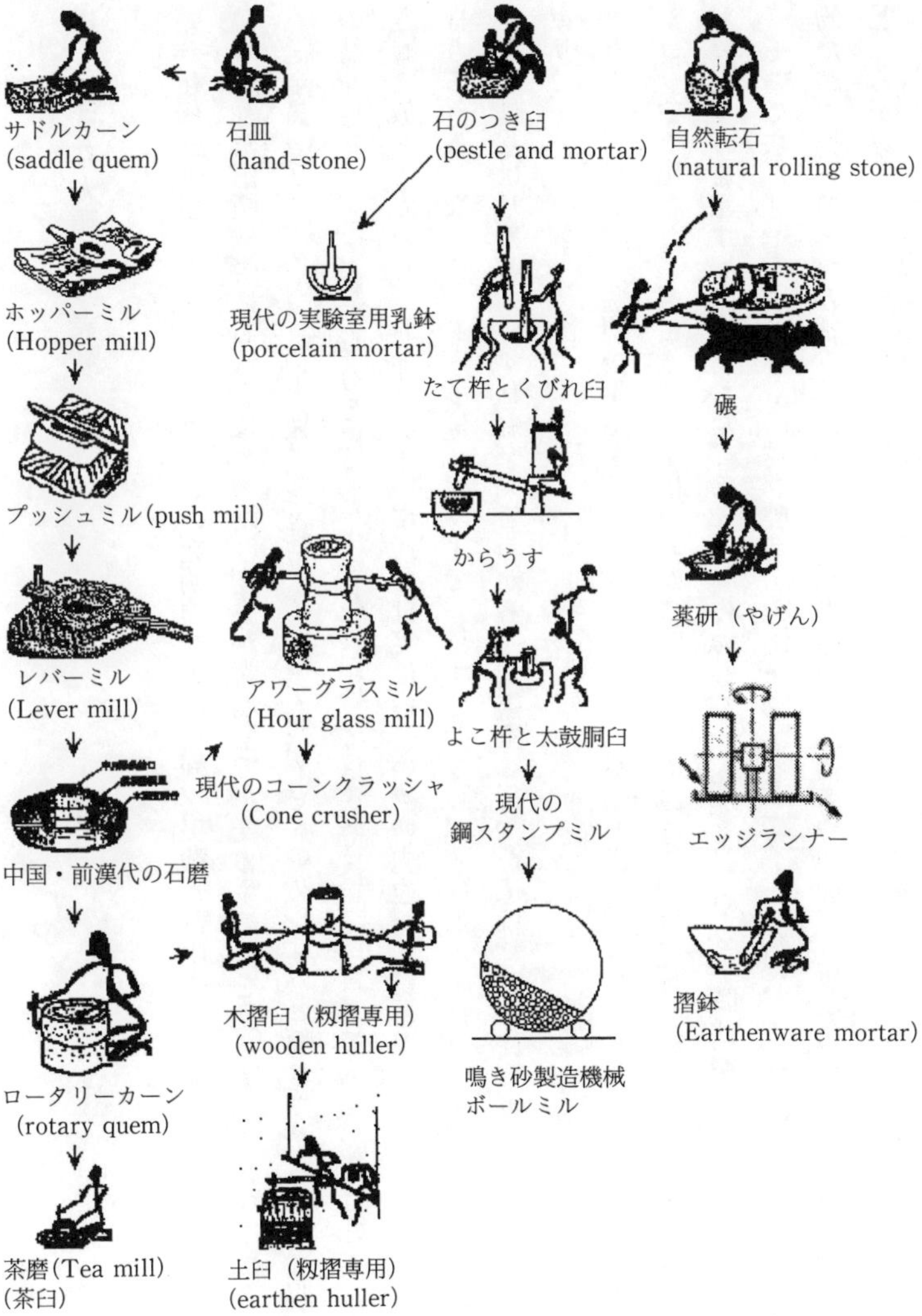


図2.10　臼類系統図（進化図ではない）

## 10　粉造り人類史の実験

一九八五年頃ロータリー・カーンの発明の歴史的過程を実験した中学校があった。岐阜市の市街地から離れた田園地帯にある学校だった。先生が調理室で小麦の生の穂を見せて「これなーに？」と聞く。全員「？？……」。先生は今の子は小麦の穂が何かさえわからないと嘆きながら、次に収穫直後の穂を見せて、「これを食べるにはどーすればいいか考えなさい」と言って、その後は好きなようにさせて放っておいた。お節介が多い現代では実に珍しい凄い先生たちだと思う。子供たちは二〜三日はうろうろしながら、ある子はハンマーで一粒ずつ叩きつぶす。ある子はフライパンをもち出していきなり炒りはじめる。いずれもダメとわかる。図書室へ行った子は、どこにも書いてなかったとガッカリ。

そうこうして約一週間後先生をびっくりさせる道具が出て来た。コンクリートブロックを重ねてゴシゴシやり出した。そこまでに子供たちがやった数々の試みについては省略するが、それは人類がたどった歩みを示すものであった。そこで先生いわく。「やっとエジプト時代ね」と。

そこで次に述べるエジプトのパン製造工程図を見せる。「ワーこれだ、これだ」。この辺は多少作為的だが、教育の一つの試みであった。調理の授業が鉱物学や地理、世界史や芸術までつながっているところが凄い。

ここまで来たので先生は日本の石臼の話をし、どこかにないか探しに行く。ようやく見つかっても、古くなって、挽き手がなかったり、心棒がなかったりで、使えるまでには、二〜三日かかった。さあいよいよ試運転。

なお実際に粉が出るまでには長い道のりだったが、うどんをつくるまでがんばって、最後は製粉工場を見学するが、「なーんだ僕たちがやったのとおなじじゃないか」といわせる。そのすべての経緯を日清製粉株式会社が映画化し、いまでもビデオを同社の東京本社から借用できる。

二〇〇〇年代になると、日本では完全に保存された石臼はほとんどなくなったから、残念ながらこのような勉強も不可能になった。総合学習のまたとない材料だったのに。

## 11　パン製造の工程図

次頁の図はエジプトの壁画である。粉の工程図がある。この頃すでに、人間は粉の可能性を十分利用しており、それがはっきり工程としてとらえられている。エジプト文明をささえた粉づくりである。粉をつくって、練って、固めてといった、これから先、たびたび出てくるパターンがすでにここにある。固めれば粉は姿を消し、パンという製品に変身する。人間のやることの基本は、つきつめて見ればすべてこのパターンに帰する。もう少し具体的に誰にもわかる小麦からパンを生産する手順を見てみよう。

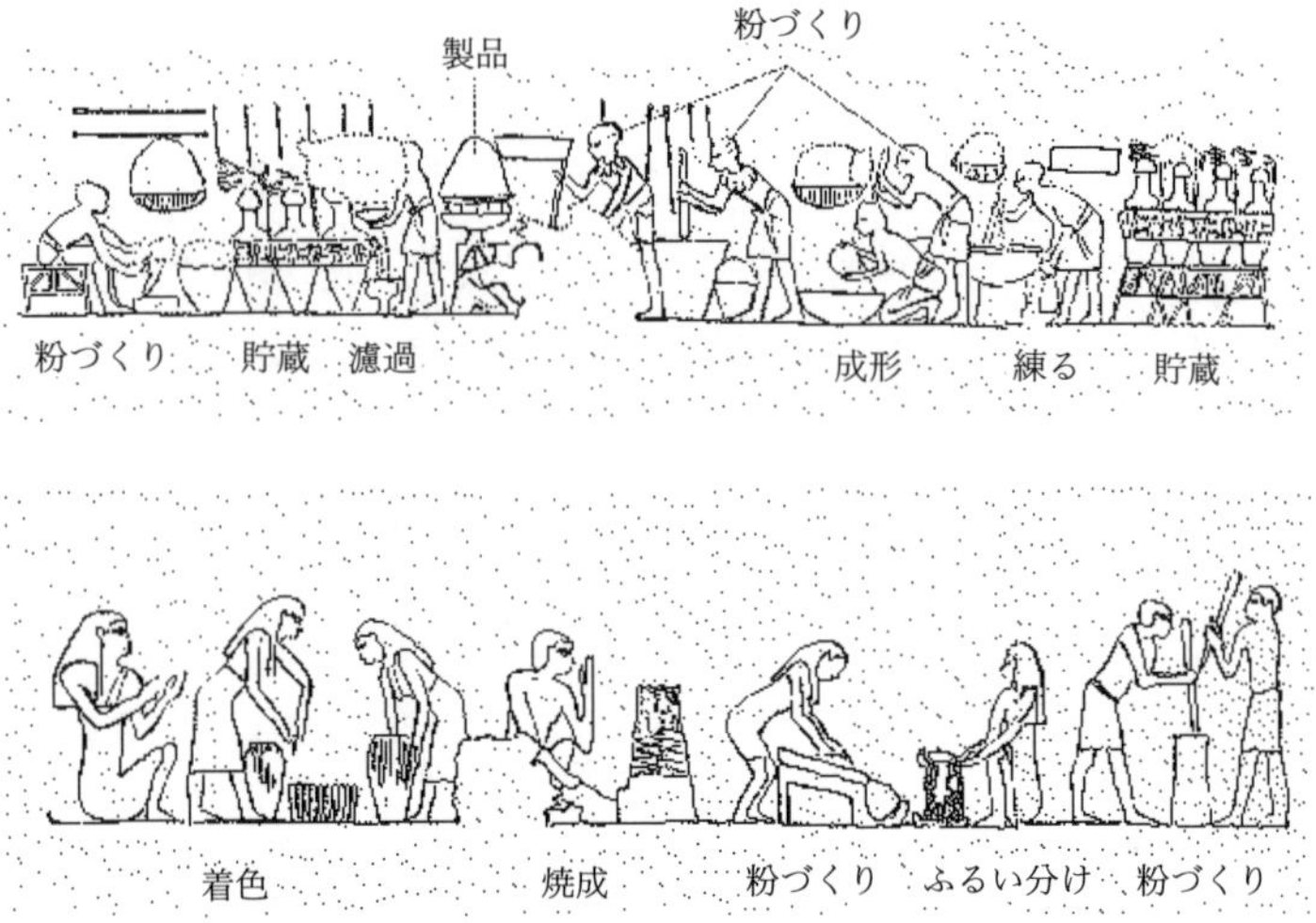


図2.11　パン製造の工程図（エジプトの壁画より）

1　貯蔵：貯蔵場所からとりだす
2　粉砕：小麦を挽いて粉にする
3　分離：風やふるいを利用して、ふすまを除去する
4　混合：小麦粉に水を加えて練る
5　成形：パンの形をととのえる
6　化学変化（発酵、乾燥、反応など）
7　焼成：焼く

途中で粉が消えて、最後にパンになる。ちょうど七つあるから、小麦粉の七変化と名づけてもよい。普通は化学変化のところだけを問題にするが、前後を考えて扱うのが粉屋の発想である。さてここで小麦のところを、そっくり粘土に入れ替えたらどうであろうか。粘土は水にぬれた粉である。それが七変化して陶磁器になる。これは縄文時代の土器製作そのものである。

こういうふうに、粉を扱う工程の共通性に注目して考えると、人間がものをつくる仕事のパターンが明瞭になる。これが粉の変身術、すなわち現代生活もすべて作りだす粉の技術なのである。これを粉体工学用語では粉体プロセスという。

人類の人間らしい生活は、はじめ木や石を加工し、形をととのえて、あるいは組み合わせて物をつくり出すことからはじまった。旧石器時代の生活である。これも天然の素材の利用であるが、天然の素材の性質に制約され、資源も限定されていた。新石器時代に入ってはじめて人工の粉を造るようになって、文明の夜明けがはじまった。

粉の変身術は、色、かたさ、形など無限の可能性に満ち、たんなる加工にくらべて、はるかに創造性に富んでいた。そのために時代が進むにつれて、粉をつくる道具類が発達し多様化し、複雑になっていった。あらゆる技術がその頂点をめざして走り、現代に来たが、一方で資源の有限がささやかれる現代に、粉があらためてクローズアップされるのは当然のなりゆきかも知れない。

## 12　現代の変身術

現代は複雑怪奇な生産過程を通るので、七変化程度のパターンでは理解できない。二〇世紀初頭には粉砕ではなく化学合成粉というべき粉が登場するが（第7章）、その前後はやはり、パンや瀬戸物と類似のパターンの組み合わせである。追って説明するように、まさにこの複雑な粉づくりの工程こそが現代文明を築いている。コマーシャル入りのハイテク製品だけを見ていると、なにか現代の魔法のように幻惑されるが、その製造の秘密を粉に注目して追えば、何のことはない、つまりは粉の七変化に帰する。粉をつくって、練って、固めてと、古代エジプト絵画の仕事が工場の複雑な機械で行われているのだ。このパターンから一歩も出ていない。出ようがないのだ。

たとえば現代の骨格をなす怪物、鋼鉄も粉の変身だといっても、すぐには理解できないに違いない。しかし、製鉄原料の鉄鉱石と石炭は、世界各地から粉の状態で、船で日本に運ばれてくる。これは現地で、不純物を除去する過程ですべて粉にする必要があるし、輸送にも都合がよいからである。鉄鉱石は製鉄所に近い岸壁に陸揚げされると、それをまず微粉に砕き、配合し、つぎに焼き固め、再び砕いて粒の大きさを整えてから、溶鉱炉（高炉）に入れる。このあたりが二〇世紀末の技術革新の第一線だった。粉をつくって、焼いて固めてのおきまりのパターンがくりかえされる。やがて溶鉱炉から真赤な鉄の湯が流れ出る。ここで粉は消えたように見えるが、そうではない。ここへ生石灰を主体とする微粉末を、酸素ガスとともに吹き込む。粉体インジェクション法という。硫黄などの不純物はスラグとなって分離する。これは脇役の粉とでも呼ぶのであろうか。先著でこれを書いたあと、某製鉄工場から「その通りだが、一度来て見ませんか」と誘いがあった。なにも考えずに見学すると、設備の巨大さに惑わされて驚くだけだが、粉を作って、捏ねて……のパターンを頭にいれておけば、ただ大きいだけの恐竜を見る気持ちで、製鉄工場もなんだかかわいい感じだ。

先の中学生の「なーんだ」である。こういう工場はぜひ小学生にも見てほしいものだ。そうすれば理科離れは即解消になるに違いない。私は以前小学五年生用国語（文部省検定）のテキストに「粉と生活」という文を書いたことがある。そのとき製鉄をテーマにしようと思ったが、編集部から子供たちは製鉄工場では馴染みがない。ガラスにすることになった。そのためピンボケになった。製鉄工場だったら迫力があるのにと残念だった。製鉄工場見学をせめて中学の必須科目に入れられたらと思うのだが無理だろうか。http://www.steel.org/learning/howmade/blast_furnace.htm および http://www.bbc.co.uk/history/games/blast/blast.shtml にはアメリカの製鉄所の分かり易いきれいな図解がある。

## 13 原子力発電

ついでに黄色い粉造りの話をしておくことにしよう。現代の原子力発電も（原子爆弾も）その原料は粉から出発する。いつか民放のテレビで「ウランはこれです、こんな黄色い粉」とデスクの上で見せたが、冗談じゃない。直接見られるはずがない。正体はカレー粉だったそうだ。しかし私はその黄色い正真正銘のウランを厚い透明の防護ガラス越しに見る機会があった。四国に海水からウランを抽出している工場があった。莫大な海水からの抽出で採算がとれないがという話だった。カレー粉で十分間に合うのは確かだ。魔物の粉には白い粉（麻薬）、黒い粉（火薬）のほかに、二〇世紀にはこの魔物の黄色い粉が加わった。後世の歴史家は二一世紀を何色の粉が支配した世紀と書くのだろうか、気になる。

黄色の粉を製造している工場は国内にはないから、さすがに私も見学していないが、次ページのフローシートを見れば、ありふれた機械が並んでいるだけだ。原料のウラン鉱石は、砂岩の砂粒の間隔を埋める物質の中に、ウラン成分を含んでいる。そこでまず、鉱石を粉に砕いてから、化学的に抽出する。カスの部分は泥、つまり水の中に分散した粉であるから、これを沈殿させて分離する。一トンの原鉱石からわずか七キログラムの精鉱がえられるという。すでに原料調製で危険な放射性廃棄物を大量に製造する、いまわしい工業である。この状態でアメリカなどから日本に送られてくる。現代文明の舞台裏で、厳重な警戒網のなかを動く、嫌われものの危険きわまりない粉は、運転途中でも、また寿命が尽きた廃炉からも、棄て場のない莫大なゴミを出し続けている。

いっぽうで大量消費を特徴とする現代人の生活は、莫大なゴミをつくり出す。しかも現代の企業は、生産によって利益をあげても、それがゴミとして廃棄された場合の処理については、関知しない社会システムになっているから、やむなく地方自治体が収集して処理している（これは早急に改めねばならないであろう）。ところがこの終着でも粉をつくって、焼いて固めて、というパターンが繰り返されている。粉にはじまった華やかな現代文明も、結局は粉に終わっている。

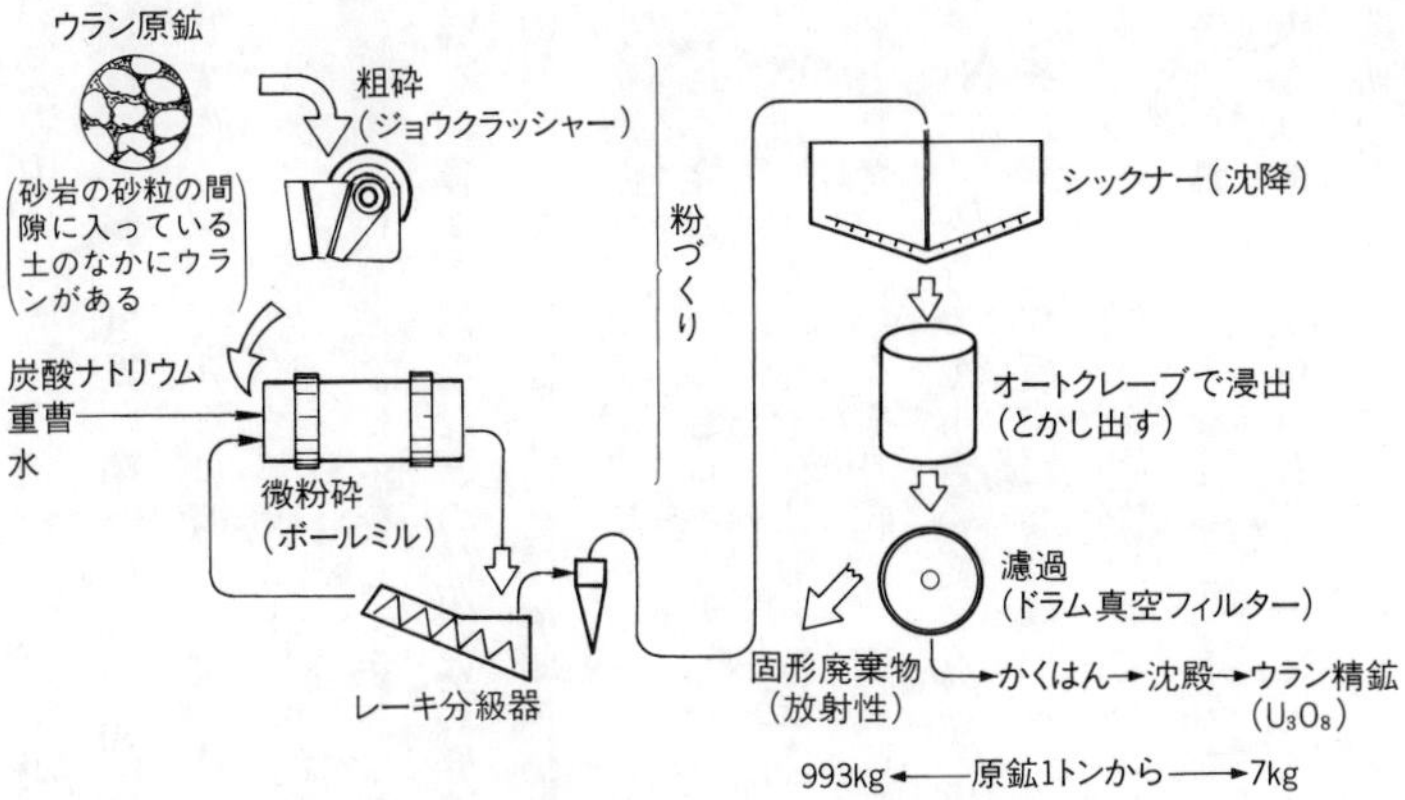


図2.12　ウラン原鉱から放射性廃棄物まで

## 14　人類を絶滅から救ったウスの出現

環境考古学者安田喜憲（国際日本文化研究センター教授）は地球規模の気候変動が引き起こす民族大移動が文明の大変化を起こしたことを詳しく研究している偉い学者である（たとえば『環境考古学のすすめ』丸善ライブラリー、二〇〇一年）。氏は花粉学から出発し、古代の地層の花粉の化石から、今は砂漠の場所が、大森林だったことを明らかにした。たとえば現在のオリエントのレバノン山脈は岩山だが、スギ科の針葉樹で覆われていたという。それが文明発祥の地メソポタミヤ、ローマやエジプトへ大量に輸出されて、激しい破壊を受けたという。レバノン杉はよい匂いがするので、神殿に貴重な木材として使われたらしい。規模が違うが日本で奈良の大仏がそうであったのと同じだ。

一万五〇〇〇年から八〇〇〇年前頃は、気候の大きい変動の時期であった。日本列島では縄文文化がはじまった頃だ。安田は縄文文化は魚と木の実がセットになって育ったもので、岩の風化分解物である粘土が存在したことが、世界に類例がない独創的な縄文文化を育んだという。粘土は植物（森）が岩石を原料にして作り出す。西洋は家畜の文明であるのに対し、東洋は森の文明という。西ヨーロッパでは人々が、トナカイや馬の群とともに退く氷河を追って、北へ北へと移動していた。しかし、移動せずに、小さい獲物や魚や植物に依存して定住する人々もいた。なかでも内陸部で捕獲する鮭は重要だったから、鮭を捕獲するわななどの仕掛けが発達した。わが国でも、近年まで残っていた生活である（日本では山形県飯豊町は山奥なのに民俗館には鮭漁の道具類があって驚いた。今では考えもつかないことだ）。

また西南アジア、アフリカ、アメリカの一部では、魚、水鳥、タコやイカ類、および植物の利用が著しく発達した。もちろん大部分の地域では、なお昔ながらの大型動物の狩猟に依存する生活が続いていた。より小さな、よりバリエーションに富んだ資源への移行は、当然、テクノロジーの変化を必要とした。植物を掘り起こす道具、野鳥を捕獲するわな、などいままでなかった道具類が現われた。それにともなって小さい簡単な整った石器が、世界各地で発見されている。約八〇〇〇年前頃になるとそれが、より複雑になってくる。

この人類文明への道をひらく動きは、肥沃な三日月地帯と呼ばれる西南アジアの一帯で起こったと考えられている。なぜ、この地方なのか。ほかにもあったのではないか。たまたま長い期間の遺跡が重なりあって保存される条件にあったので、よく研究されたためではないか。いろいろ疑問が湧くが、農耕の発生、それにつづくチグリス・ユーフラテス文明の発生と考えると、必然性がある。住人たちは、狩と野生の穀物の採集とを兼ねていたと考えられている。しかしなぜ、野生の動物や植物の採集よりも厄介な方法に移行したか。それは望んだのではなく、せざるをえない事情が生じたためである。難しいテクノロジーに立ち向かった必然性については諸説がある。どこかへ移住することによっては解決できない、食糧資源の転換を迫るような、気候変化があったらしい。

## 15　狩猟・採集から農耕・牧畜へ

植物の栽培および動物の家畜化の発達は、狩猟・採集に依存する生活から、農耕・牧畜を主とする生活への移行であり、食糧革命であった。牧畜は人間が利用できない牧草などを、肉やミルクに変換する実にうまい工夫であった。品種改良を含む農耕は、収穫が確かでかつ収穫量が多い野生植物のうち、一年生のもので、収穫量が大きく、生育環境の適応性があり、貯蔵しやすく、品種改良に適応しやすい植物が選択された。人口は次第にこの地方に集中した。しかし、長い目で見ると農耕は植物の種類を簡単化し、生態系を単純化する欠点もあり、後にこの地方は砂漠化してゆく（二〇〇三年にはアフガン、イラク戦が起こった場所だ）。このことは、現代への警告でもある。現代工業化社会の破壊力は想像を越えている。

西南アジアでの野生植物の利用は、すでに一万七〇〇〇年前頃の石器から、ぼつぼつその存在が確認されている。なかでも、一万年前頃（一二〇〇〇—九〇〇〇年前）のナトウフ遺跡（イスラエル）では、住居に穀物の刈り取り用具と粉砕用具（石臼）が散乱し、穀物貯蔵用の穴が設けられていた。この双方がこの遺跡から出ている。確かな形を整えた前記の二種類の石臼（石製粉砕用具）の出現である。草の実を食べなければ生きてゆけない極限状態が生じたのであろう。旧石器時代には大した重要性がなく、ときに気まぐれに使っていたちっぽけな二種類の石臼が役立った。それは単純な道具で、それだけではつまらぬ石ころに過ぎなかったが、その果たした役割は大きかった。それは後に人類の食糧革命をもたらし、新しい文明への歩みを可能にした。

本書のテーマである粉の文明のスタートがここにあり、現代はまさにその延長線上にある。この二種類の石臼は、それぞれ独自の発達過程をたどった。

## 16　物質精製法の発明——石臼の機能と分離技術の結合

ここで鳥や、ある種の獣しか食べなかった草の実を、食糧資源にとり入れるという食糧革命のベースになった二種類の石臼の機能を、もう少し具体的に考えてみることにしよう。草の種子は硬い皮に覆われていたり、皮がデンプン質の部分に食い込んでいて、そのままでは食べにくい。種皮を分離せずに、炒って粉にして食べられるものもあるが、とうてい主食にはなりそうもない。皮を分離して除去し、デンプン質の部分だけを集めることによって、粉、つまりまったく新しい素材が出現する。これには、種子の種類により二つの方法がある。たとえば米や粟のように、皮がデンプン質に食い込んでいないものは、凹みのある石臼で搗けば皮が分離する。これを風にかざせば皮が分離できる。粒に湿りを与えておけば、皮ははがれるだけで、細かい粉にならないから、分離できる。分離しなくても食べられるが、分離したほうがはるかにうまい。一方小麦は搗くよりも、摺る、つまり剪断力が作用する磨砕のほうが分離し易い。この一見単純な米や粟と小麦との方法の違いが、後に西洋と東洋の文明の差を生む重要な因子になったことは最も大切な、粉屋ならではの、本書で初めて示す史観である。

草の種子のついた穂から種子だけを集め、余分な部分を除去するには、口で吹くか風にかざす分離法が一番簡単である。これなら猿でもやることである。さらにその頃にはある種の織物もあったから、木の蔓や、繊維を組み合わせた植物質のふるいや獣皮に孔をあけた「ふるい」なども発達したと思われるが、残念なことにそれらは腐敗し易いために遺物として発見される可能性はきわめて少ない。

とにかく粉砕と分離という二つの操作、つまり粉の技術を組み合わせた物質精製法の発明が、今まで利用できなかった草の種子を食糧資源として利用することを可能にした。はじめは飢餓を切りぬけるためのひとつの方法として始まったが、食用になる草の実の探求、役に立つものの選別育成、それに必要な新しい道具体系すなわち（鎌、鍬、殻竿）、貯蔵設備などの開発が行われていった。農耕・定住による村落の形成、そして社会の構造も変える数千年をかけての大変革の始まりであった。

## 17　臼の発達史概観

メソポタミアやエジプトに初期文明が現われはじめる紀元前三〇〇〇年頃までの、粉の技術の発達過程では、前述の二種類の石臼すなわち「つきウス」と「すりウス」の大型化がひたすら追求された。これらの臼は、いずれも単純な機械的な運動の繰り返しであった点が、石刃や鍬や鎌などの他の道具類とは基本的に異なっていた。臼では人間は単なる動力でしかない。人間は一つ一つの穀粒を見つめて処理するのでなく、無数の粒子を一挙に処理する。これは人力で可能な範囲の単なる大型化によって生産性を向上できる量産性がある。二種類の石臼は、人間を有効に動力として利用すれば、生産性をあげて、その分だけ余分の人間を養うことができる。一方で定住、農耕、村落、のちに都市への発達は、より強力な支配者の出現が不可避となった。そのため人間は自然からの支配から脱した分だけ、その社会機構、つまり社会を管理する支配者の力を必要とすることになった。

## 18　つき臼の大型化

つき臼はすり臼にくらべ、大型化が比較的容易であった。杵は、ありあわせの木を利用して、できるだけ大きくすればよい。最近の実例では九州の八女でクレーンで搗くイベントがあったのは興味深

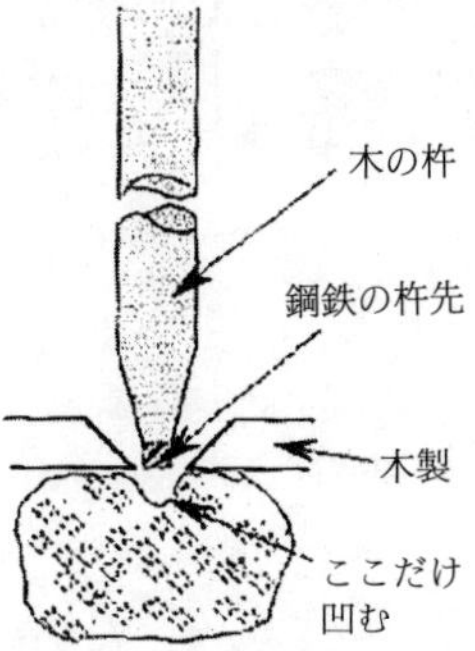

図2.14　必要部分だけを意識的に利用する方法

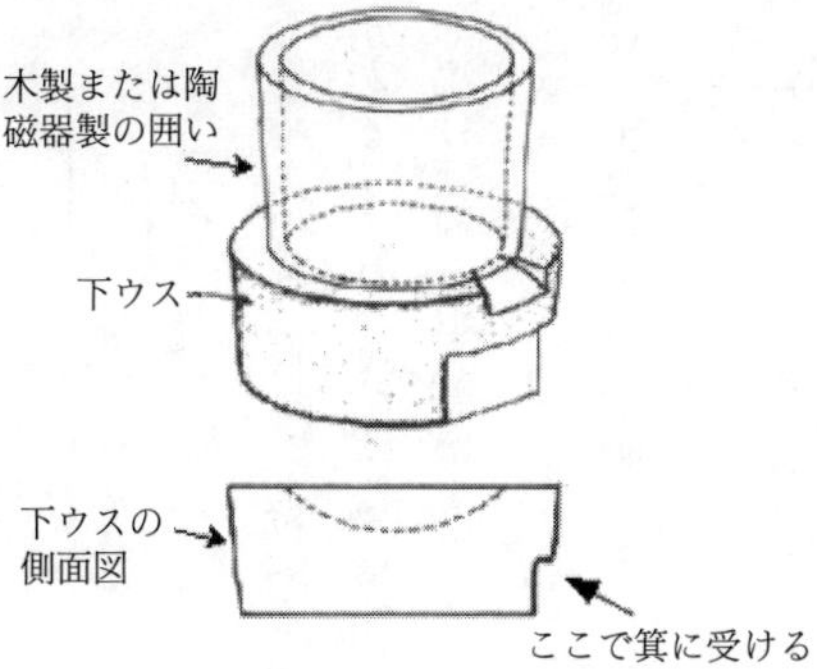

日本の水車小屋にあった
図2.13　水車小屋用米搗き囲い臼（囲いの部分は別の材料を利用する）

い例である。私は見学させていただき、スケール・アップの可能性を極限まで実現した実験と見た。しかしお祭りなら、やっぱり竪杵の集団式がいいと思った。いかにも二〇世紀的発想である。臼は杵がぶつかる部分だけに力がかかるから、これを受け止めることができればよい。臼は土に埋めれば固定できる。石は必ずしも凹んでいる必要はない。粒がとび散らないように何かで囲いをつければよい。

つき臼の石には必ず大きな凹みがあるものだという先入観念を修正できたのは、ある偶然のチャンスだった。砥部焼で知られる愛媛県砥部町を訪ねたとき、ある家の軒に雨垂れを受ける石があった。大きな石の真中が、わずかに凹んでいた。私は臼を探していたにもかかわらず、それをウスとは気づかず「点滴穴をうがつというのはこのことですね」と冗談を言ったところ、まったく思いがけない話が出た。「これは、ひと昔まえまで水車利用の陶石粉製造工場で使っていた臼ですよ」（図2・13）。

また必要部分だけを意識的に利用する別な方式もあった

(図2・14)。私は故郷で発見したが、同じものが岡山県でも発見された。しかしそれ以外は実見したことがない。用途不明になっている可能性がある。

小麦は搗くよりも、摺る、つまり剪断力が作用する磨砕のほうがよい。自然石とまったく区別できないものが、長い間、しかも水車の動力を使った強力なウスであったとしたら、もし古代の遺物に、これに似た使いかたがあっても不思議ではない。そして自然石との区別は困難であろう。

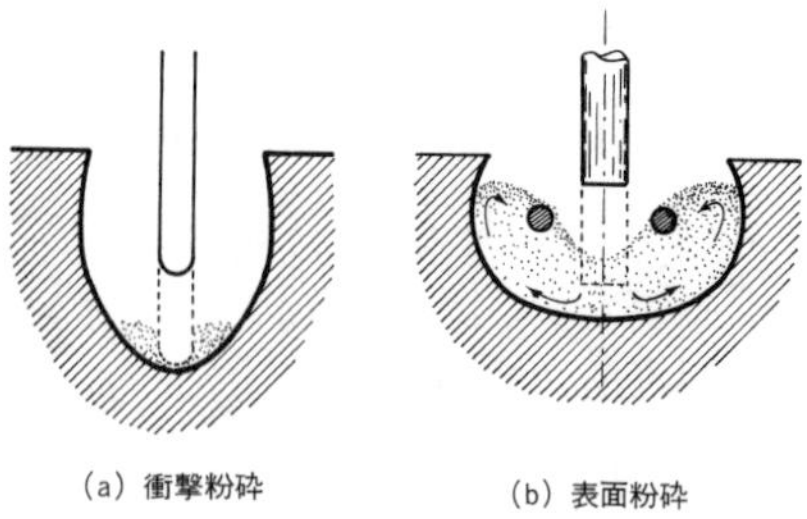


図2.15　つき臼の衝撃粉砕機能と表面粉砕機能

大型化は新しい機能、正確にいえば、小型では目立たなかった機能が現われることがある。つきウスは、大型化すると、粉を作るほかに、つきウスの杵の打撃で粒同士がたがいに強く摩擦する。粒は粉砕せずに、表面の皮だけがむける機能がある。これを表面粉砕機能という。脱穀した籾殻を除去しただけのものを玄米というが、それを臼で搗けば糠が出て白米になる。これは精米所の仕事である。こういう機能を衝撃粉砕機能と呼ぶ。

## 19　エジプトの壁画

エジプトのピラミッドの壁画では、完成されたつき臼が、万能の物質処理用具として利用されたことを示している。紀元前三〇〇〇年頃、各地での文明発生以前に、つき臼の技術は広く全世界に伝播したと考えられるが、粟や米、大麦などに適した地方、ことにアジアではこれが定着し、その後長く利用された。わが国では弥生時代の稲作とともに伝えられ、一九七〇年代まで米の精白につかわれていた。精白のみでなく、籾殻（もみがら）をとるのにも、籾摺り臼出現まで利用され、精白までが一工程で行われていた。これは前述の表面粉砕機能である。

つき臼は、皮むき、精白、製粉のほか、練ったり混ぜたりする機能もある。わが国では餅つきをはじめ、こんにゃく製造（こんにゃく芋をつぶすのに湿式、のちに工業化して乾式に変わったが、現在でもこだわりの蒟蒻（こんにゃく）として残っている）、柿渋づくり、藍玉（あいだま）つぶしなど数えきれない用途があった。粉づくりの万能の道具であり、食物に限らず鉱物の粉砕や調合にも用いられた。現在でも京都では金属粉製造に重い金属製杵で、しかも、強力なバネを使った完全な機械が使われている。たばこの箱の金色を出す金粉（真鍮粉）や粉末冶金の金属粉製造用がそれである。

図2.16　サドル・カーン
（エジプト，ピラミッドの塑像）

## 20　サドル・カーンの完整

つき臼の大型化とならんで、すり臼も大型化されていった。その発達の極致はエジプトのピラミッドの副葬品にある王のために粉を挽く女の像に見ることができる。これは自然石の単なる利用の域を越えて、石材の加工技術が加わっている。西洋では下石の形が乗馬用の鞍の形を思わせることから鞍形のすり臼の意味で、サドル・カーンと呼ばれている。小麦のような穀物の製粉機能をもっぱら追求し、人力の限界まで大型化し、これ以上改造の余地がないと思われるところまで完整した道具である。現在はアフリカの原住民とインドの香辛料用に残っているが、かつてはヨーロッパ、中央アジア、シベリア、中国、韓国まで普及した。タイにもあったようで、バンコクのワット・プラケオにある薬の神様の像の前にあるのは上臼がロール状だが、サドル・カーンである。しかし日本には今日まで発見例がまったくない。日本で石皿と呼ばれてきた縄文時代の石ウスは、左右にすり残しがあって、サドル・カーン以前の形態である。

## 21　回転式石臼

日本の伝統的な石臼の上石と下石には、特有の目が刻んである。次頁図は主溝が八本と六本の典型的な石臼である。副溝は八分画六溝式、六分画八溝式などという。副溝の数はさまざまで二十数本も刻まれているものもある。特殊なものでは四・五・七などの分画もあるが特殊例である。上石と下石は同じパターンであるが、上石を裏返しにして下方の上に重ねると、上下の目の重なり具合は次頁の下図のようになる。

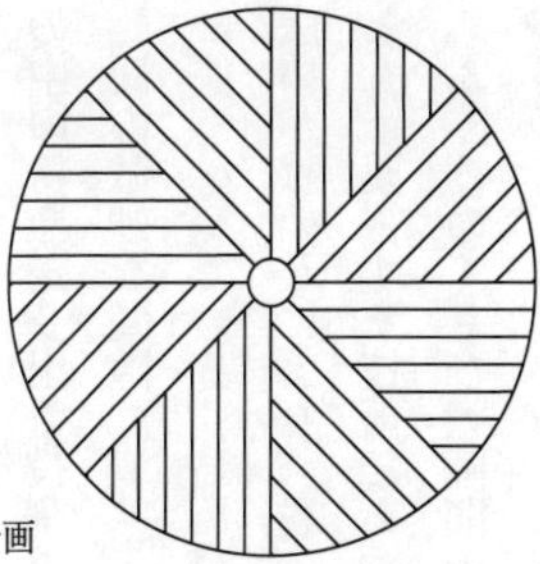

8分画

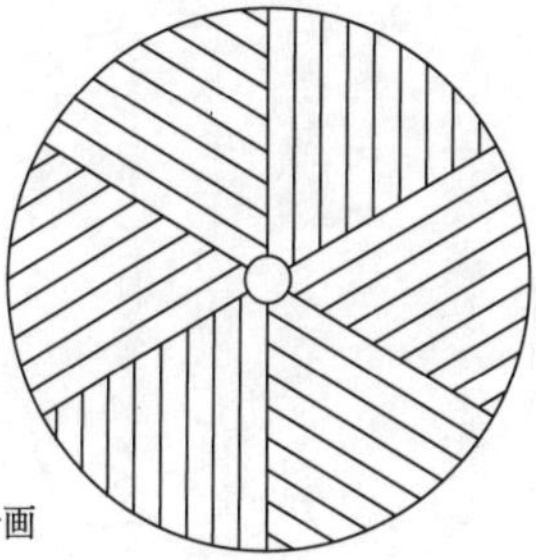

6分画

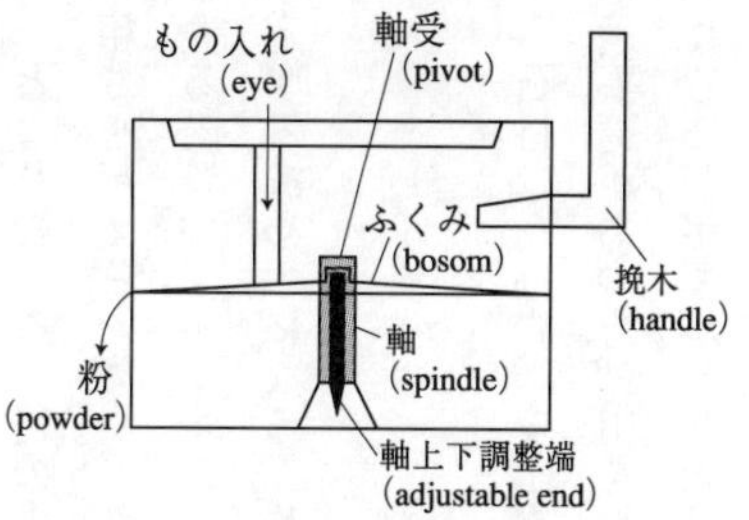


図2.17(a)　回転式石臼の構造と目の形

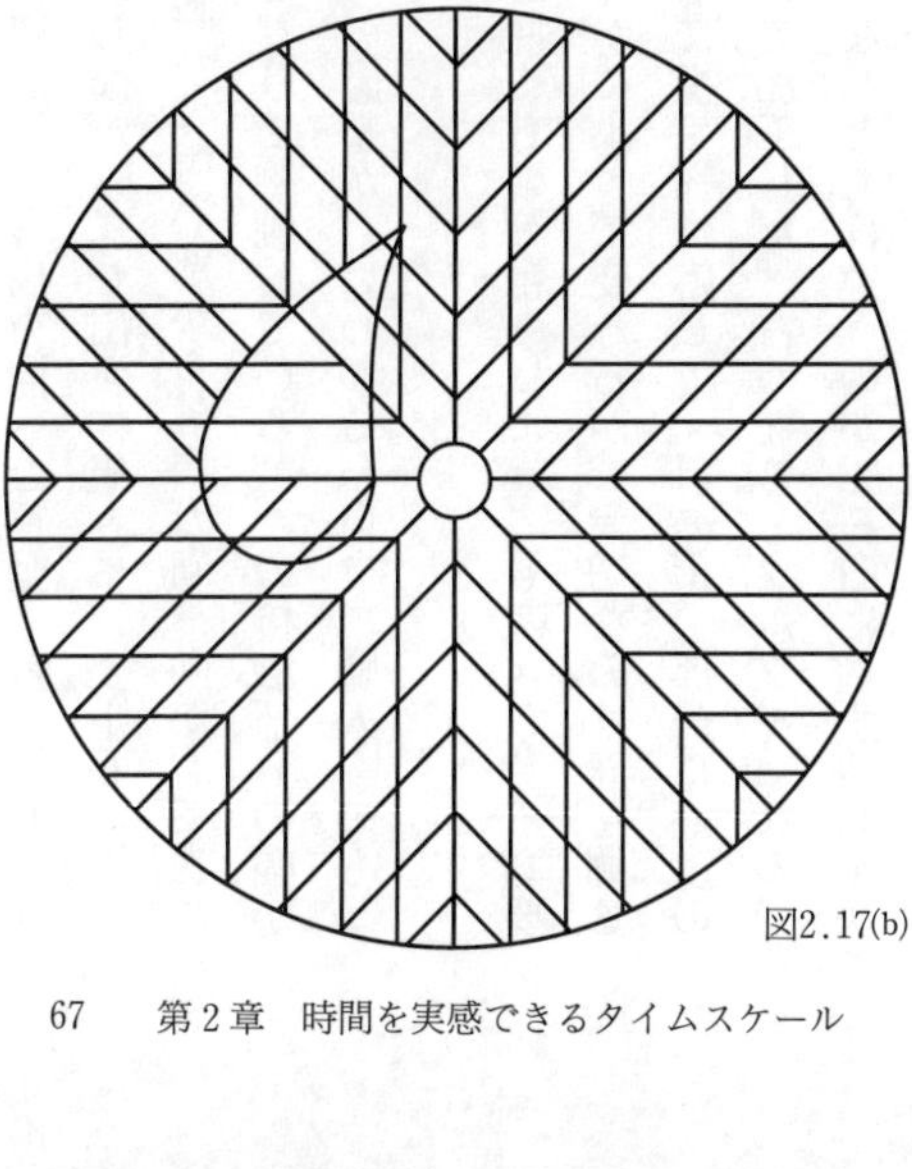

図2.17(b)　上下臼を重ねたときの交叉

そこで上石を矢印方向に回転させれば、それぞれの目の交点は、外周方向へと移動する。これは溝の中の粉を送り出す役割を果たしている。もうひとつ粉砕しながら送り出す仕組みに、上下石の合わせ面の微妙な間隙（すきま）がある。これを〝ふくみ〟と呼び、中心部から外周方向へ向かって次第に狭くなっている。したがって、上下の円い石は周縁部分だけで接触している。この接触部分の幅が広いか狭いかにより、粉の性質は微妙に変化するから、この調整が、いわゆる「目立て職人」のもっとも重要視する技術であった。

ふくみのくさび状隙間のつくり方も送りに影響し、また挽くものの粗さによっても変化させる必要があって、このあたりに秘伝があった。目の形は何を挽くかによって変わるが、大切なのは溝を掘ることよりむしろ、目の山の頂上の加工面の粗さである。粉に挽く物に応じて、目の頂上部分に適度の粗さを与えるために、ここをタタキと称する道具でたたいて加工した。古くなるとツルツルになってくる。このツルツルのなり方が硬過ぎる石と、やや軟らかな石とでは違うのが、石臼に適する石を決定する決め手になる。やや風化しやすい石が石臼に適している。最近は外国産の硬い石が圧倒的に多い。

石材は花崗岩、安山岩、砂岩、溶結凝灰岩などが用いられたが、石の種類や同じ石でも産地により適不適があった。川を流れて来て、軟らかい部分や、亀裂がある部分が淘汰された石（転石）が使われることが多かったのはこのためであった。しかし庭石や河川工事に利用されて、大きい転石は失われ、最近では河川保護のため採石も規制されるので入手は不可能になった。

直径は国内では三〇～三六センチのものが普通で、それ以上六〇センチ程のものは、水車動力を利用した。周縁部の密着部は完全な摺り合わせ加工面でなければならない。摺り合わせてみて石の粉のつき具合で調整する。少しでも凹凸があれば、上石ががたついて、粉がうまく挽けない。これらの調整作業は相当の熟練を要し、昔は臼師と称する専門職人の仕事だった。「粉に教えられて」加工するわけで、熟練した臼師が出す加工精度は、現在の精密機械加工の精度に匹敵することもあった。つまり、石臼は外見の粗末さからは想像もつかない精密機械だった。これが車輪やロクロの回転とは基本的に違う点である。車やロクロは少々ガタピシでも差支えないが、石臼は中途半端な回転運動では、

図2.18　徳島県東祖谷の平家屋敷にあった石臼

図2.19　イギリスのローマ時代の石臼
Reynolds, J. Windmills & Watermills
(Hugh Evelyn, London, 1970)

よい粉がつくれない。石の粉が入るおそれもある。重い上臼の重量を確実に軸受で支え、正確に上下石の接触面の平面を保ちながら、スムーズに回転させる必要がある。そのうえ上石の回転は、中心軸に関して実は完全な円運動をしているのではないことも注目する必要がある。摺動（しゅうどう）運動である。これは溝の中の粉を送り出す重要な作用を果たしている。

このような特異な回転運動の制御に成功したことは、技術史的に見れば、人類がはじめて本格的な機械の、そして、のちに工場と呼ぶものの考え方の入口に立ったことを意味した。これこそが石臼研究の最も大事なポイントであると思う。

このような日本の伝統の石臼は、次章でのべるように、比較的新しいものであり、中国から鎌倉時代以降に伝来したが、使うのは貴族階級に限られ、特殊な使われ方をしていた。私が全国の石臼調査で出会った最高の保存状態だったのは東祖谷（いや）村の平家屋敷にあった。まさに国宝級というべきと思う。

さて、図2・19のイギリスのウスの目は、八分画である。実はこれはイギリスのローマ時代、今から二〇〇〇年ほど前の遺物である。私は、この写真をはじめて見たとき、どうして日本の今に残っている石臼と、二〇〇〇年も前のロータリー・カーンの目が同じなのか。それは偶然なのか。この疑問は従来の研究には解がなく、私が解かねばならない大課題だった。それから、おいおい調べて行くうちに、その同一性にはいままで誰も指摘しなかった壮大な世界史がからんでいることが次第にわかってきた。石臼について書かれた西洋の著書には東洋の石臼についての記述はまったく欠けていることを知り、これを追加しなければならないという使命感が私を強く後押ししてくれた。

## 22　ロータリー・カーンの出現は人類に回転機構の出発点を与えた

さて何ごともそうであるが、でき上がったものを見れば何でもないようでも、創り出す苦労は並大抵ではない。どのような発明も、長い準備段階を一段ずつ着実にのぼり、失敗に失敗を重ね、改良に改良を加えて、はじめて完成されるものだ。ロータリー・カーンも忽然として天才的発明が出現したのではなかった。人力の限界まで大型化したサドル・カーンはエジプトにおいても、それ以上の発達はなかった。停滞の原因を古代エジプト社会の性格に求める学者もある。

石臼が開発された時期についてはストーク（Storck, J., Teague, W.D.）らが示した。サドル・カーンからロータリー・カーンへの発展の中間過程について証拠物件を示していて、もっとも確からしいとされている。彼らはギリシャのデロス島から出土した紀元前五〇〇年頃の一連の遺物を示している。この発達は比較的短期間の約五〇年間を要して行われたらしいという。図2・20に示すように、まずハンドルとホッパー（穀物供給用漏斗）がとりつけられ、作業性がよくなったが、次に目立ても行われた。ストークは次のようにのべている。「サドル・カーンは石の直接的圧力によって砕かれたが、目立てを施すことによって、穀粒を保持し、目と縁との間の剪断作用により、穀物を切り開くことを

図2.20　紀元前500年頃，デロス島で行なわれたという工夫（ストーク，ティーグの著書より）

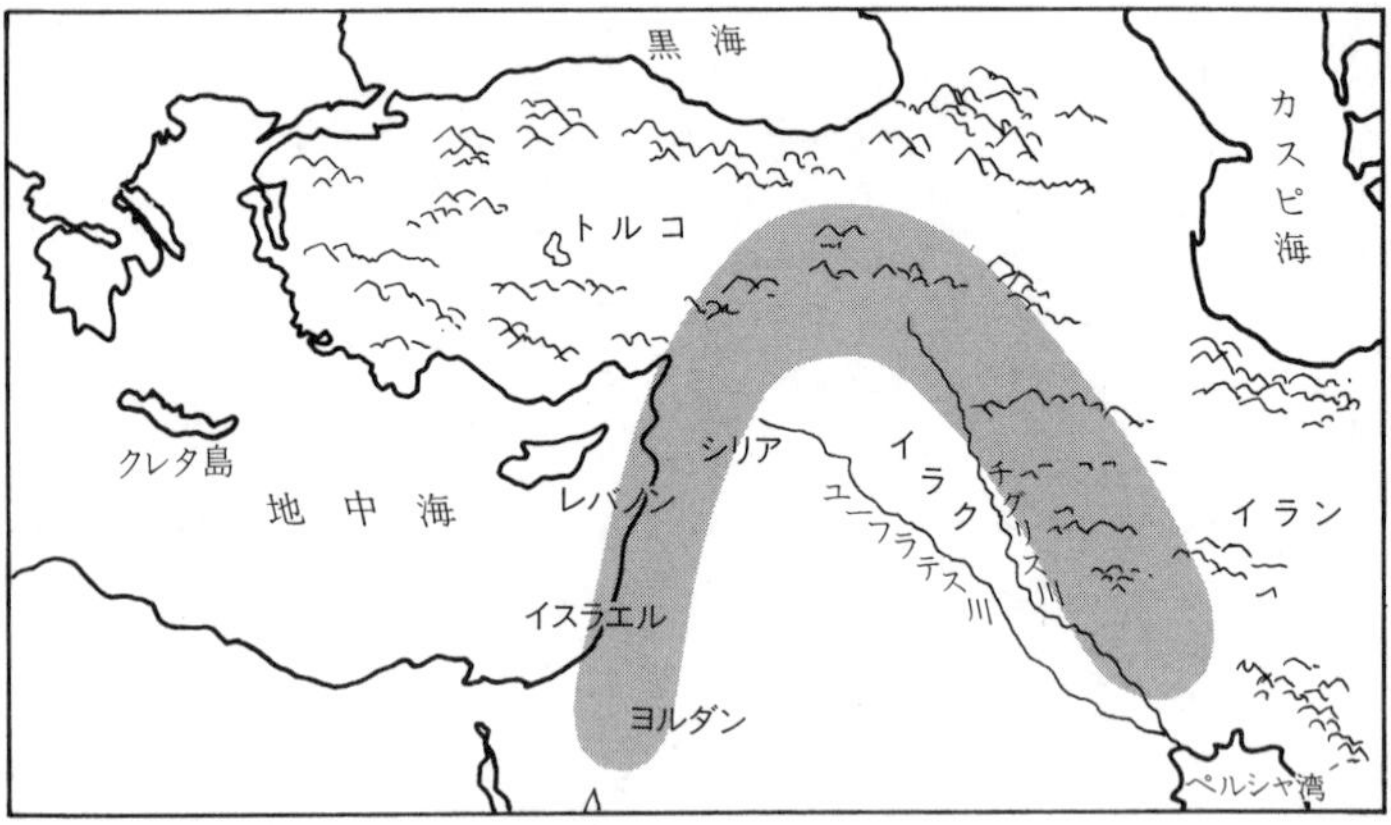


図2.21　初期農耕遺跡が集中している「肥沃なる三日月地帯」

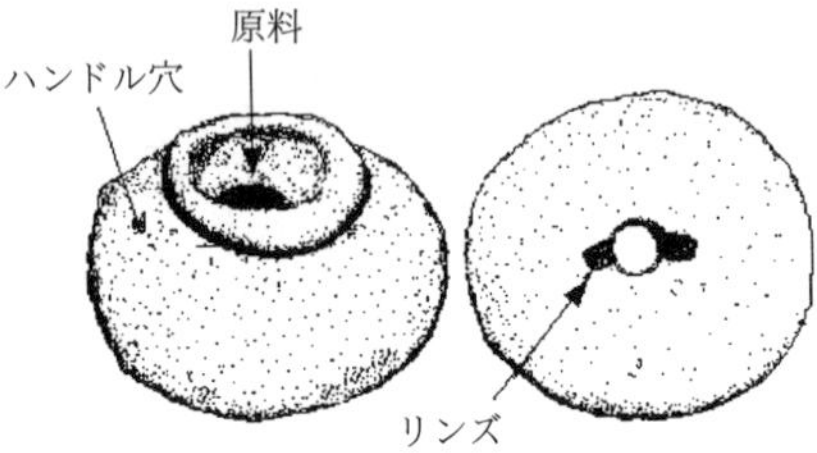


図2.22　リンズ機構

可能にした。それ以来、目立てが慣習化し、しばらくして、上下の石の目は平行ではなく鋭角で交叉させると剪断作用が促進されることが明らかになった。このことは製粉技術への恒久的な貢献であり、現代のロール製粉もこの方法を用いている」。このようにして完成されたのが、今もギリシャに残っているレバーミルである。まだ回転運動ではないが、往復運動から弧状運動への飛躍と、テコの原理の利用、そして目立ての技術の導入によって作業性も生産性も著しく改善され、営業用の製粉機となった。

ここまでくればあと一歩という気がするが、そうではなかった。ロータリー・カーンの歴史を技術の進歩の定石としてとらえた二人の技術史家ストークとティーグの記述は興味深い（Storck, J., Teague, W.D.: "History of Flour for Man's Bread" Mineapolis Minnesota Univ. press, 1952）。

## 23　世界最古のロータリー・カーン遺物

多分その蓄積のひとつと思われる例が存在する。それはギリシャから遠く、時代的に二五〇〇年も古く行われていたことも興味深い。イギリスのベネットは十九世紀末の一八九八年に『穀物製粉史』(Bennet, R., Elton, J.: "History of Corn Milling" Burt Franklin, New York, 1898）という全四巻の膨大なウスの歴史をまとめている。そのなかに、古代ウラルトゥ王国のロータリー・カーンについてのべている。

この王国は現在のトルコ東部、ヴァン湖（Lake Van）に近い山岳地帯に、紀元前一二七〇〜七五〇年の間栄えた。アッシリアと対立し農耕や金属の技術も相当発達していて、アッシリアを包囲するほどの勢力をもっていたが、紀元前七五〇年にキンメリ人に攻められ、その機に乗じたアッシリアに亡ぼされた。その遺跡から、ロータリー・カーンの上石のみが発見されている。

注目すべきことは、上石にはホッパーがあり、完全な軸受機構が設けられていることである。これはリンズ（rynd）機構と呼ばれ、後世の西洋のロータリー・カーンには必ず見られる特色である。ただし目立ては行われていない。この種のリンズ機構は日本にも後世鉱山用に西洋から伝えられたらしく、その後、豆腐の営業用にだけ残されてきた。ギリシャのレバーミルの目立て法とウラルトゥの回転機構の技術がどこで結合したのかも不明である。どこでどうなったのか、数百年の消息は不明のまま、西暦紀元元年前後には、ヨーロッパはもちろん、東は中国、韓国まで、完整された姿で普及していたのが事実である。シルクロードを経由して西から東へ伝わったとは限らない。壮大な東西交流の結果であろうか。（このあたり、西洋人はもっぱらギリシャ起源を主張し、東洋の発達を考慮しない傾向がある）。

## 24　中国の遺物

目のパターンはイギリスのものも漢代・中国のものも、正確に八分画のパターンである。日本に現

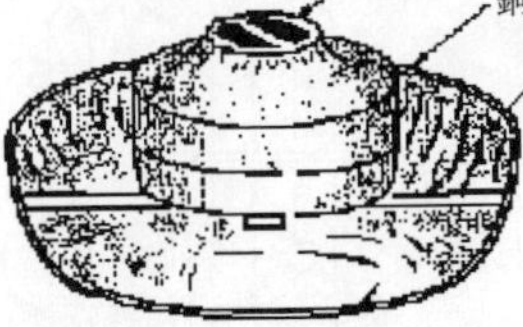

図2.23　銅製の受皿付の石臼（中国，漢代）

在残っている八分画も、この伝統を正確にひき継いでいる。完成された技術の正確な伝播である。しかしイギリスと中国とでは発掘される遺物に形態上の著しい差がある。ことに前漢代（紀元前二〇二―紀元八）の墓の副葬品としての陶製の模型（明器）は「碾磑」と呼ばれているが、その形態は洗練され、東洋的な美的要素も加味されている。軸受機構も異なり、リンズではない。供給口が中心を避けて設けられ、上石の中心に軸受の穴を備えている。漢代の石臼の別な資料には八分画の目がある。

また当時の墓から、銅製の受け皿付の図2・23のような実用化されたものが出土し、花崗岩製で直径八五センチというから、すでに畜力ないし水力利用があったのであろう。供給口が半月形のホッパーを備えているのも西洋とは違っている。シルクロードを経由しての東西交流の結果であるが、その経緯は不明である。

前漢代（紀元前二〇二―紀元八）の墓の副葬品として多くの出土例がある。陶製の模型（明器）のほか、紀元前一一三年とされている『満城漢墓発掘報告書』（中国社会科学院考古学研究所編、一九八〇年）からは直径五四センチ、全高一四センチ、というかなり大きい黒雲母花崗岩製の石臼（石磨盤）とその粉受皿（銅製）がセットで発見されている。目は明器と同じく配列した穴であり、まだ直線溝は使われていないが、その形態が洗練され、美的要素も加味されているのが注目される。少し後の後漢の洛陽の漢墓でも同様の石臼が出土している（中国科学院考古学研究所編『考古学報』一九五六年四期）。しかも畜力ないし水力利用の工場が推定されている。

前漢代は武帝の命で西域に行き、東西交流のきっかけをつくった張騫（ちょうけん）の時代である。このことは中国の食物の歴史を文献から徹底的に追究した篠田統の有名な結論に一致する。「コムギは製粉および粉食の技術とともに紀元前一―二世紀のころ中国に導入された、いわゆる「張騫」物の一つである」と述べている（『中国食物史の研究』八坂書房、一九七八年）。

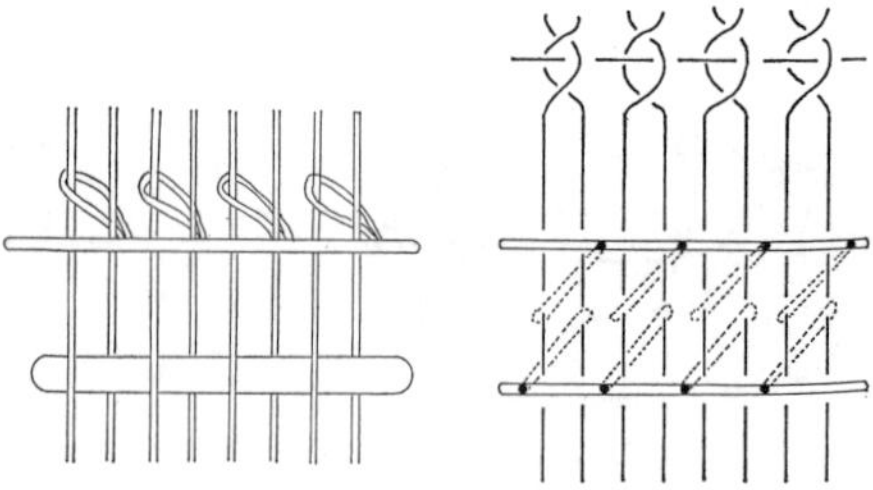

図2.24　中国で紀元前にあったもじり織

ローマ時代のイギリスの石臼は、正確に八分画の標準パターンである。その後に中国でも八分画が出現するが、いつから出現するかは不明である。日本に現在残っている八分画や六分画も、この伝統を正確にひき継いでいるわけだが、完成された技術の正確な伝播の経過は東西文化交流の謎を秘めたままである。

## 25　絹網

ロータリー・カーンは小麦製粉に伴って発達し、東西共通であるが、製粉には、粉をふるい分ける絹網が欠かせない。シルクロードを西方へ中国から絹製品が運ばれたことはその名からも明瞭である。その絹製品には後に西洋で発達した製粉用の絹網も含まれていたに違いない。このことは西洋人が見落とす重要な事項であると思って、私は篩分けの研究でこの事実に注目した。ふるい用の絹網は、現在でも、もじり織と呼ばれる特殊な織り方で、目ずれを防ぐために捩り（もじ）がかけてある（漁網も同じ）。ところがこの、もじり織の起源はきわめて古く、中国では紀元前、秦の始皇帝の時代に発達したことが確かめられており（夏鼐「わが国古代蚕、桑、糸、シルクロード史」〈『考古』一九七二年第二期二号〉、貿易品であったから、これが後に西洋の製粉技術に貢献したことは疑う余地がない（図2・24）。

その後西洋ではスイスで製粉用絹網が発達し、明治には綟（もじり）織が日本へ技術導入されるが、日本にはそれ以前に僧侶の法衣の織物として古く（時代は不明であるが）中国から導入され、現代でも京都に伝統が受け継がれていた。それが江戸時代末期には日本の水車製粉用絹網として使われた。しかし西洋技術導入で廃れていった。この事実はほとんど語られることがない。

## 26 マルクスの石ウス論

ローマ時代に入ると、畜力、のちには水車の動力によりロータリー・カーンを回すようになった。もはや手挽きではないから、ロータリー・カーンと呼ぶのは適当ではない。原理的には同じだが、ミル・ストーンというのが適当であろう。マルクスはその著『資本論』にこう書いている。「すべての機械の基本形態は、ローマ帝国が水車式石臼製粉工場（ワッサー・ミューレー Wassermühle）において伝えた……機械の全発達史は小麦製粉工場の歴史によって追求できる。イギリスでは工場（Fabrik）は今でもなおミル（mill = Mühle）と呼ばれている。十九世紀の初め数十年間に出たドイツの技術書ではなお Mühle という表現が、自然力をもって駆動されるすべての機械のみでなく機械的装置を用いるすべての工場（Manufakturen）に対しても見出される」（第四篇第十二章「分業とマニュファクチュア」）。

これを書くために、マルクスは、ウスの歴史を研究した（草稿の中のメモに「粉砕機械」という見出しで書いている〈K. Маркс, Ф. Энгельс. Том, 47,（Политиадат, Москва, 1973)〉。しかしロータリー・カーンの起源はわからなかったらしく、アジアからローマに来たとのみ記した。ところが『資本論』の日本訳にあたって、Wassermühle が水車と訳されたので、日本ではかつての小規模な日本の水車と混同され、日本の石臼や水車の先入観念で混乱が起こった。ちなみに Pochmühlen（スタンプミル、つき臼）は訳しようがなかったのかポッホミューレと書いてある。このあたりはマルクス学者の怠慢というべきだ。

紀元七九年、ベスビオス火山の噴火によって埋没したポンペイの遺跡にあるローマのアワーグラス・ミル（砂時計の形をしたミルの意）は、パン屋の営業用といわれるが、これではとうてい、よい小麦粉は挽けそうもない構造である。円錐面を精度よく摺りあわせ、かつ摺動させることは困難だが、じつはこれは失敗作だったようだ。粗い粉砕しかできなかったので、粗挽きにつかった。その証拠にそのウスのまわりには手挽き石ウスが草の中に雑石としてゴロゴロしていることを観光客として見学した私の研究室の学生が確認している。私は残念ながらこれを写真で見ただけで現地を確認していない。この種のウスはその後製粉用としては姿を消し、現代の鋼鉄製鉱山用粗粉砕機（ジャイレトリー・クラッシャー Gyratory crusher）として残った。

図2.25 「閘口盤車図」（模写）

## 27 中国・宋代の発明が西洋の小麦製粉に大きく貢献した

小麦製粉では細かい粉のふるい分けが欠かせないが、西洋では製粉がはやくから発達していたにもかかわらず、機械篩の出現は意外に遅くて十六世紀以降とされている。長い間手動ふるいだった。ふるいを

図2.26　水車を利用した製粉工場（『粉がつくった世界』より）

図2.27　駆動部詳細図

図2.28　J. Reynolds: Windmills & Water　Mills, Hugh Evelyn Limited, 1970 より

図2.29　水車駆動の機械篩・復原図

クランク機構（回転運動を直線運動に変換するメカニズム）によって前後に往復運動させるように、機械化したのは東洋のほうがはるかに古いことを、科学技術史家ニーダム（Needham, J.: "Clerks and Craftman in China and the West" Hong Kong Univ. Press, 1970、山田慶児訳『東と西の学者と工匠』河出書房新社、一九七八年）が指摘した。このことは本シリーズ〈ものと人間の文化史〉の『篩』に述べている。ニーダムはふるい分けの振動発生用クランク機構につき詳細な図を示す図2・29を書いている。どう動くのかは理解困難である。穀粉をふるい分け精選するために、中国では長く足踏み式の揺り機械を使用してきた。一三一三年の

『農書』の記述にはすでに振動篩を水車と一体化したシステム（水打羅）を読みとることができる。箱型の篩が宋代（九六〇―一二七九年）に実在したことはこれによって確実である。もっと古くから存在した可能性が大きい。いずれにせよその歴史は今後の研究課題である。別の本で、「閘口盤車図」という絵巻物（九六五年）について興味ある事実を指摘している。この絵巻物は五代十国時代、南唐王朝末期の宮廷画家、衛賢（九四〇―九八〇）の作品である。原本の写真は現在上海博物館に展示されているのを実見したが、館内照明が暗くてわかりにくいので、図2・25はそのイメージをできるだけ忠実に模写してみたものである。絵本の原稿を頼まれて、その挿絵を描く画家に、まだ見たこともない絵の説明を不鮮明な写真でせねばならない羽目に陥った。その気になってよく見ると多くの人物がなにかをやっている。優雅な貴族らしい人たちもおれば、臼のそばで裸で仕事している人物もいる。粉が飛散するからであろうか。丸一日がかりだったが楽しい作業だった。わからないところは描かず、また勝手に付け加えることはしなかったが、勘違いしている部分もあると思う。絵本では絵かきさんの空想で色彩ゆたかに書いて下さった（『粉がつくった世界』福音館、一九八七年）。

ところでこの絵の一部に水車駆動の機械篩があることを、鄭為（『文物』第二期、一九六六年）が報告した。図2・27はその部分の詳しい復原図である。ニーダムは「なにかもっと複雑なものを動かしている。この機械がふるいないし唐箕（とうみ）であるのは、なんら疑問の余地がない。ふるいの戻り運動は発条（ばね）によって行われたにちがいないし、揺り転子の下のつなぎは非常にぎこちなくみえるからである」図2・29のようなクランク、連結棒およびピストン棒の組み合わせは、こうして九〇〇年前後には確立されていた。さらに別の著書で景明寺の記録から、五三〇年に遡る可能性を指摘した。ニーダムはこれがのちに熱機関の機構の基礎になった点で注目したのであった。

## 28　西洋の製粉工業

西洋では、小麦製粉が社会的に重要だったから、中世には製粉工場を領主や教会が占有し、利益を独占した。ロータリー・カーンを庶民が所有することを禁じて争いを起こすこともあった。一三三一年、イギリスのセントオーバンス修道院では町中の民家からウスを没収して修道院の床に敷きつめた。その五〇年後の一揆のときには、住民が修道院を襲撃し、かつての屈辱の記念物たる床石をこわし、石のかけらを勝利の記念品としてもちかえった。

ドイツでは粉屋の職人たちは誇りをもち、その修業はきびしかった。シューベルトの歌曲集「美しい水車小屋の娘」は、修業に出る若者が、未知の世界へのあこがれと希望をこめて、たからかにさすらいの喜びをうたう門出の歌である。

さすらいは、粉屋のよろこび
一度もさすらいを志さぬ粉屋は
だめな粉屋にちがいない

水の流れから　さすらいを学んだ
　昼も夜も　やすみなく
水の流れは　遍歴を思う
あんなに重い石ウスでさえ
　陽気なワルツを踊り
　　もっと速く廻ろうとする

近世にはウスの没収というような事件はなかったが、粉屋の経済的地位は日本では想像もつかないものだった。権力の集中、機械化した大規模工場による集中大量生産、国際化などの伝統が、工業文明への道を拓く基礎になった。産業革命頃の西洋の風車および水車を動力とする製粉工場の絵に、現代の工場のパターンを見ることができる。いまでも日本で水車小屋とは、山水画に出てくるような風景を思うのとは大きな相違である。日本にはこういう伝統なしに、西洋の技術導入によって明治以降の工業化が進んだ。ミル（mill）とクラッシャー（crusher）は西洋では磨石と叩き石だが、日本ではいずれも西洋から入った完成された機械であり、ミルは石ウスとは結びつかない。石ウスとミルとの間には断絶がある。

十九世紀末、イギリス・ビクトリア朝の代表的詩人テニスンは粉屋の主人の印象を次のように表現している。

金持の粉屋を見た
　でっぷり肥って顎は二段
　　目はせわしないが　ゆったりほほえみ
　　　粉まみれのひたいは
　　　　世界を相手の商いで一杯

（“*The Miller's Daughter*” より）

# 第3章　大地は火薬製造工場だった

## 1　幼い頃の思い出

私の出身地は岐阜県の西濃地区である。お盆には親父の後についてお寺にお参りするのが行事だった。御文（おふみ）が朗々と読まれ、門徒はわけがわからないまま平伏して聞いたものだ。子供だったから、訳もわからずひれ伏した記憶がある。それとは別に「このお寺の住職に従った村中の壮丁は長島で全滅し、老人と女だけ残った。お前たちはその生き残りの子孫だ。お寺の山門の傷は信長勢の矢の跡だ。村人は攻め込んで来た連中をたぶらかし、お寺を焼いたように見せかけるため、寺の下の田圃に藁を積んで火をつけた。東山から眺めていた信長は喜んで帰っていった。」と私のおやじは何気なくそして何度も話してくれた。山奥ゆえに昭和二〇年までひそかに語り継がれた秘史である。御文は石山合戦へ参加したことへの教如上人の感状だと後になって聞いた。戦後それは中止された。住職によれば理由は「お参りがなくなったから」とのことである。

図3.1, 3.2 『絵本拾遺信長記』模写（つくば大学図書館蔵）

## 2　法敵信長打倒の激しい戦い

あるとき私は同志社大学図書館で『本願寺文書』および同関連図書を学生と一緒に調べてみた。大きな本で、始めからページをめくりはじめたが、親鸞上人にはじまって、蓮如上人、教如上人などなど高僧の御絵像のカラーページが続き、次は経文、そしてありがたい御文がつづく。これじゃどうしようもないなと思ったが、最後に近いページに活字化した御文があった。そこにときどき激烈な高僧の怒りを込めた文が散在していることがわかった。当時の本願寺の顕如や教如という高僧たちの生の書簡や日記を併せ読むと、その淡々たる表現ゆえに伝わる戦国時代の切迫した情勢が生で伝わってくる。いつのまにか学生をほったらかしで、夢中に読み耽った。現代の小説家の作り話を読むより、はるかに迫力があった。「法敵言語道断之次第無念至候」「よろず一味同心に申し合、法敵を平らげ」「大坂本願寺は敵対する。（信長）欝憤（うっぷん）少なからず。」なかでも驚いたのは次の一文だった。

「元亀元年（一五七〇）五月三日大坂勢鉄砲千挺をもって打掛打掛戦いければ信長勢思いもかけず逃散」とある。これは何と長篠で信長が武田を破った一五七五年、日本史で一般に習う長篠で信長が鉄砲を使ったときより五年も前のことだ。私は図書館で二、三日、夢中で読んだ。信長側からの記述だけからはわからなかった事実だ。

## 本願寺側から見た信長関連の年表

一四七四（文明六）年　加賀一向一揆で門徒側大勝利
一四九六（明応五）年　石山本願寺建立
一四九九（明応八）年　蓮如没
一五三一（享禄四）年　加賀一向一揆（大小一揆の乱）蜂起
一五三四（天文三）年　織田信長生まれる
一五四三（天文一二）年　鉄砲伝来（種子島）
一五四四（天文一三）年　種子島時堯、島津貴久の仲介で将軍足利義輝に鉄砲献上
一五四九（天文一八）年　時堯、本願寺の仲介で将軍足利義輝に鉄砲献上、初の銃撃戦。薩摩の島津と肝付・蒲生・渋谷の連合軍との戦い（黒川崎戦）
一五五三（天文二二）年　謙信上洛、本願寺参詣、堺に立ち寄る
一五五九（永禄二）年　将軍、本願寺は密約を破り、謙信上洛火薬製方秘伝書を上杉謙信へ、信長上洛し将軍義輝に謁す
一五六〇（永禄三）年　信長、桶狭間に今川義元を破る
一五六一（永禄四）年　第四次川中島合戦で鉄砲隊（威嚇程度）
一五六五（永禄八）年　フロイス来朝、南蛮寺でキリスト布教開始

一五六七（永禄一〇）年　本願寺、朝倉義景と結ぶ

一五六九（永禄一二）年　信長、堺を制圧し本願寺と講和
　本願寺の仲介で五箇山へ技術者派遣（南坊『鉄砲史研究』一九七八年八号）

一五七〇（元亀元）年　五月本願寺摂州野田福島で信長を千挺の銃で攻撃。
　信長おおいに驚く『鷺森日記』（宗意編）（『大日本仏教全書』、三巻四九五頁）
　（『大谷本願寺由緒通鑑』）

一五七一（元亀二）年　長島一揆、信長延暦寺焼討

一五七二（元亀三）年　五箇山から日本海経由で石山城へ火薬運搬（『養照寺由緒書』）、五箇山の硝石で
　本願寺火薬使用、顕如信長と和睦

一五七三（天正元）年　信長、将軍義昭を追放、長島一揆、紀州坊主門徒宛の顕如の書簡に鉄砲衆（『石
　山本願寺日記』）

一五七四（天正二）年　本願寺光佐、信長の居城攻撃、長島一揆で門徒虐殺、長島滅ぼさる

一五七五（天正三）年　本願寺顕如、信長と第二次和睦、信長長篠の戦で鉄砲使用、越前、一向一揆信
　長に敗れ虐殺さる

一五七六（天正四）年　安土城築城、本願寺謙信と盟す。鉄砲千挺で信長逃散（『大日本仏教全書』、三
　巻三六頁）（『大谷本願寺由緒通鑑』）

一五七七（天正五）年　信長、紀伊雑賀衆を討つ

一五七八（天正六）年　謙信没、鉄砲衆可参候（『石山本願寺日記』六一七頁、顕如書簡）鉄砲五百挺注文

一五八〇（天正八）年　顕如信長と講和し石山開城、加賀一揆崩壊

一五八二（天正一〇）年　本能寺の変、信長没

右の年表をゆっくりたどると、つかず離れず信長と戦ったり、和解したりしながら門徒に残忍な仕打ちをなす信長を操るための火薬だったと理解できた。現代マスコミの無批判な信長礼賛を、門徒は許せない気持になったが、私と一緒に調査にあたった学生は、私が必要個所をすぐ見つけるのを不思議がった。これは訳もわからずお寺のお経を読むのに馴れていたお蔭だった。

## 3　岐阜県西濃地区の特異性

美濃の国南西部の西濃から富山へ抜ける地帯は、戦国時代には山賊が出没する無法地帯だったという。そして本願寺と信長の戦記に必ず出てくる雑賀（さいが）衆はもともとこの地方からも加わった出稼ぎ者から構成されていたという。子供の頃から険しい山岳地帯をかけめぐることに馴れていたからであろう。この伝説は第二次大戦まで生きていた。岐阜県下の一市五郡（大垣、不破、海津、養老、揖斐、安八）は福井県の敦賀の第九師団に属し、歩兵を主体とする軍隊で、日本最強の軍隊とされていたことにつながっていたようだ。当時父から聞いた青年たちの武勇伝に、一六貫（六〇キロ）ある米俵を前

歯でくわえて、井戸の上にかざす競技もあったという。これを自慢げに語る老人がいたものだ。約二世代前の話だが、現代では考えもつかない。

## 4 縁の下の土を掘る

古い家の縁の下にもぐって、ほこりをかぶった白い結晶をあつめ、これを炭火にくべて、パッパッと美しい火花を出す悪童の遊びがあった。年上の友達が教えてくれる遊びで、大人に見つかると「小便塩だから、汚い、よせよせ」と叱られた。残念ながら、その家はなくなったが、私にこれを教えた証人（叔母）が平成一三年まで健在だった（二〇〇一年六月に八四歳で亡くなった）。亡者の枕元でこの話をしていたらもう一人証人が現われた。彼は「俺もあの家で白いものをとって、花火をつくった」という。さらにつけくわえて、「どこの家でもあるだろうと村中探してみたが、なかった。」と。生成条件はいろんな要因がからんでいるらしい。彼はかなりの悪童だったから、鉄砲のまねごとまでやったらしい。この人物は二〇〇四年現在も健在である（大谷清一さん）。彼にとってはなんでもないことで、「なんでそんなことを聞くんや？」と訝（いぶか）った。

この白い結晶が、その昔、火薬原料として珍重された硝石であることを知ったのは、私が燧（ひうち）と火薬の歴史を考えるようになってからである。このような遊びが残っていたのは、その昔各地で煙硝が製造されていた名残である。この村では明治時代には青年たちは派手に花火を競争でつくったという。

今でこそ火薬製造は珍しい話だが、当時は誰でも知っている「あたりまえ」のことだった。私が火打石で火をおこすと誰でも珍しがるが、これもあたりまえのことだった。だから、忘れられてしまっているのだ。この話は当然ながら火薬製造の富山県五箇村ではその遊びを記憶している人がいた。「私もやった」と。

## 5　火打ちの技——火の発見は粉の発見

火の発見が文明へのスタートだとは通説だが、その内容をもう少し詳細に考えると、粉と人類との出会いの物語が明らかになる。木と木をこすり合わせて火をおこすのと、火打石で火をおこすのとでは技術の発展段階に大きな違いがある。木と木の摩擦による発火は自然の模倣であるが、その過程で生成する乾いた木の粉に注目したところに偉大な進歩への糸口があった。その乾粉に火打ちの火を落とせば炎に転化できる発見である。百万年を越える石器づくりの蓄積のなかで育った高度の技術だった。この乾粉は火打石で火をおこし、炎に変える発火助材の「火口（ほくち）」は火薬そのものであった。火付きのよい乾粉の素材を変化させたり、火打石の種類を選んだりして、火打の技術は発展していった。火付さらに前述の縁の下の白い粉を少量加えれば火付きは格段に改善される。

しかし火打ち発火には特別な材料が必要だった。鉄器時代なら鋼、鉄がない時代はどこにでもあるわけではない黄鉄鉱、それに火口の製法である。上質な火打石も幸い私の故郷がその産地だった。それは、享保九年（一七二四）近江国生まれの木内石亭著『雲根志』という古文書に出ている。

「山城国鞍馬にあるは色青し。美濃国養老瀧の産同じ。この二品甚だよし。伊賀国種生の庄に膏薬石あり。色甚だ黒し。兼好法師が住居せしときに静弁が筑紫へまかりしに、火打ちを贈るとある是也。阿波国より出るはこれに次。筑後火川、近江狼川は下品也。水晶、石英の類もよく火を出せども石性やわらかにして、永く用いがたし。加賀あるいは常陸の水戸奥津軽などの瑪瑙（めのう）大いによし。駿河の火打ち坂にも上品あり。共に本草の玉火石の類なるべし」。養老とは私の故郷そのものである。

火打が高貴な人物の持ち物だった証拠に、古墳から大陸起源の形態の整った鋼鉄の火打金がたくさん出土している。大陸での形態を残す見事な道具である。古代から貧乏人の手もみ火きり臼に対し、火打金による火打の技はその材料を手にいれることができる限られた階級の独占だったらしい。

五〇〇〇年前の石器時代の人間の死体がアルプスの氷に凍結保存されて発見された（http://www.bbc.co.uk/science/horizon/2001/iceman.shtml）。英文『タイムズ』誌一九九二年一〇月二六日号で紹介された「アイスマン」である。著書もある。Spindler, K. 著、畔上司訳『五〇〇〇年前の男』（文藝春秋社、一九九四年）。彼は青銅ではなく銅製のナイフを持ち、その持ち物には火打石は失われていたが使用の際粉末になった黄鉄鉱とともに火口があったという。おこした火をオキ（火がついた炭）の状態で長持ちさせる袋も持参していた。さらに興味深いことに火口はカリウムリッチの特殊なキノコであったという（東京・杉並区在住の火打研究者、横山幸雄氏情報）。まだ粉ではないがカリウムはまさに火薬への道であった。花火の発見、そして最後に火薬の発明へと複雑な技術の発展を生む技術の積み重ねである。西洋人が粉から火薬を連想するのはもっともである。

この西濃地方では火打ち三点セットの伝承もあった。この火口は火薬の一歩手前である。当時としてはあたりまえのことで、戦国時代の文書に詳しい記載がないのも当然だ。これは日本の家屋と気象条件で起こる現象だ。縁の下で便所の汚物が硝化菌によって分解され、その生成物の硝酸アンモニウムが土に毛管現象で浸透して、何十年の間には、乾燥状態にある縁の下で濃縮・結晶化する。屋内の焚火の灰から来る炭酸カリウムと反応して、部分的に硝酸カリウム（硝石）も生成するので、子供の遊びに役立った。最近は群馬県吉井町のＨＰでこの発火の瞬間を動画で紹介している。まさにＩＴ時代だと思う。

## 6　縁の下で硝石ができるメカニズム

硝石は土の自然本来の機能が生きていた頃、土の毛管現象が造り出した化学物質の傑作であった。煙硝製造法の古文書『陽精顕秘訣』（文化八年＝一八一一年）に曰く。「古き山家の縁の下には、必ず煙硝あり」と。簡単に危険物が造れるので、昔は秘密にする必要があった。だから縁の下の土を掘った話があっても、なぜか知らされていなかった。一九七七年三月に山口県大島郡久賀町民俗資料館長の松田国雄さん宅に宿泊して、臼の話に花を咲かせたことがあったが、そのうち中世の火薬製造の話題におよび、「いかがでしょう、もしかして昔、縁の下の土を掘ったというような話はありませんか」

と聞いてみた。すると「それなら、高杉晋作の奇兵隊が来て島内（大島）の古い家の縁の下を掘っていったという話をする老人がいましたよ。ただその老人はなんのために掘ったかは知らなかったし、わたしたちも知らずにいました。」と。「まさか」、私は耳を疑ったが、「こんな話が出ようとは期待していませんでしたよ」と二人で大笑いした。二〇〇四年になってＮＨＫテレビが明治維新の時の高杉晋作の砲撃を放映したとき、ふとそれを思い出した。こんな話がまだどこかで残っているのかも知れない。これはテレビには出ない粉の歴史の秘密である。

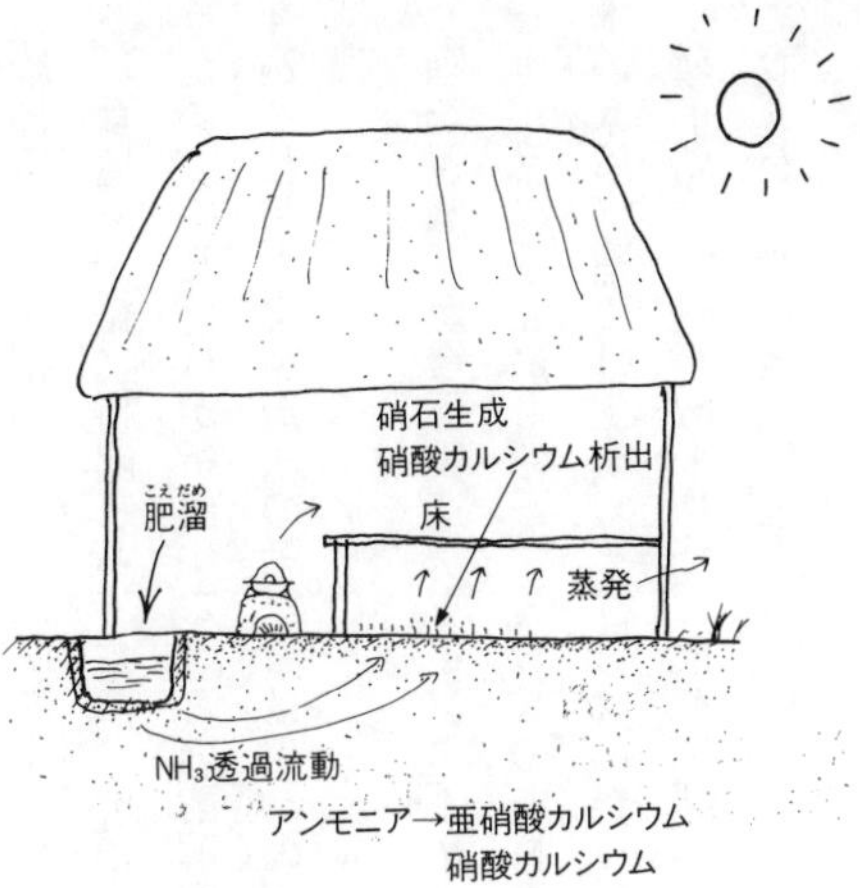


図3.3　昔の家の縁の下

図3.4　1580年頃のドイツの硝石工場（羊小屋の糞を堆積している）

縁の下の土を掘って、草木灰をまぜて、水を加え、濾液を煮詰めると、硝石が結晶になって析出する。食塩も一緒に析出しそうだが、塩化ナトリウムと硝石（硝酸カリウム）の溶解度の温度変化が違うため、硝石だけが析出する。この溶解度曲線は最近も初等化学の教科書には必ずのっていたが、なぜかそれが火薬製造法の話だとは化学の先生は教えない。

国際過激派が爆弾製造法をインターネットで公開した一九七〇年代に日本国内で流れた㊙文書のコピーが私の手元にもある。NHKの取材のとき某所で入手したが大した内容ではなかった。現在の日本の家屋構造では生成しそうもないから公表しても心配ないはずだ。

種子島に鉄砲が伝来したときも、煙硝の匂いから、あれだと種子島の人たちはわかって、すぐ製造に取りかかったと私は考える。

## 7　西洋の火薬

日本とは家屋の構造と気候が違う西洋では、壁土から硝石を採った。王様が硝石権と称して、民家の壁土を徴発したことが、過酷な圧制の例として伝えられている。十八世紀、ナポレオンの時代には、鳥小屋、豚小屋、鳩小屋などが、硝石の集積培養採集場として利用された。近代化学の建設者として知られているA・L・ラボアジェ（一七四三―一七九四）は、一七七五年にフランスの若き官吏として、豚小屋の硝石採集管理官に就任した。この仕事を通じて、後にフロジストン説を覆し、有名な燃焼理論を確立した。化学の教科書にはなぜかこのことが書かれていない。以下はM・ダウマス著『ラボアジェ』(東京図書、一九九八年)の訳者島尾永康教授(同志社大学時代に私と一緒に共通科目を担当していた)からの情報だった。上記島尾訳によれば、ラボアジェは若いころ友人の紹介で火薬の管理官になった。当時軍隊への火薬の供給が政府の関心を引いていた。硝石の採掘と火薬製造を請け負っていた会社が委託した硝石製造業者は強引に発掘しようとし、人々はそれを避けるのに金で買収することがあった。インドから安く買うことができる間はよかったが、戦争で入手できなくなった。そこでオランダから高い値段で購入していた。七年戦争の終結の原因は火薬の高騰であった。一七七五年に国王から三人の管理官の一人に選ばれたのがラボアジェだった。下記の文は上記の予備知識があれば理解しやすい。

「人並すぐれて聡明な彼としては、発掘権の制限によって、硝石の採掘量と管理局の利益を実質的に増加させる間接的方法を同時に目指していたと考えられる。硝石製造業者が国家の癌であったことは有名である。かれらは公共と私有とを問わず住居や住居地にずかずかと入りこんでいった。木材、住居、生活物資などの現物供出が住民の上にのしかかった。だからかなり裕福な自治体は業者に納付金を支払って、かれらに村を素通りしてもらうほうを選んだ。業者のほうは懐に入れる金の出所は問わなかった。管理局に自分たちの商品を売渡すために働くよりは、何もしないでくれと支払われる金を受け取るほうを当然選んだ。これに反し極貧の住民たちは、かれらの不当な請求に苦しんでいた。

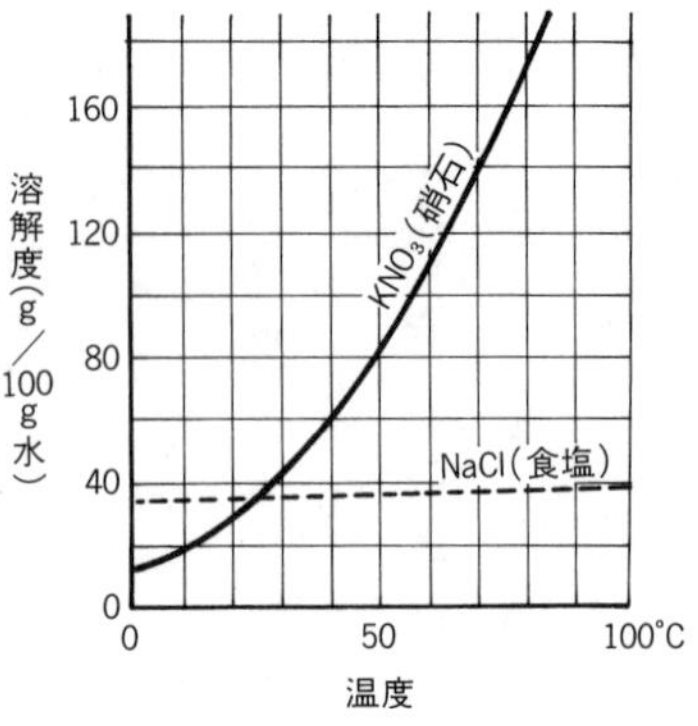


図3.5　塩化ナトリウムと硝石の溶解度曲線

こうして各個人と共同体の利益が一致を見た。一七七八年一月以降は発掘権は地下室と馬小屋に限定されるという決定が出された。

その代わりに外国で広くおこなわれている人工硝石製造工業の開発に着手した。官製指針書が一七七七年編纂、印刷された。この指針書では、硝石を人工的に製造するのに最も経済的な方法、敷地、倉庫の建設、土質の選択、坑内散水、浸出法について述べられている。」

関係するわが国の話として仙台藩に関わる相馬野馬追いで知られる福島県の相馬六万石もそれだったようだ。（野崎準氏から相馬市教育センター博物館から得た資料をいただいている）。しかもこの秘密は藩のスパイが富山の五箇山に潜入して得たものだという。別の塩硝の産地として東北地方では相馬藩が幕府に献上したり、東北諸藩へ輸出していた。これも五箇山からの技術を盗んだものという。多分同じスパイであろう。

## 8　硝石生成の理由

縁の下で、硝石が生成する理由がわかったのは十九世紀も末のことだった。細菌学の創始者として知られている有名なルイ・パスツール（Pasteur, Louis）が、微生物の研究に打ち込んでいた頃のこと。一八七七年、パリの下水の浄化にともなって微生物による硝化作用で硝石が生成することを見出した。さらにこの微生物が土のなかに棲む硝化菌であることを明確に証明して見せたのは、一八九〇年、ウイノグラドスキー（ロシアの土壌生物学者）であった。（ファーブ著『土は生きている』蒼樹書房、一九七六年）。この証明は学術的に非常に難しい問題であったので、彼の天才的業績は世界的な注目を集めた。硝化菌は三種類のバクテリアが共存共栄して活動する無機栄養菌であり、大地はまさに無機化学工場だったのである。ちなみにチリ硝石（天然硝石）も、大昔の動物（鳥）の糞から、硝化菌が造り出したものにほかならない。

## 9　大地が生んだ文明

粉なる大地は動植物との共同作業で豊かな大地を創造して、その上に農耕文明を成立させ、華やかな文化の華を咲かせた。やがて、土から火薬を造ることを発明した人類は、お祭の花火や爆竹などに利用して楽しんだ。西洋人は家畜の糞から効率的に火薬を製造し、大砲による世界征服に成功した。日本でも、火薬の力を借りて中世の統一権力が完成し、富が蓄積され、日本の中世文化が花咲いた。近代科学もまた、火薬に刺激された弾道の研究からガリレオの力学が生まれ、また、ラボアジェは、火薬の研究から化学の基礎を築いた。現代も未来も、文明は土から生まれる。地球上の人間は生物であるから、土から生じ、土にかえる存在であることから脱する可能性はあり得ない。

## 10　戦国時代の火薬製造工場

日本の戦国時代は世界一の鉄砲技術と鉄砲の保有国だったといわれている（ノエル・ペリン著、川勝平太訳『鉄砲を捨てた日本人』中公文庫、一九九一年）。しかし、鉄砲も火薬がなければただの筒。戦国時代以来、明治二一年まで塩硝産地であった富山県東砺波(となみ)郡平村で全国的に散逸した資料を集約した報告書「塩硝――硝石と黒色火薬」（『全国資料文庫収蔵総合目録』一九九五年、平村郷土館）がある。これによると、鉄砲伝来当初には、火薬の原料のひとつである硝石を、堺の商人を通じて外国から輸入したが、まもなく本願寺の仲介で国産化した。それは日本独自のすぐれた技術だったとある。悪童どもの出番だった。西洋や中国では気候風土の違いで、家畜の糞や壁土から採取した。確かに日本独自の技術だ。

それは今でいうバイオテクノロジーだったわけだ。

## 11　五箇山塩硝

富山県東砺波郡平村は世界遺産に登録された大きな相倉合掌造り集落で有名だが、ここは日本最大の塩硝産地であったことでも知られている。(塩硝は隣の白川村も産地だったが、そこには現在は遺跡が残っていない。)

上平村には塩硝の館と称する建物で、塩硝製造工程を展示している。蚕の糞やよもぎなどを床下に層状に積み上げた断面図がある。囲炉裏のまわりに塩硝床を作ったのは冬期の温度を高く保って微生物の活躍を活発にする工夫であった。塩硝に関する古文書など文献類や道具類は平村にある平村郷土館に展示されている。この郷土館では高田善太郎館長が中心となって全国から蒐集された資料が整理されている。

塩硝は硝酸カリウムであり、そのままでは発火しない。火のなかにくべれば溶融するだけだから、まったく危険性はない。これを細かい粉にしてから、炭と硫黄の粉をまぜるとはじめて黒色火薬になる。したがってこの地には貯蔵設備(塩硝蔵)がない。ただし潮解性があり防湿が必要である。

だが一九九九年五月一六日に現地を訪ねて、高田善太郎氏から意外な事実を聞いた。「最近塩硝床を復活しようとしたが、塩硝の硝酸菌がいなくなっているらしく、塩硝は生成しなかった」と。さもあらんとはいえショックであった。培養土は先祖代々のぬかみそや漬物と同じく、長年の培養で生産力がついていた。そのため、自然では七〇〜八〇年を要したのが、ほぼ四年で塩が得られるようになった。その後の情報では実際に生成が成功したと聞くが、真偽は確認していない。

文化八年(一八一一)孫作書上『五カ山焔硝出来之次第書上申帳』によると「家居敷板の下、いろりの辺二間四方（三・六メートル四方）も擂鉢のようにして囲炉の辺は六〜七尺（約二メートル）も掘る。縁の方ほど浅く三尺斗掘り、炉の辺板をまくり、出入するように仕置、六月蚕時分底に稗がらを不切其侭長いながらを敷、その上に彼の麻畑土を取入、蚕の糞を鍬にて切交ぜ厚一尺斗も敷、其上に稗がら、たばこ殻、蕎麦殻、麻の葉、山草の肥たるを刈干しても又は積置むし草にしても五、六寸程穴に切、是を一扁敷（中略）〔注この厚さの記述なし〕この培物を敷たるうえに土に蚕糞を切交せ壱尺斗敷又蒸培など〔山草などのこと〕一遍敷土と培とを何遍も敷重ね、板敷のした六〜七寸程透く程に積置。土は何遍にても皆蚕の糞と切交て敷事なり（以下略）」

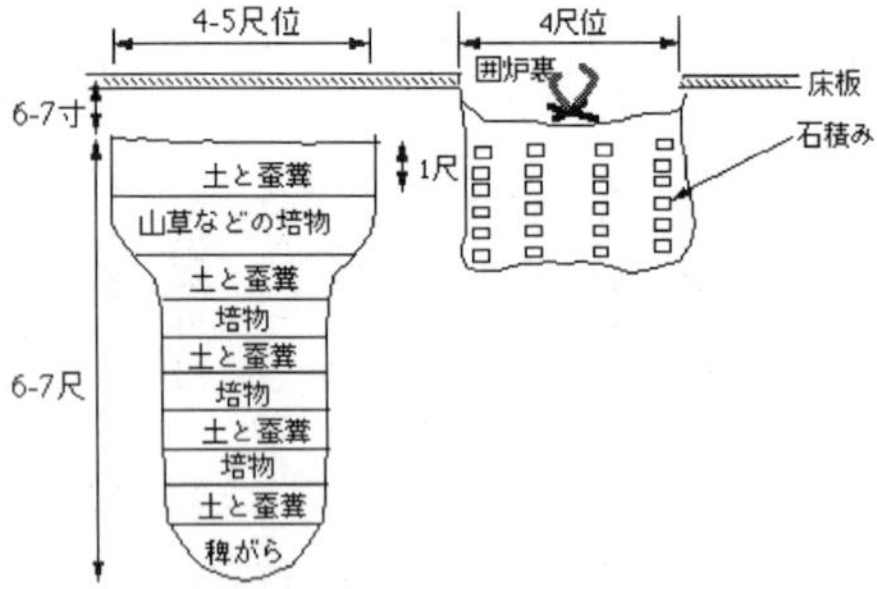


図3.6　塩硝床図解：五箇山の煙硝床
（五箇山民俗資料，高田善太郎氏より）

越中五箇山の西勝寺由緒に「元亀・天正年間の石山合戦には殊に五箇山勢を誘い、あるいは五箇山一山の塩硝を取り集め、専念寺・養照寺等と共に活躍した。」とある。この話は有名だが、現地の研究者である高田善太郎氏は、この記述は寺の観光案内程度のもので史料性が低いという。形式的にはその通りだが、本願寺側の資料と合わせて見れば荒唐無稽のものとはいいがたい。別に『養照寺由緒書』には元亀元年に石山城へ日本海経由で火薬を送り、信長との戦いに参加したと書かれている。

# 12　私の火打ちの技

もぐさの火口（ほくち）は火薬への道だった。火口（一種の粉）の製法を追ってゆくと火口（tinder）と火薬（gun powder）は本質的に同じ物で、火薬の発明とそれを造る道具、石臼にゆきつく。ここに私の専門、粉体工学と石臼との架け橋があった。火口には無数の原料があるが、私の実験では最高品質の火口原料は蓬（よもぎ）の葉の繊維を破壊せず葉肉だけを石臼により選別粉砕したお灸の艾（もぐさ）（上質）であった。これは中国の敦煌で入手した道具に残された少量の火口から発見した。その品質評価は粒度と粒子密度の測定に関わるのだが、市販の測定機器にない技術が必要であった。ここにも面倒なものはすべて切り捨てて進む現代技術の盲点があるように思う。切り捨てられた部分の正確な記録は未来技術の温床なのである。（艾の研究者によると、戦争中もまた現在も医療用外の極秘用途に結びついているようだ。）

もぐさの火口を使った発火に欠くことができない道具に火打金がある。現在ではカッターの古刃が利用できる。非常に発火性がよい。往時の侍は太刀に家伝の燧（ひうち）袋をつけていた。ヤマトタケルの故事にあやかったというが、一般に旅の非常時に役立つ携帯品だった。ただし現在は携行には注意を要する。私は大阪空港で危険視されて検査室へ同行され荷物の詳細検査をされたことがあった。検査室で実演に及んでＯＫが出た。お蔭でＪＡＬ機の離陸が二〇分遅れた。以来筆者の常時携帯は専売特許のようになっているが、昔一遍上人がやっていたのと似ている。昔の火打金よりもはるかに着火しやすいから、やる気があれば誰でも実行できる。一遍上人はこのやり方でサッと火をつけたから、聖（火知り）といわれた。聖は〈火知り〉に通ずるという。

ひとたび図3・7のように火がつけばあとは炎にするのはなんでもない。私が講演会場の演台で実演してみせると、遠くからもかすかに上る煙を見てオーッと声があがる。人類がはじめて火を発見したときの感激がよみがえった感じだ。

火口は火打石の角から約一ミリ後退させて左手の親指をかぶせるように押さえる。（さもないと大切な火口が飛び散る）。

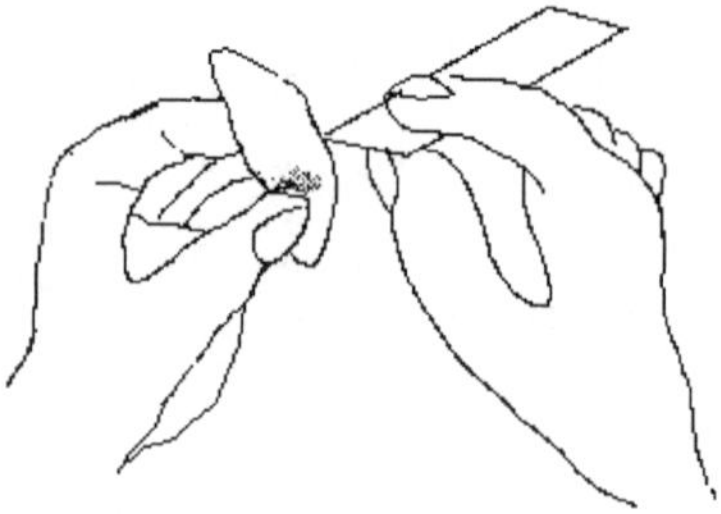
図3.7　火打金で発火させる

火打金は秒速度約五メートルが必要である。コツは火打金を火打石の鋭い刃で削る気持ちでやること。この瞬間に鋼鉄が削りとられ、薄い板状の鉄粉が生成し摩擦熱で爆発的に発火燃焼する。この時燃えるのは鉄であって石ではない。したがって石と石とがぶつかって出る火は流星のようにスーッと消え、絶対に発火に至らない。

この実演はいままで東京でも大阪でも京都でも、いろいろな学会で実演したが、異議をとなえる人はいなかった。もぐさはどれでもよいわけではない。上質もぐさと呼ばれるものでないと着火が悪い。

## 13　石山本願寺遺跡から茶臼が出土した

大阪市教育委員会からの情報で、一九九〇年三月九日に現在の大阪城の南方にあった石山本願寺跡から茶臼片が出土した直後に出土状況を実見する機会があった。近くには石山本願寺があった位置だ。後に秀吉が築いた石垣がその上に、そしてまたその上に現在の城が家康によって建設されたわけだ。出土直後の茶臼片（上の臼片）は非常に優秀な茶臼と思われる。現地で出土したのは石臼と粉挽臼と茶臼とがあった。なおこの遺跡は武家屋敷跡であった。石山本願寺は朝廷から火薬調合の秘密を教わり、五箇山から極秘で送られた煙硝に、ここで木炭の粉をこの茶臼で挽いて作って、煙硝と硫黄の粉に混ぜて爆薬にしたというのが私の空想である。

## 14　二〇〇三年に煙硝が析出

今どきと思うが陶芸の窯付近で煙硝がぞくぞく析出するという。昔牛小屋だったからだ。まさに火薬だ。その情報は西念秋夫さん（岸和田市三田町西念陶器研究所所長——同研究所には擂鉢の資料室がある）から寄せられた。二〇〇三年一二月二三日に擂鉢の勉強会があった。私はここで臼のお話をしたが、この火薬の話はその後日談であった。石山本願寺へ走った雑賀衆の陣に近い場所だ。何とも不思議な一致ではある。

# 第4章　二種の石臼伝来

## 1　石臼伝来を暗示する『日本書紀』の記述

日本の石臼はいつ、どこから来たのだろうか。『日本書紀』に「推古天皇の十八年（六一〇年）春三月、高麗王、僧二人を献じ、名を曇徴、はじめて碾磑を造る。けだし碾磑を造るは、このときにはじまるなり」とある。碾磑（てんがい）というのは前章で説明したように、中国で発達した水車式製粉工場であり、貴族や寺院が経営して利益をあげていた。それがこのとき日本に伝えられたらしい。この時代は飛鳥時代で聖徳太子が活躍していた華やかな時代であった。この碾磑という用語は古代中国文献で石臼そのものを意味する場合と、水車をふくめた製粉工場設備全体を指す場合とがある。第3章でのべた西洋のミル（mill）という語とまったく同じ使われ方である。わが国でも当時の法律書に出てくる（瀧川政次郎『社会科学』改造社、一九二六年）。その謎を解く今まで誰も指摘しなかった事実発見の話である。

## 2　太宰府の観世音寺で実地調査

この碾磑をめぐり二つの謎がある。その一つは、九州・太宰府の観世音寺に巨大な遺物が現存する。もうひとつは後述する東大寺転害門である。観世音寺の遺物は寺の講堂前の広場に石垣で囲み「碾磑」と書かれた立札がある。その石臼は直径一メートルを超え、重量は上下それぞれ約四〇〇キログラム（体積計算値から推定）という巨大なものだ。自由に見学できるので、現地に行かれる機会があったらぜひ確かめてほしい。

今から二百年ほど前の寛政十年（一七九八年）の貝原益軒『筑前国風土記』(http://www.lib.nakamura-u.ac.jp/kaibara/fudo/head.htm) にはすでに現在位置にあることが記され、「茶臼」と注記してある。「鬼の茶臼」と俗称されたのは、当時すでに正確な言い伝えが消滅していて、わけのわからぬ存在だったことを示している。

一九八四年十二月十七日、同寺と九州歴史資料館および同志社大学の森浩一教授（考古学）らの協力をえて、大きな上石をもちあげて、実測調査する機会が与えられた（三輪茂雄『古代学研究』第一〇八号、一九八五年）。

長い年月、風雨にさらされていたため、上石の上面はかなり風化が進み、亀裂もあったから、ウィンチで少し吊り上げ、計測と臼の目が観察できる程度の調査であった。堆積していた土砂を洗い落として、臼の目がはっきり姿を現わした瞬間の写真が図4・1である。当日は曇り空で、今にも雨が降り出しそうな天候だったが、臼面を水洗いした直後、明るい陽ざしが目をくっきりと照らし出した。居合わせた人々は一瞬、八分画十溝の見事な臼の目の美しさに見とれて、しばし声もなかった。

上下石が重ね合わせたまま置いてあったお蔭で、臼面は風化がなく、新鮮な石肌が保たれていた。石材は花崗岩らしいが断じ難い。私はさっそく準備していた長尺（一・五メートル）の直線定規を下石にあててみた。当然のことながら、完全な平面が保たれ寸分の狂いもない。現在のように大型の機械研磨盤がなかった時代に、これだけ大きな石材の加工を、この精度でやるのはただごとではない。石積みの平面程度の加工ではなく、機械の摺動面加工に匹敵する。私はこれをつくり出した技術水準の高さに驚異を覚えた。飛鳥で二〇〇〇年になって発掘されて話題を呼んだ数々の石像物に硬い石に水を流すための円い孔が開けられているのを見て、当時の石材加工技術の偉大さを見せてくれたが、その同時代なら

図4.1　観世音寺での実地調査の様子

当然かも知れない。

もう一つこの調査でぜひ知りたいことがあった。四〇〇キログラムもある重量を支えて、スムーズに回転させる軸受機構である。これは上石の中心部に直径約三〇センチ、高さ約五センチの凸起部をつくり、下方には上石の凸起部が丁度はまり込む穴をうがち、さらに中心に心棒孔を設け、ここに鉄の心棒を入れたらしい。さらに回転精度を保つために完全にすり合わせて、ツルツルにしてある（これは上下臼があがった瞬間に手を入れて触った感触である。そのとき作業者から「あぶない」と声がかかり、ひっこめた）。このような石臼の軸受機構はわが国では実物にも文献にも類例がない。

ところで、この臼は何を挽いたのであろうか。私はこの調査を行うまで、小麦であることを半ば期待していた。ところが答は完全にノーであった。臼の目の形は、頂上が平らでしかも滑面になっている。これでは小麦の皮を破ることは不可能だ。それに主溝が異常に深い。これではよい小麦粉は生成せず、粒の混じった粉になる。このような目は、水を流しながら鉱石の粉を微粉砕する場合のものか、それとも水挽きの豆腐製造用かも知れない。高句麗から来たとすれば豆腐の可能性が強い。僧曇徴が仏教の殺生を説くに際し、海産物に依存している日本人に、代わりとなる蛋白源として豆腐を与えたと考えることもできる。

次に私は吊り上げられている上石面を眺めて、上下の目の交叉について確認しようとして、不思議なことに気がついた。上石の目のパターンは下方と同じであるはずなのに逆になっている。もしこれを重ね合わせたとすると、目は交叉しない。これは石臼の原則に反する。そのことを報告すると、居合わせた人々の間で、ガヤガヤといろいろな議論が出た。「もしかすると、もう一組あって、上下石が入れ違ったのではなかろうか」「目立てを勘違いして、逆にしてしまったのだ。僧曇徴か臼師の勘違いだ」「水挽き用ならば、目はなくてもよい。」「中古の小麦用石ウスを転用したのかも」等々。謎はさらに謎を生む。観世音寺境内には、寺の塗装用の朱の製造という目で見れば、用途が考えられる怪しい石造物もある。同寺には造営時に朱を磨ったという伝えもあることから、将来に残された課題である。これが日本へ石臼が伝来した、碾磑第一号であることだけは事実である。そして、それは発展せず、それっきりに終わったらしい。

## 3　韓国の臼

それまでに私が知っていた韓国の臼の知識は図4・3のようなものであった。

観世音寺碾磑のルーツを調べる目的で一九九八年七月、日本臼類学会調査団として『韓国の食文化史』(ドメス出版)の著者尹(ユン)瑞石先生(中央大学家政大学名誉教授)を訪問した。曇徴の生地は高句麗だが、とにかくソウルへ行くことになった。

ソウル市内のお寺に石臼があるというので、案内してもらった。いずれもかなり古く、年代は不明だが、少なくとも五〇〇年以上前という。上臼はいずれもなくなっていた。北朝鮮にあったものと類似であった。

図4.2　北朝鮮・妙香山普賢寺にある石臼（森浩一教授より）

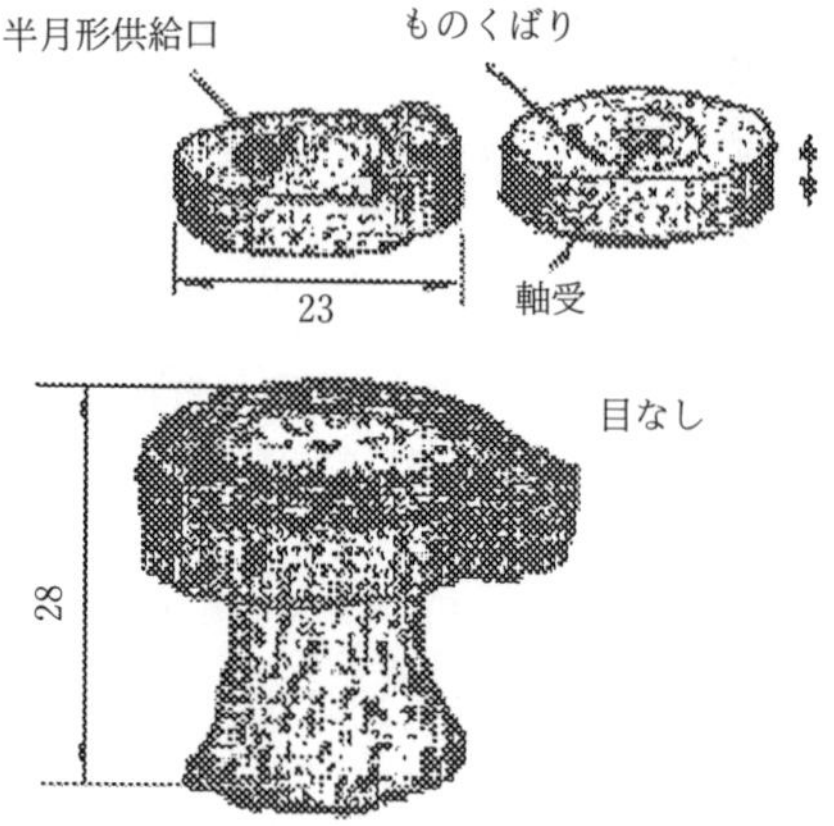


図4.3　韓国・ソウルから入手した豆腐製造用石臼

西洋の石臼はもっぱら乾いた粉末をつくる小麦製粉主体で発達したが、韓国では豆腐用の湿式の粉砕が発達したようだ。これは重要な発見であった。

一九九八年十二月五、六日、大分県湯布院で日韓石臼シンポジウムを開催し、尹瑞石(ユン)先生はじめ韓国の調理学者たちが韓国の古寺院に豆腐をつくった石臼が多数ある例を報告した。寺の催しの精進料理につかう豆腐を多数の参加者に供するためという。しかし形態は同じだが、これらはすべて直径七〇センチどまりであった。北朝鮮のものも大きさは不明だが、上臼から推定すると下臼が大きいだけのようだ。

ソウルのデパートでは韓国の簡易電動小型石臼で豆乳の挽き売りをしていた。ソウル市内でほぼ一〇〇メートルほどの間にある骨董街に行くと、石臼の城壁とまがう驚くべき風景に出会った。これは日本行きで蹲(つくばい)向けらしいと。庭師の仕業とか。ところがそのすぐ後でソウルへ旅行した方からの情報では完全にこの城壁？ は消えていたという。多分日本行きだろうと。いずれにしても韓国の石臼文化は日本とはまったく別物のようだ。

## 4 東大寺転害門

奈良の東大寺は、南大門側から入るのが普通なので、西門を知る人は少ない。西門を「転害門」というが、変な名前である。その門前にはバス停があって「手貝町」と書かれている。この門の呼び名

図4.4　東大寺転害門

の由来は古文書ではさまざまで、手貝、天貝、手蓋などのあて字が使われている。婆羅門僧正がはじめて東大寺に入ったとき、行基菩薩がこの門で迎えた。その姿が手で物を掻くようであったので手掻門というとか、小野小町が落ちぶれて乞食になって云々などの俗説もある。ところで耳よりなのは『南都七大寺巡礼記』（『大日本仏教全書』一二〇巻寺誌叢書第四所収、『続々群書類従』第一一巻宗教の部所収）などの古文書に度々でてくる碾磑に関する記述である。「西向の南より第三門也。碾磑御門堂と号す。此の門の東に唐臼亭あり。故に碾磑門といふ」。

また、「碾磑亭は、七間瓦屋なり。碾磑を置く。件の亭は講堂の東、金堂の北にあり。その亭内に瑪瑙唐臼を置く。これを碾磑と云ふ。馬璃(ママ)（めのう）をもって之を造る。その色白也」。ここで唐臼と書かれているのは、俗にいうカラウス（足踏みの米つき臼）ではなく、外国から来たすばらしい石製の臼の意味である。また享保二十年（一七三五年）刊、村井古道著『奈良坊目拙解』には、以上の記録をまとめて「尋尊僧正七大寺巡礼記にいふ。天平の朝、瑪瑙東大寺食堂の厨屋にあり。これは高麗国より貢いだ所である。その西門を碾磑と云ふ。（中略）今俗に云ふ石臼が是である」と記している。高麗国より貢いだというのは『日本書紀』の記述を勝手に結びつけたものらしい。

これ以上、古文書を調べても何もわかりそうにないが、今の転害門はもともとは「碾磑門」であり、そこの近くに人の目をひく美しい石臼があったことだけは確かだ。この話を学生諸君に話したところ、熱心な学生たち（赤松徹君と清原義人君）が付近を調べて「臼の目らしい跡のある石が、基壇部にありました」と、写真をもってきた。さっそく見学に行った。確かに単なるいたずらにしては出来すぎている。八分画十六溝直径一メートル余りの臼の目のパターンが復元できるのである。それぞれ隣接する分画も一部分が確かに存在する。「これは偶然のいたずらだよ」と私は学生たちに言い切ることができなかった。定規をあてると、観世音寺の碾磑と同じく、完全な平面加工の形跡もある。さりとて、碾磑と断定するには、転用されていて、確証がない。天平の謎は容易には解けない。

異国の珍貴な食べ物として、わずかに貴人にささげる小麦粉のお菓子などがあったとしても、その程度の製粉は、弥生時代以来の搗き臼や、足踏み式のカラウスで十分用が足せた。碾磑は水力利用の大量生産用である。輸入したものを使いこなすこともなく、廃れていったのであろうか。それ以後約四百年以上もの間、石ウスの形跡は日本列島にはほとんどない。というのはその後下記の東大寺での発見があるからである。確実に平安時代の層位と思われる遺跡から、例えば国分寺跡貴族の住宅跡に、石臼片が発見されたという報告もないではないが、いまひとつ確実性を欠いている。とにかく記録に残ったり、ある程度の普及を示すほどには至らなかったことだけは確かである。

## 5　考古発掘物（石臼片）が碾磑仮説を現実にした

二〇〇〇年一〇月五日夜、電話があって「東大寺食堂遺跡で石臼らしいものが発見されました。石臼かどうか確認してもらいたいのですが、近鉄奈良駅の行基菩薩像まえで待ちます」。

私は耳を疑った。それも食堂遺跡という。「明日うかがいます」と即返事。発掘現場の泥だらけの車が迎えにきた。前年何気なく二月堂から歩いた東大寺大仏殿北側だったのでここでも石臼の魔性を感じた。住宅建設にともなう発掘である。担当者は橿原考古学研究所の今尾文昭さんだった。

長さ約三〇センチだが幸い下臼の周縁部分なのでその円弧の半径から推定される直径は一メートルを確実に越えている。目は八分画で非常に大きい石臼である。付近から出土している食器類から少なくとも層位は奈良時代前期と推定されている。となると東大寺古文書の記述にある石臼である可能性が高い。あまりにもよくできた話であるが、現物を前にすれば否定しがたい。この発掘遺物はしばらく橿原考古学研究所の展示室で公開された後、今尾文昭さんの研究室で保管されている。研究所の従来の展示分類項目にないらしい。

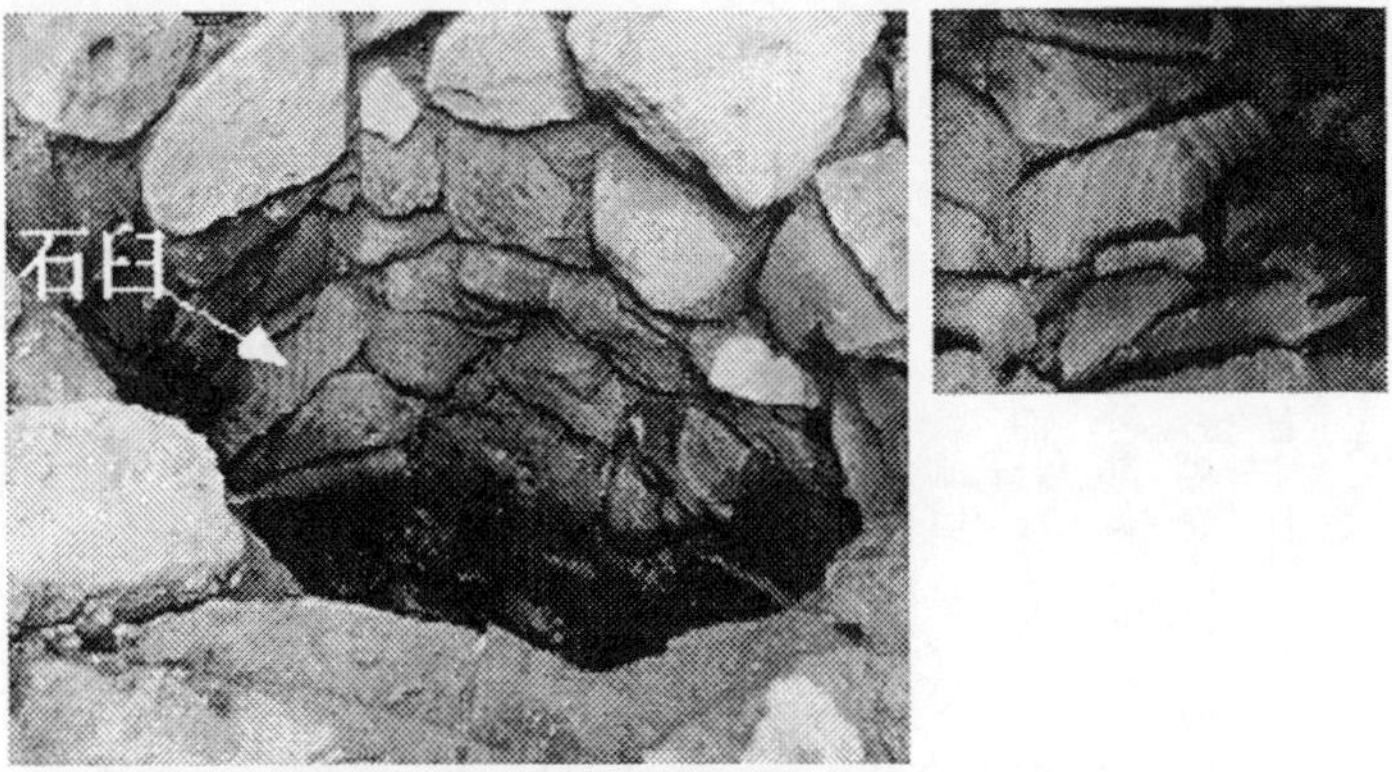


図4.5　橿原考古学研究所の発掘で発見された石臼片
(右上は井戸の積石になった石臼片の拡大写真)

図4.6　奈良・依水園で発見された謎の大きな石臼群（下は依水園の庭園）

## 6　奈良・依水園で発見された謎の大きな石臼群

二〇〇三年になって、東大寺に大きな石臼があるという情報が来た。急遽石臼研究では私の先輩である宇治在住の大西市造さん（前宇治市茶業研究所勤務）と同園を訪ねた。

依水園は、案内書によれば「前園は江戸期、後園は明治期に、ともに奈良晒しの豪商によって作庭された屈指の池泉回遊式庭園。特に後園は若草山・春日奥山・御蓋(みかさやま)山を遠景に、借景に東大寺南大門の甍という大らかな天平時代の眺望を楽しめる。」とある。

東大寺境内は大きいが、依水園の矢印案内に従って確実にたどりつける。お知らせいただいた小野和子さんは唐招提寺にお出かけ中だったが、寧楽(なら)美術館館長中村記久子さんの案内で拝見した。直径六〇センチの上臼だけが池を横断して並んでいた。ほかに道などに埋めたものも併せると十組を越えるが、すべて上臼（雌臼）だ。対の下臼は池の下に埋まっているのだろうか。

石臼は明治末に使わなくなった石臼で、明治までは奈良晒しに使った糊臼と伝えられているという。晒しといえば木綿を想像するが、日本では古くから麻布だった。奈良晒しとは麻の白地の布で、水に浸けて漂白してから糊を付けて板に張ってピンと平らにするいわゆる糊張りである。東大寺の坊さんの衣類をまかなうとすれば、莫大な糊が要る。この庭園はその奈良晒しの豪商が作らせたというから、なるほど。

なお、拙著『石臼の謎』（一九九四年）に出ている京友禅の石臼も糯米を昭和四八年まで挽いたという記述がある。私の石臼研究の出発点であり、感慨無量であった。

矢印の個所にある切り込みは挽き手取り付け穴と思われるが、前記の観世音寺とは違うやりかたらしい。柄などをどうしてつけるかは不明。池の中に代わりの穴があるだろうか。

奈良晒しの話は私もいままで考えなかった石臼の用途である。最盛期には「東大寺は広大な敷地に千人を超える僧侶・僧兵を持ちそれを賄う膨大な荘園を所有していた」というから、その衣服の準備に使うことも考慮しなければならない。いずれにしてもまた新しい謎の出現である。

## 7　唐招提寺の大石

奈良の唐招提寺にも天平の遺物らしい物体があることを『奈良坊目拙解』の編者喜多野俊氏（奈良市在住）から教わった。同寺第八一世長老の森本孝順著『唐招提寺』（学生社、一九七二年）によれば、「鑑真和上創建天平三年。昭和一三年僧坊修理の時、北のはし、いま綱維寮という札のかかる部屋の中央の柱の下から、直径一メートル強の大石臼の片方がでた。これはとうてい人力ではまわらぬもので、たぶん牛などでひかせた今日中国で見る形式のものと想像され、奈良時代のものと推定した。やがて境内から庭石代用となっていたこの片方が探し出され、陰陽があった。柱石の根石となったのが元禄の修理とすれば二五〇年、鎌倉時代とすれば六〇〇年ばかりのあいだ離ればなれになっていたのがまたあったわけである。」

そこで一九九五年に学生と共に現地調査した。一般観光区域外の庭石になっている。掘り起こしできないから、観察できる範囲で計測した。八分画一二溝。下臼が凹部を持ち上臼に凸部がある点で観世音寺と共通している。供給口の大きさ二・二センチメートルは小麦の製粉用にしては小さ過ぎる。観世音寺と同じく下臼面も上臼面も完全な平面で、上臼にふくみはまったくない。目の山は平滑で、溝の断面はほぼ矩型であり、これでは数個の小麦粒により溝がつまってしまう。

碾磑の臼面には同心円状に傷が見られる。この傷の存在は観世音寺の遺物と相違し、多少使われた形跡であろうか。穀物を粉砕する際に収穫時に紛れこんだ小石によるものというより、硬い鉱物質の感じ。鑑真が渡日した際に唐より引き連れて来た者による製作指導がなされたのであろうか。供給口を通過した被粉砕物は下臼の凹部へと落ちる。この凹部へ落ちた被粉砕物は、その後、溝のある部分へと移動して行けそうもない。明らかに使用不可能である。鑑真和上の足跡は確かに太宰府・観世音寺に立ち寄った形跡もあるから、観世音寺の碾磑を見てそれを伝えた可能性も考えられるが、鑑真がすでに失明していたとすれば、まさに手探りで指導し、このような明らかなミスが起こったとも考えられる。失敗作は土中に埋められるのが日本の伝統（？）らしいから、その伝統のはしりかも知れない。ここでも新しい謎出現である。

## 8　東福寺と碾磑

京都五山の一つ、臨済宗東福寺派大本山、東福寺は古くから小麦製粉や、麵業者の間では、宋代の中国から製粉術を伝えた開山・聖一国師（弁円）の威徳が讃えられている。この寺に国師が中国浙江省明州の碧山寺から持ち帰った『大宋諸山図』（重要文化財）があるという。テレビ（民放）の取材で同寺を訪問した。たまたま五山の僧侶がお揃いの日だったので、私が訪問の趣旨を話すと、「それは見たことがないが、見てみるか」と全員の意見が一致して幸運にも見ることになった。大部分は建物の絵図であって、国師が寺院を建設するさいの参考にしたのであろうが、その長い巻物の最後に、まったく異質の「水磨様」と記された石臼式水力利用製粉工場の立面図がある。最後に付け加えたという感じだ。

工場の図面としておそらく本邦最初である。絵図というより設計図と呼ぶのが正しい。たとえば中心線は現在の図面と同じく烏口で書いたような〇・一ミリ程の正確な線で引かれている。水路からの水が直径六尺（約一・八メートル）の幅の広い水車によって駆動される水平回転軸で、二階まで貫通した垂直軸を回す。（このような垂直回転軸は日本の普通の水車小屋にはない）。二階には垂直軸の左右に二台の石臼があって、その上臼に取り付けられた歯車で回す。石臼の近くには連結させたふるい分け機械を設置している。完全な製粉工場である。この製粉工場が実際に建設されたのかどうかはわから

図4.7　唐招提寺庭園に現存する上下臼（左が上）

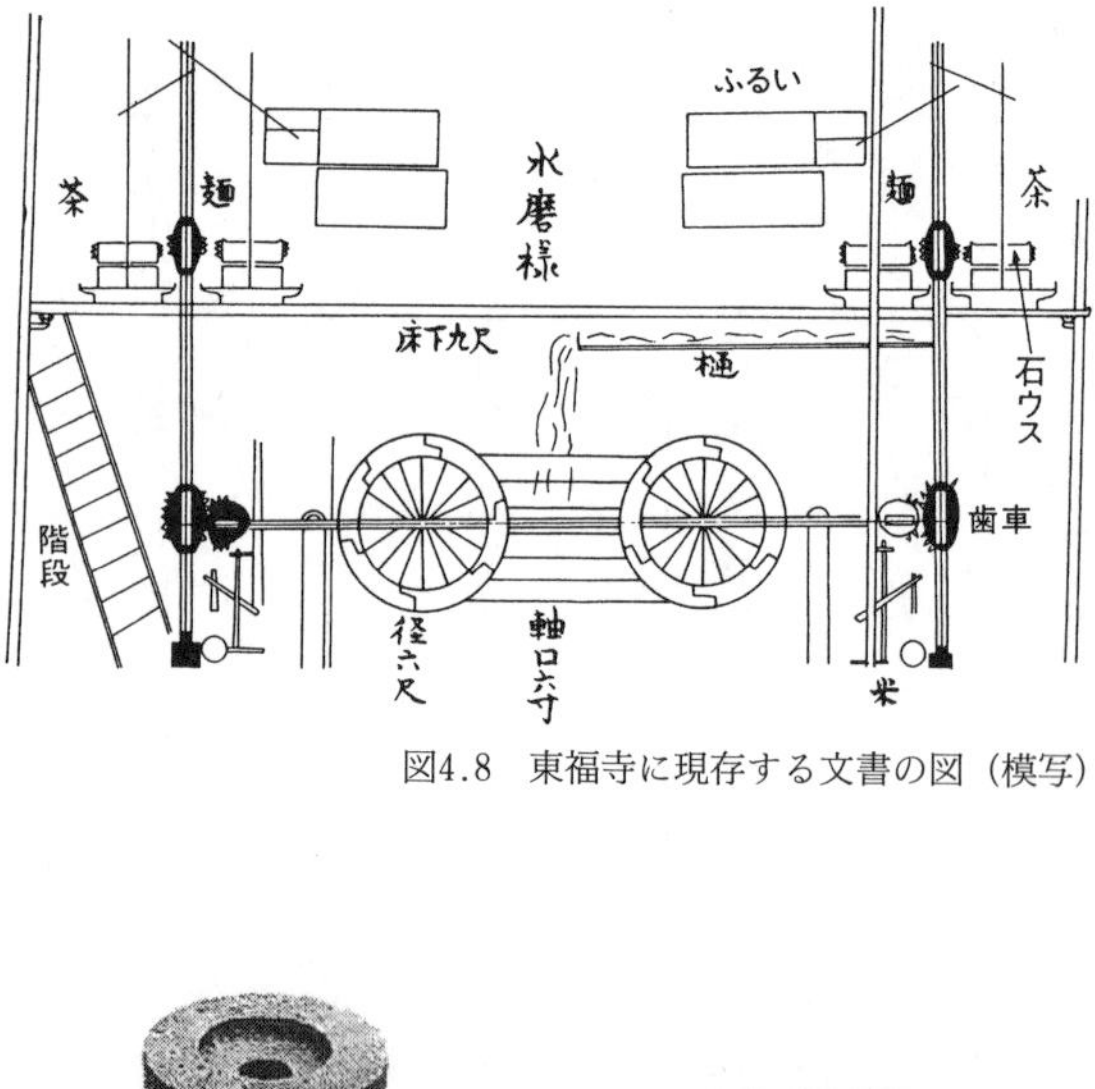


図4.8　東福寺に現存する文書の図（模写）

図4．9　韓国・新安沖で発見された沈没船から発見された石臼

ない。東福寺はたびかさなる戦火で再建されているためである。しかし、現存の通天橋の下を流れる川は建設するのに絶好の場所である。ここで興味深いのは、石臼の一方には麵、他方には茶と書かれていることだ。抹茶と麵とは、当時の最高級の文化であった。

東福寺には文書だけではなく、もうひとつ耳よりな話がある。一九七六年に韓国・新安沖で大量の白磁や青磁を積んだ中世の宝船が発見されたが、一九八四年には東福寺と記された木簡（荷札）が見つかり、沈没したのは、聖一国師の帰朝から約八十年後と判明した。しかも発見された遺物の中に小型の石臼二点が含まれていた。発見されたとき、留学生として同志社大学に来ていた崔墹植（現在釜山大学校教授）からこのことを聞き、延世大学・金熒洙教授の協力をいただき、ソウル中央博物館を訪ね、石磨の実物を見る機会をえた。一九七七年三月二四日だった。

貿易品で完全に海底の泥に埋っていたため、新品同様で使った形跡はない。臼面の直径は一四・五センチ、八分画十一溝の目は整然と刻まれ、目の形は丸みを帯びていた。下方の台には、六枚の蓮弁が刻まれた美しい作品であった。図4・9の左は上臼も発見された時毎日新聞記者が撮影したものであるが、右と比べると縁に飾りがないのでさらに別の発見があったようである。石は緑色のキメの細かい砂岩だった。これは確かに手挽き茶磨であるが、先に示した東福寺の文書をよく見ると、水車は比較的小さく、受け皿のついた小さな石臼を使う小規模の工場に見える。手挽き臼を水力で回転させることもありうることだ。

日本への石臼伝来は、この宝船以外にもあったに相違ない。このようにして抹茶用の石臼は青磁や白磁と並ぶ貿易品であった。しかし、当時の遺跡からの製粉用石臼の発見例は、私が確認したものでは鎌倉中期に一点の石臼片があるのみで、それは天皇家への海産物調理場からであった（大江御厨、東大阪市西石切町西の辻遺跡、一九八二年出土）。

ひろく普及するのは、さらに二～三百年も先のことである。この空白はいずれ埋められるに違いない。

## 9　茶磨抜きで茶の湯はない

お茶の葉を微粉末にした抹茶をたてる茶の湯は、中国から栄西禅師（一一四一―一二一五年）が伝え、茶の湯とともに『喫茶養生記』を著したとされている。しかし栄西は、「碾」（薬研）と呼ばれている道具で粉にしていた。日本で抹茶を挽く専用の石臼が使われるようになったのはずっと後世で、栄西よりも百年以上後のことと考えられる。

中国では北宋（九六〇―一一二七）の蘇東坡と黄山谷の詩「試院に茶を煎る」詩がある。

蟹眼已に過ぎて魚眼生じ
颼颼として作らんと欲す松風の鳴
蒙茸として磨を出でて細珠落ち

眩転として甌を遶りて飛雪軽し
銀缾　湯を瀉いで第二を誇る
未だ識らず古人水を煎るの意を

（『漢詩大系一七』）

この頃、初めて抹茶をつくる専用の石臼、すなわち「茶磨」が発明されたと考えられている。

次の漢詩は、黄山谷の叔父、王夷仲（政府専売の茶を監督する役人だった人）の詩に次韻したもので、北宋後期の詩人、蘇東坡が、杵臼（杵と臼）から碾（やげん）へそして茶磨への技術の進歩をたたえている。（『蘇東坡詩集』（『続国訳漢文大成』文学部一三巻、国民文庫刊行会、一九二八年）。

「次韻王夷仲茶磨」の詩

前人初用茗飲時　煮之無問葉與骨
浸窮厥味臼始用　復計其初碾方出
計盡功極至于磨　信哉智者能創物
破槽折杵向牆角　亦其遭遇有伸屈
歳久講求知處所　佳者出自衡山窟
巴蜀石江強鐫鑿　理疎性軟良可咄

予家江陵遠莫レ致　塵土何人為披払（ひふっせん）

〔解説〕前人が初めて茶を飲んだときは葉も骨も区別せずに一緒に煮た。ようやくその味を窮めて、臼を初めて用いた。つぎには、薬研を使った。計を尽し研究して、ついに茶磨にたどりついた。知者は物を創りだすというが、まさにその通りだ。薬研や杵臼は、垣根のそばに捨てた。しかし、そこまで来るには、いろいろな曲折があった。長い年月にわたる研究の結果、どこの石が最適なのかも分ってきた。良い石は衡山窟にあった。石工は苦労して石を取るが、目が通っていて、性質は軟らかでまことによいという。

また宋の詩人、黄山谷は抹茶が茶磨からでてくる様を、

落磑霏霏雪不如

と形容した。磑とは石臼。この落ちるさまは、「まさに雪が降るようだ」という表現は、性能のよい茶磨を実際挽いてみると、なるほどと思う。まさに吹雪のように、あるいは、ぼたん雪のように粉末が降るのである。非常にすぐれた茶磨がつくられていたことが、この詩から想像できる。しかし中国でも、特別に地位の高い人たちの間でしか使っていなかったのであろう。それから百年後に中国に渡った栄西禅師も、手に入れることはできず、旧式の碾を伝えたのであつた。

栄西の没後、前述した弁円（聖一国師）が渡宋し、その頃からぼつぼつ新安沖の宝船が示すような茶磨が貿易品として渡来したと思われる。わが国で、はじめて茶磨の文字が記録に現われるのは、鎌倉時代末期頃の高僧、虎関師錬（一二七八―一三四六年）の「茶磨」と題する詩である。

曾慣点頭解転身　煉余五色一般新
天常動矣地常静　天地之間常有春

（『五山文学全集』第一巻、昭和十年所収）

天は上臼、地は下臼の意で、その間から春、すなわち緑の粉が落ちるさまを禅の悟りの境地にたとえている。同じ頃、龍泉令淬は粉を挽く石臼と題する詩を書いている。

雲根連処又相分　動静雙行自策動
別是転身那一路　炎々六月雪粉々

高僧が、粉を挽く石臼をみて感激し詩をつくるなどということは、当時はまさに舶来の珍品であり、宝物だったことを物語っている。このようにして、石臼は何百年もかかって、宝物として、あるいは高度の文化として、貴人たちの間にゆっくり普及していった。これはヨーロッパや中国とはまったくちがう日本独自の発達と普及過程であった。

## 10　夢窓国師の頃

お茶を飲み比べて産地をあてるゲーム（闘茶）は、現在でも残っている。鎌倉時代末期には上流階級の間で行われた。しかし次第にゲーム化し、度をこえたものになった。そこで「闘茶はけしからん」と叱った高僧がいた。京都・建仁寺の僧、夢窓疎石（心宗）国師（一二七五―一三五一年）であった。この国師が使ったと伝えられる茶磨が、高知市小津、高知市の東南、五台山、三十一番札所、竹林寺で知られる五台山公園、この山の麓、吸江寺にあると聞いて一九七七年五月十八日に現地を訪ねた。まさに日本最古で、いまでも使える茶磨である。この存在は石造美術研究家の川勝政太郎先生から教わった（先生が同寺の縁の下で発見した）。

施八龍　　土左国五台山吸江庵臼也
　　貞和五年巳丑十一月廿五

と銘がある。日の字の分だけすり減っている。一三一八年（文保二年）鎌倉の北条高時の母覚海夫人が、夢窓国師を鎌倉に迎えようとしたとき、国師はそれを避けて、ここに庵を結んだ。そのときのものと考えられている。余談だが、このウスは、物理学者で、科学随筆家でも知られる寺田寅彦先生が使っておられた記録がある。先生は粉の学問を奨励したわが国最初の方でもあり、私たち粉体工学の草分けである。数百年を経て、なお実用に耐える道具、これこそ日本の宝と思うが、国宝ではない。

この頃、茶磨は大変な貴重品だったことを示す文書が、金沢文庫古文書にある。鎌倉幕府執権十五代、金沢貞顕と称名寺長老との間に交わされた書状に、貞顕はお寺へ茶挽きを依頼し、茶の葉も、長男が京都で僧職についているコネで、かなり苦労して入手している様子がうかがわれる。「なによりも、ちやうすこそ、まづほしく候つれ」という文面がそれを物語っている。舶来品の唐茶磨は入手困難だったのである。

図4.10　夢窓国師の茶磨が高知市内の吸江寺にあった

図4.11「骸骨」の図

## 11　一休さんの頃

夢窓国師から約百年を経た頃には、茶磨の国産化が進んで、権力のある人たちは茶磨をつくらせるようになっていた。トンチの一休さんで親しまれている一休宗純の有名な著作と擬される『骸骨』に、図4・12のような絵と文がある。

私のこの絵との出会いは少々無気味であった。それより先、岡山県美作（みまさか）町の石造美術研究家、土井辰巳さんの案内で、同町に五輪塔の台に利用されている古い茶磨を見学した。夏草が生い茂る山あいに小さなお堂が建ち、木彫の仏像が安置され、その前に二つ三つの五輪塔が草に埋れていた。戦いに敗れた武士が自刃して果てたという、うす気味わるい場所に苔むした五輪塔の地を表わす石に茶磨の下臼が使われていた。この墓の主が誰か知るべくもないが、多分彼の愛用の茶磨であったろう。私は茶臼であることを墓を動かして確認したあと元に戻した。あと名も知らぬ武人に合掌して去った。ここは地元で幽霊が出ると言われているという。墓を動かしたのはあと味が悪いことで、気になっていたところ、二、三日あと京都の古本屋でなにげなく開いた『骸骨』の活字本に、ふと次の一節が目に止まった。

なきあとの　かたみに石がなるならば

五りんのだいに　ちやうずきれかし

印刷本だったので、もしかして「ず」が「す」のミスプリントだったとしたら……。ずいぶん勝手な解釈だが、さっそく竜谷大学へ出かけて『骸骨』の原本を調べた。なんと予想通りミスだった。しかも一休さん独特の愉快なイラスト入りだ。そしてつい先日、美作で見た光景そっくりなのには思わずギョッとした。石臼には霊が籠るという古来の言い伝えを生々しく思い出した。

『骸骨』には副本があって、絵も文も違うのがある。一休宗純は反骨の人だった。「ちゃうす」を権威の象徴と見、それに「いずれの人か骸骨にあらざるべき」という一休の無常観をダブらせると、権力に追随し、茶磨を切らせることができるような身分に安住して修行を怠っている高僧たちに対する鋭い批判であった。真実に禅がわからずに仏教を売物にし、名利(みょうり)にしがみついているものへの痛烈な風刺がこめられ、これが『狂雲集』の思想へとつながっていることが私なりにわかったような気がした。

## 12　祇陀林は茶磨のことなり

一六〇三年、日本イエズス会によって発行された『日葡辞書』(ポルトガル語辞書邦訳、岩波書店刊『邦訳日葡辞書』一九八〇年刊)に「Guidarin 茶磨のことなり、ぎだりん(祇陀林)chausu に同じ、茶を挽くうす」とある。これは御所の南、一条京極に祇陀林寺があって優れた茶磨師がいたので、茶磨のことを「ぎだりん」なまって「ぎんだり」と呼んだためである。たまたま一条京極に同志社大学の施設があり、発掘調査があった。担当者に依頼して関連遺物の出土に期待したが何もなかった。

『新撰犬筑波集』（天文年間に成立した俳諧連歌の撰集）に次の俳諧がある。

土佐までも　くだりこそすれ　京の者
　こはぎんだりの　ちやうすがめどの

京の者とは、前関白、従一位の公卿・一条数房を指す。応仁二年（一四六八）土佐の中村へ都落ちした。土佐の豪族、長曾我部（ちょうそかべ）殿は舟を出して迎えた。高級な茶磨のなかでも最高級の「ぎんだりのちやうす」とかけているところがポイントである。私も土佐くだりをやってみようとはるばる高知県中村市まで出かけてみたが、長曾我部殿のお迎えもなく、ぎんだりも見つからなかった。四万十川河口の小京都といわれるだけあって、大文字山あり、東山、鴨川、祇園と、すべて整っていた。宿でどこかに忘れ去られたぎんだりが関白殿のありし日の夢を秘めて残っている夢を見ようと静かな宿で一夜を過ごした。

## 13 幻の松風（しょうふう）の唐茶磨の行方

民間伝承を集大成した『御伽草子』に「かくれ里」という物語がある。「秋の黄昏時は空ならでも心細からぬかは。風ものすごく……」と名調子で話がはじまる。そのさきを読むと「松風という茶臼あり。河しまという挽き木あり。これ一具の宝物なり……」。

比叡山にいた大黒様の手下であった鼠が、恵比須様の宝物であった茶磨に小便をしかけ、挽き木を折ってしまった。西の宮にいた恵比須様は一戦の内に雌雄を決すべしとて軍勢十万八千余騎を四条室町に集めた。一方大黒様は、隠れ里に使いを出し、鼠の大軍一万余騎を集めて二条河原町大黒町に陣をとる。あわや京都が両軍死闘の場と化す寸前、もろこしの布袋（ほてい）和尚がとるものもとりあえずかけつけて仲裁に入るという話の筋。

図4.12　松風の茶磨（岡山市の民家で実見）

以上はあらすじだが、本屋で立ち読みできる程度の短文なので、ぜひ一読をおすすめしたい。迫力満点である。

さて、ここでいう松風の茶磨とは何であろうか。

上等の茶磨を挽くと、松風に似たさわやかな音が出る。ふつうの石臼はゴロゴロと無粋な音だが、さすがに茶磨は貴人の宝物にふさわしい。私の手許には不思議なことにこの「松風の茶磨」のカラー写真がある。ひと昔まえまで京都には太閤秀吉の宝物と伝えられる二組の松風の茶磨と称する宝物があったという(『京都新聞』一九七一年三月六日号によれば、中京区東洞院四条上ル、西村長足氏所有)。それが骨董屋の手をへて芦屋方面へいったという噂があり行方知れずのところ、私はふとした機会に、岡山市内でそれに対面する幸運にめぐまれた。幻の松風の茶磨は現存していたのである。側面に松風の文字が浮彫りされ、朱漆(うるし)ぬりの、まさに宝物だった。その後金沢の小学生から手紙で金沢市内にもこの写真とまったく同じ茶磨が民家にあったと手紙が来た。石臼を授業で扱った小学校の生徒だった。それっきり連絡がないままになっている。いずれにせよ石臼には霊が籠るという言い伝えは現実になる思いだ。

この茶磨が次の戦国時代には、普及版の茶臼として急速に日本全国へ普及してゆく。

# 第5章　開花した日本の粉の文化

## 1　ステータスシンボルだった茶の湯

前章でのべた茶磨の歴史を年表にまとめたのが図5・2である。日本に伝来してからおよそ三百年間、茶の湯は高僧や貴族などもっぱら超上流階級の間で行われてきたが、戦国時代になると急速に全国の武士と高級商人の間に普及した。オランダの旅行家J・H・リンスホーテン（Linschoten, J. H.）の『東方案内記』（一五九六年）（http://www.kufs.ac.jp/toshokan/gallery/111.htm〔京都外国語大学図書館のHP〕）には、外国人の目に映った当時の様子が記されている。

「チャーと称する薬草の、ある種の粉で調味した熱湯、これはひじょうに尊ばれ、財力があり、地位のある者はみな、この水を、ある秘密の場所にしまっておいて、主人みずからこれを調製し、友人や客人を、おおいに手厚くもてなそうとするときは、まずこの熱湯を喫することをすすめるほど珍重されている。かれらはまた、その熱湯を煮たてたり、その薬草を貯えるのに用いるポットを、それを飲むための土製の埦とともに、われわれが、ダイヤモンドやルビーなどの宝石を尊ぶように、たいそう珍重する。」

茶の湯に限らず、貴族の文化をわがものにすることは、地位の高さを誇らしげに示す手段すなわち、ステータスシンボルであった。信長や秀吉の茶の湯好みはよく知られているが、これをまねて、われもわれもと、名器集めが行われた。リンスホーテンの記事はその事情を伝えていて興味深い。一昔前の話だが猫も杓子もゴルフ時代があったのとどこか似ている感じだ。

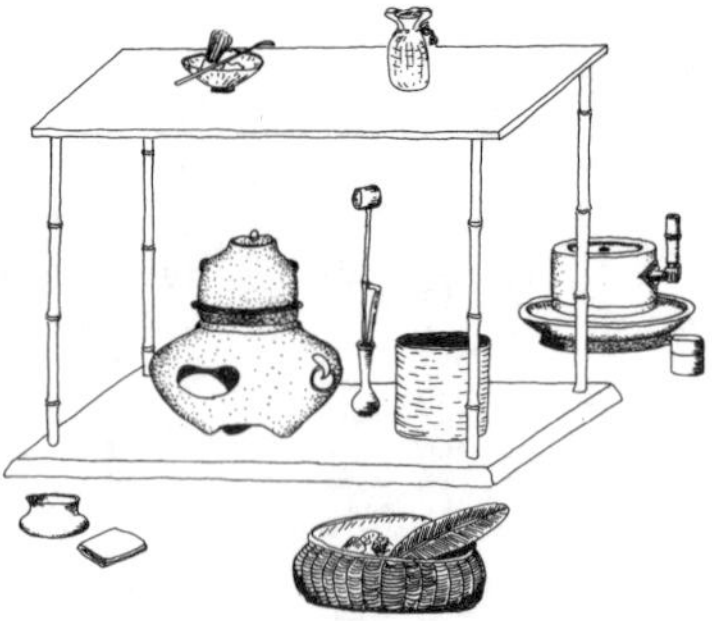
図5.1　最近の茶書には茶磨が欠けている

ところで茶の湯には抹茶は絶対欠かせない。現在のように工業製品化された茶道用抹茶などなかったから、抹茶をつくる茶磨（茶臼）がどうしても必要だった。しかし茶磨の名器を手にすることができるのは、特別な地位にある人物に限られていた。そこで石屋に作らせ、模倣に模倣を重ねていった。私が調査した限りでは天竜川以東の東国へ行くにつれ形態が粗野になり、目の刻みまで変わってゆく傾向が見られた。富士山麓では作りかけて断念したものを実見したこともあった。

茶の湯が日本の石臼技術の先達になるという、西洋や中国とはまったく違う日本独自の石臼の発展過程をたどった。信長の茶磨は本能寺で茶の湯道具類とともに失われたという。しかし秀吉、武田、朝倉などの大将級の武士たちの遺物は発見されていて、さすが名器と感心させられる。小堀遠州の茶

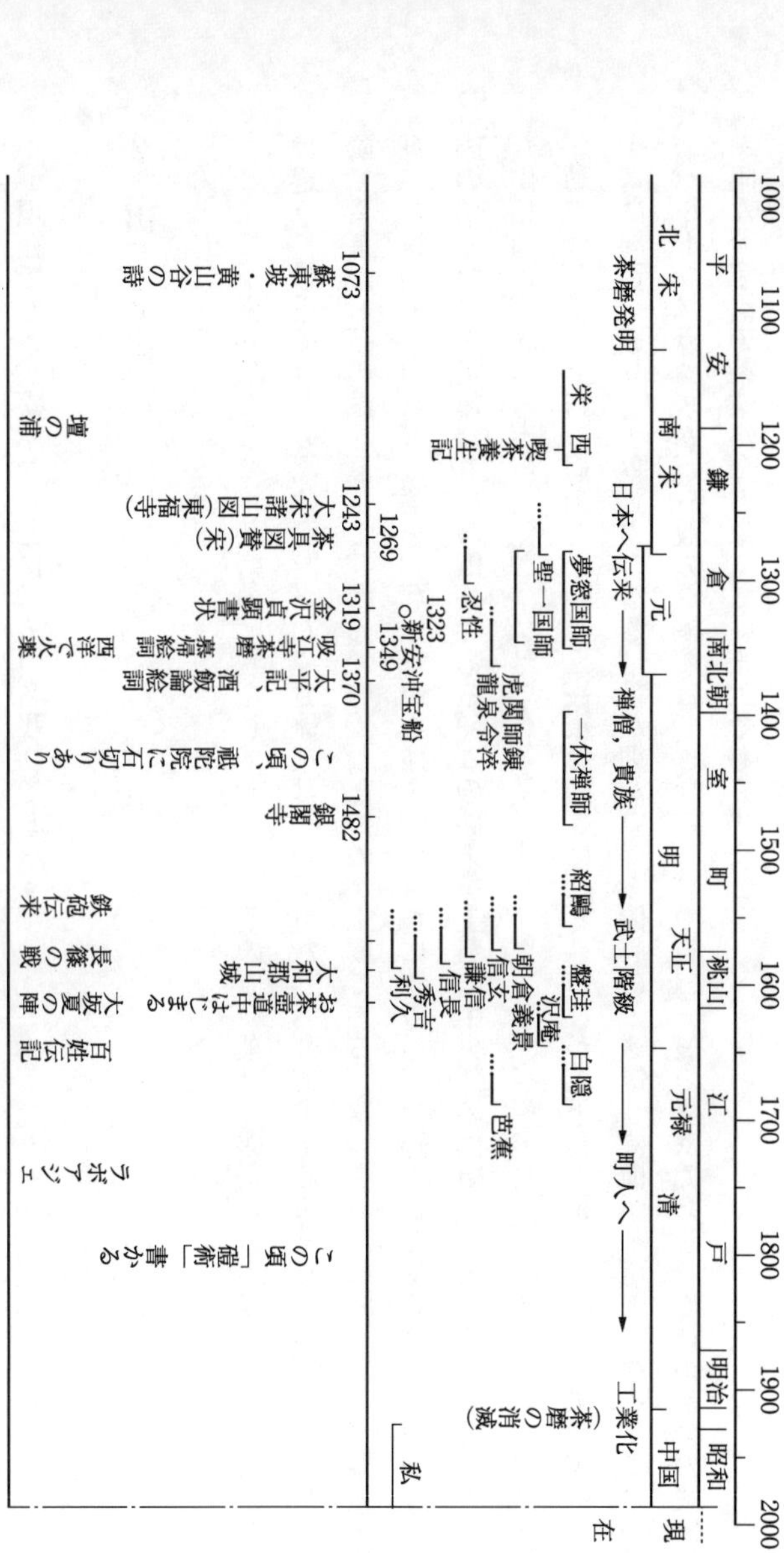

西暦
1000
1100
1200
1300
1400
1500
1600
1700
1800
1900
2000
平安
鎌倉
南北朝
室町
桃山
江戸
明治
昭和
現在
北宋
南宋
元
明
天正
元禄
清
中国
茶磨発明
日本へ伝来
禅僧，貴族
武士階級
町人へ
工業化
栄西
喫茶養生記
夢窓国師
聖一国師
忍性
虎関師錬
龍泉令淬
一休禅師
紹鴎
盤珪
沢庵
白隠
朝倉義景
信玄
謙信
信長
秀吉
利久
芭蕉
茶磨の消滅
私
1269
1323
新安沖宝船
1349
1073
蘇東坡・黄山谷の詩
1243
大宋諸山図(東福寺)
茶具図賛(宋)
1319
金沢貞顕書状
吸江寺記，茶磨
1370
太平記，喫飯論
酒飯論絵詞
慕帰絵詞
西洋で火薬
この頃，祇陀院に石切りあり
1482
銀閣寺
鉄砲伝来
長篠の戦
大和郡山城
お茶壺道中はじまる
大坂夏の陣
百姓伝記
ラボアジエ
この頃「礦術」書かる
壇の浦

図5.2　茶磨日本史年表

磨が、東京の茶の湯道具展で展示されたこともある。また毛利の配下には中国直輸入らしい名器も多く、現在でも茶が盛んなことは、その名残りであろう。

## 2　碾茶と茶磨

ここで予備知識として、茶磨の解説をしておく。抹茶の原料葉は、碾茶（てんちゃ）といって普通のお茶の葉とは違う。最近では茶の湯の師匠さんでも碾茶は初めて見たという方もあるようだ。覆いをかぶせて日陰で育てたお茶の葉を蒸して、揉（も）んで乾燥したものが玉露である。覆いをさらに厚くして、柔らかく育てた特別上等のお茶の葉を、蒸してから揉まずに直ちに乾燥し、粗砕きして茎の部分を除去し、葉肉の部分だけを集めたものが碾茶である。この碾茶を上石の中央部の供給口に入れる。上石を貫通した供給口は、芯木（木製の心棒）の直径よりも少し大きい。そのため上石を回転させると、単純な円運動ではなく、上石の摺動をともなう複雑な動きになる。これが上下石の狭い隙間を、微粉末がスムーズに周辺へ送り出す駆動力となる。粉が細かいから偏心による送り機構が不可欠になる。この一見アバウトなメカニズムが一般の機械ではできない茶磨や石臼一般の秘密である。これが茶磨の機械化を阻んで宇治の茶業が今も栄えている訳である。

供給口から入った原料碾茶は芯木と供給口との隙間で粗砕きされてから、上下石の隙間に入り込む。上石と下石は周縁部分（数ミリ程度）のみで接触し、中央に向かって次第に隙間が広くなっている。

この上下石の隙間のことを「ふくみ」という。ふくみは茶臼では最大〇・五ミリ程度である。このふくみの調整と周縁部分の摺りあわせ具合が、茶磨の性能を決定的に左右する。この調整は微妙で、特別の熟練を要し、茶臼師と称する専門職人の仕事であった。「石臼芸より茶臼芸」という諺がある。この語は京都の茶屋では残っている。「普通の粉挽き臼は、なんでも粉に挽く、つまり粉す（こなす）が、茶磨は茶しか挽かない。しかし、その粉はすばらしい」の意をこめている。そこで、どんな芸でもこなすが、荒っぽいのを石臼芸、一芸に秀でることを、茶臼芸と言った。

石材の種類も普通の粉挽き臼とはまったく違う。輝緑岩や、きめの細かい美しい砂岩が使われた。摺りあわせ面が、適度の粗さになることが必要なためである。

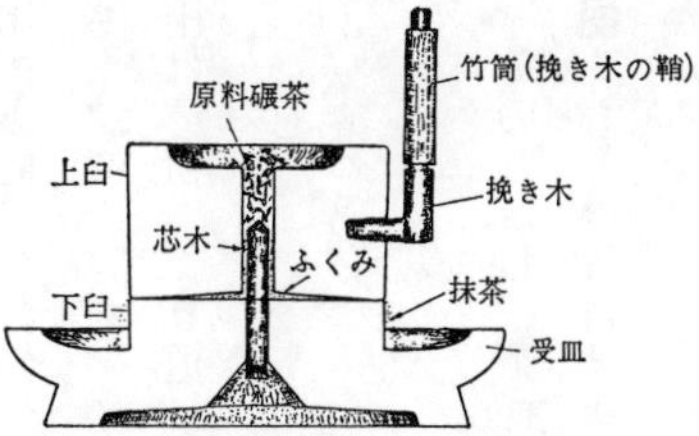

図5.3　茶臼の構造

古文書に「宇治は寔（まこと）に御国の建渓北苑なり。且又其山骨を抜きては碾磑を造り出す。此石他山に出さず」とあるように、宇治には茶磨に適した輝緑岩の岩脈が現在でも山を貫いて走っていて、観光地の天ヶ瀬ダムのすぐ上流で露頭を見ることができる。研磨面は実に美しい。宇治川は、昔、洪水で荒れ、大きい輝緑岩が転石になっていた。現在は、天ヶ瀬ダムができて、茶磨を作れるような大きい転石はない。小さな石ころなら宇治川でも発見できるが、最近の河川改修工事でそれも難しくなった。

現在は宇治から宇治川に沿って天ヶ瀬ダムを過ぎた右側で崖になった露頭が見える。その上側に茶臼谷がある。そのあたりで合流する支流の志津川でも同じ輝緑岩の小石を見つけたことがある。現在は河川改修でほとんど不可能であろう。抹茶は数ミクロン（一ミクロンは千分の一ミリ）の微粉末である。これほど細かい粉末を造り出した茶磨の技術は、粉づくり道具中の最高の傑作であった。

## 3　茶を挽く

そのむかし、茶挽きは客人を迎える隣の間で行われ、お寺では和尚の留守に小僧が挽いた。「茶を挽く」という言葉があるが、現代では「窓際族」のことで、京都では今も商家では通じる。お呼びがかからない女郎が、茶を挽かされたことからきている。粉を造る仕事が舞台裏の仕事だった、まさに典型的な例である。

回転速度は速過ぎても、遅過ぎてもいけない。石の摩擦面での局部的発熱現象がおこり、抹茶が変質して特有の香りと味を損なう。茶磨を長い時間動かしていると、次第に上下の臼の接触面あたりから温まってくることがわかる。その温度は人肌の温度のときに出る粉が最高とされている。だから挽きはじめた頃の粉はお客さんには出さないようにする。早く挽こうとして速すぎる挽き方をすれば、苦味が出る。このように抹茶は鋭敏に挽き方を反映するので、私にとって茶臼は石臼を理解するために最高の教師となった。これは米や蕎麦では学べないことだ。反応が早いのである。

私は、茶磨について理解を深めるためには、原石から自分で作ってみる必要があった。一応まともな抹茶が挽けるまでに、試作に試作を重ね、二十二個めの作品が現在手許にある。石は花崗岩の中から硬過ぎもせず、軟らか過ぎもしない石を選んだ。四国の庵治石や外国産の花崗岩で作った茶磨をしばしばデパートなどで見かけるが、装飾品ではあっても使い物にはならない。現在の墓石が長持ちするように、一般に硬い石を使っているからだ。

中国の本に「知者創物、巧者述之　世謂之工」（本物の知者は自分で物を創りだす。小利口な奴は屁理屈を言うだけ）（『周礼考工記』）とあるが、現代情報化社会は巧者と、さらにその情報ブローカーの巧者がやたら多いような気がするがいかが。

図5.4　茶坊主が縁側で茶磨を挽いている図

ところで、コーヒーミルのような、手頃な手挽きの茶磨があったらとは誰でも思うが、コーヒーは、抹茶に較べると粒度が著しく粗い。粉砕に必要なエネルギーはリッチンガー（Rittinger）の粉砕法則によれば、粒の大きさに反比例する。大雑把な計算だが、仮にコーヒーの粒の大きさを約〇・五ミリ、抹茶を千分の五ミリとみて約百倍のエネルギーが要る計算になる。これでは原理的にも安価なティーミルは作れそうもないわけだ。

図5.5　毛利の支配下には茶臼山がやたら多い

## 4　茶臼山と俳人芭蕉

戦国の武将たちにとって、茶磨が特別な意味をもっていたことは茶磨(ちゃうす)山（茶臼山）とよばれる山が全国にたくさんあることと関係がありそうだ。これは私が調べた限りの話で、まだまだ出て来そうだ。NHKテレビ一九九一年三月三一日の朝のニュースで国土地理院の調査によると、日本中で一番数が多いのは丸山で約一〇〇個とあったが、それは地図にのっているものだけの話であった。茶臼山は私が確認しただけでも、その倍の二〇〇を越えている。実際に付近の住民に聞いてはじめてわかるのが茶臼山（茶磨山）である。その大部分が当時の城跡や戦陣跡であったことからもうかがえる（高清水菊太郎、『郷土研究』二巻九号五五六（一九一四）他に触発されて筆者が追加）。上杉謙信と武田信玄の一二年間にわたる川中島周辺の争奪戦で、信玄は茶臼山に布陣した。現在のJR篠ノ井駅北西に見える山は、近年の土砂崩れで山容が変わったが、かつては頂上が平らで、ここに風林火山の軍旗がひるがえった。また、天正三年（一五七五）五月、織田・徳川の連合軍が戦国最強とうたわれた武田の騎馬隊を設楽原(しだらがはら)で迎え討った長篠の戦いで、家康が本陣をおいたのも茶磨山だし、天正十一年秀吉と柴田勝家が戦った賤(しず)ヶ岳合戦の戦場も茶臼山砦であった。慶長十九年（一六一四）二月の大坂冬の陣でも、家康は、現在の天王寺区茶臼山町にある茶磨山に陣をかまえた。殊に家康は茶臼山に陣を敷くのを好んだようだ。全国的に見ると、毛利の勢力下にあった地方には、なぜか茶臼山がきわだって多い。これと毛利配下で茶道が栄えているのも関係がありそうだ。

ところで、なぜ茶臼山なのか。布陣すればまず「一先引き候えば、敵は粉になし可申候えば、実にも実にもとて……」（陣を布くが、引くにかかっている）。どの茶臼山も富士山の形をしている。頂上が平らで円錐形に裾がひろがっていて、見渡しが利いて陣を布くには好都合なのである。異論もあって（山中襄太『地名語源辞典』一九六八年、校倉書房）アイヌ語でchasi（砦、城山）にあたるかもという。だから東国に多いと書いているが、明らかに間違いである。しかも円筒形というイメージで論じている。

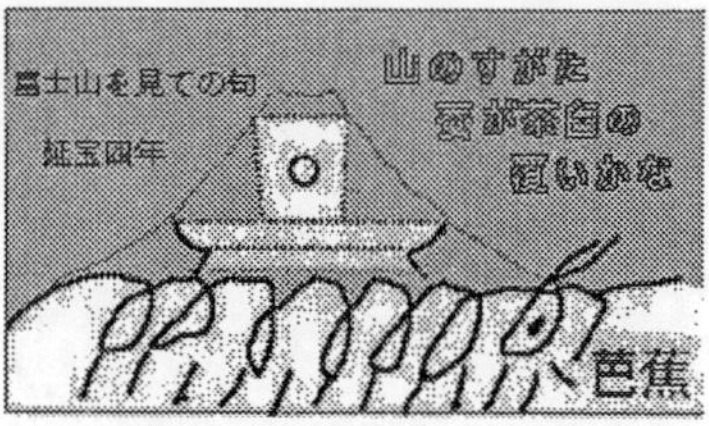

図5.6　富士山と茶臼

そういえば陣を布くには大きすぎるが、富士山は間違いなく日本最大の茶臼山だ。

俳人松尾芭蕉は富士山を見て、

山のすがた　蚕が茶臼の　覆いかな　（延宝四年〈一六七六〉夏）

と詠んだ。岩波文庫『芭蕉俳句集』に「蚕（蚤）」とあるのは、後世に弟子が蚤と朱を入れたためらしい。蚕か蚤かを確かめるため私は一〇冊ほど芭蕉句集を古本屋で買い漁ったところ『芭蕉全集』（日本名著全集刊行会、一九二九）の六二頁に「原本の「蚕」の右傍に「蚤歟」と記せり」とあった。私はある初夏の早朝に新幹線から富士山を眺めたら、麓を白い雲が覆って、その上に茶臼に覆いをかけた恰好の山が見えた。芭蕉は夏にこの雲を蚕と見たてたにちがいないと思った。なおほかにも幾つか茶臼山の句がある。私は講演では茶臼を緑の風呂敷で覆って一席俳論をやることにしている。

著者不明だがどうも山梨の大学人らしく、富士山の裏からご覧になってのわかりにくい講釈を付けておられるが、芭蕉は南側から見たはずだ（http://www.ese.yamanashi.ac.jp/~itoyo/basho/haikusyu/chaus.htm)。

## 5　戦国の秘密工場

日本では茶磨は茶の湯にともなって普及したが、粉挽きの石臼はどのようにして普及したのであろうか。実は意外な、これも日本独自の普及過程をたどった。軍事用だったのである。種子島に鉄砲が伝来したのは、天文十二年（一五四三）とされているが、それ以降日本では鉄砲製造技術が急速に進歩した。ノエル・ペリン（Perrin, N.）というアメリカ人が書いた『鉄砲をすてた日本人（Giving Up the Gun : Japan's Reversion to the Sword, 1543-1879)』（紀伊國屋書店、一九八四年）によると、戦国時代の日本は、鉄砲の技術水準もその所有数も世界一だったとある。新技術導入には必ず何かベースになる技術があるが、鉄砲は刀鍛冶の技術がベースになった。俗説では伝来から約三〇年後の長篠の合戦で織田・徳川の連合軍が鉄砲隊を組織して、戦国最強を誇る武田の騎馬軍団を撃破したことになっているが、それよりも二、三年前に石山本願寺で浄土真宗門徒が信長を千丁もの鉄砲で銃撃し大いに驚かせたというのが事実だ。その時信長は、すぐ降参してその技術を手に入れたのである。五箇山制圧である。私は岐阜から五箇山へ車で入って見て、それがどんな困難なことかを私なりに実感した。彼らは徒歩と馬で入ったのである。

以来戦国の武将たちは、この新兵器を手にいれるのに血眼（ちまなこ）になった。しかし「鉄砲も火薬なければタダの筒」だ。これは「コンピューター、ソフトなければタダの箱」に似ている。だが歴史書に鉄砲の話はあっても、なぜか肝心の火薬の調達とくに製法については曖昧である。鉄砲伝来当初には、火薬の一つの原料である硝石を、堺の商人を通じて外国から輸入したようだが、まもなく国産化した。黒色火薬は、硝石七五、木炭一五、硫黄一〇の割合で混合したものである。いずれも細かい粉末である。

硫黄や硝石は粉にしやすいが、木炭を粉にするのはかなり難しい。その粉づくりの技術次第で鉄砲の性能が左右される。粉にする仕事は下級武士が下々（しもじも）に命ずる。下々はまたその手下に命じる。このパターンは現代のハイテクの大企業が下請に素材をつくらせるのに似ている。現代の下請工場の歴史が残らないであろうように、戦国時代のマル秘火薬調合工場にも一切の記録がない。

しかし、ここにひとつの事実がある。この時代の激戦地の遺跡から、おびただしい石臼の破片が、まとまって出土することが多い。しかも、おもしろいことに、抹茶用の茶磨と粉を挽く石臼とが、同じ場所に集まっている（図5・8参照、↓は粉挽き臼）。まったく用途が違い、挽く人の身分も違うは

図5.7　出土した臼の破片
(東京都・葛西城跡)

図5.8　福井県朝倉氏遺跡出土，
矢印は粉挽き石臼

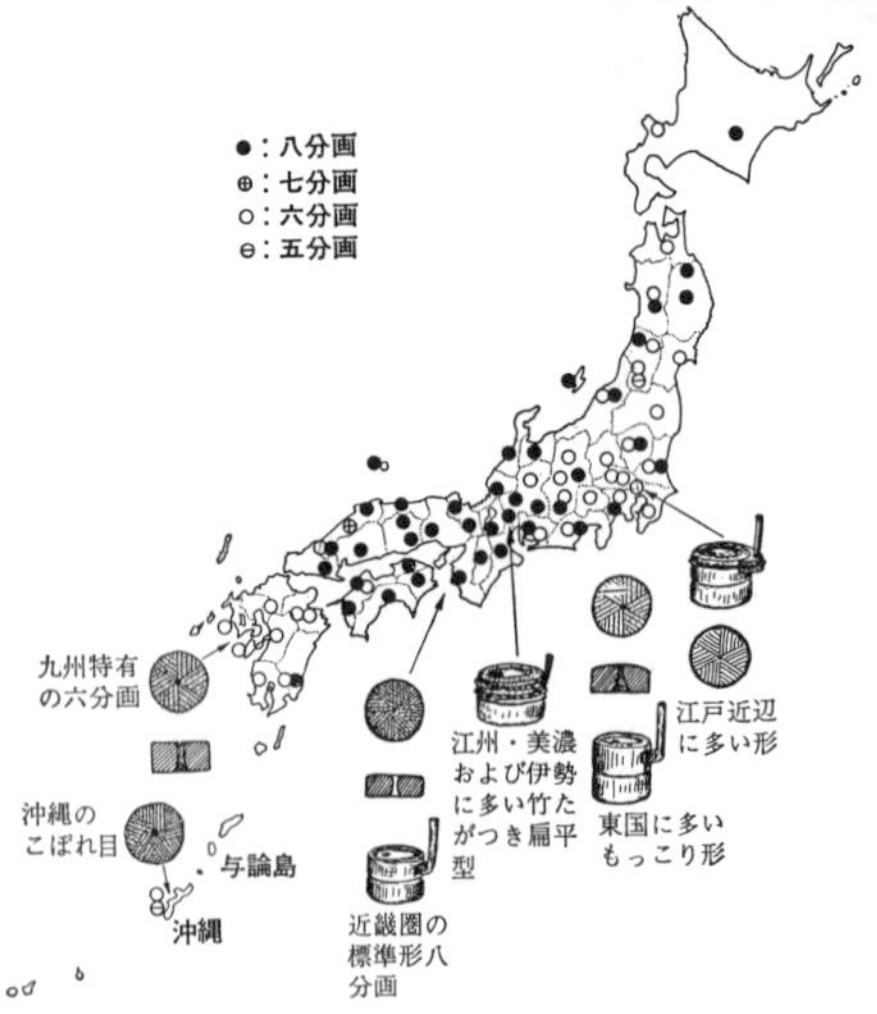


図5.9　全国の石臼分画分布

ずの二種類の石臼が混在するのはなぜか。よく調べると、石の質も形状もまちまちなのである。これはあちこちから集めてきた証拠である。茶磨は当時まだ一般庶民には普及していない道具だったから、かなり遠方の寺院などからとりよせた。その石臼は攻める軍勢に徹底的に破壊されている。敵の手にわたるのを恐れたのか、それとも侵入者が破壊したのだろうか。長野県伊那郡で発見された遺物は織田の軍勢に焼かれた跡の囲炉裏の灰の中だったという。火災で焼けていたが、ほぼ完全な形状を留めていた。

もうひとつ東京都葛飾区青戸の環状七号線の下に永遠に埋没した葛西城跡でも同様な発掘品があった。これは何の戦いかも不明だが、間違いなく同じ時代に違いない。強者どもの夢の跡を見る思いがする。キーワード「葛西城跡」で出る情報の他に出土した茶臼のほぼ完全な姿を南房総データベース(http://furusato.awa.jp/modules/dbx/?op=story&storyid=843) および (http://homepage3.nifty.com/mirandola/KasaiCastleRuin.html) で見ることができる。現在は公園として整備されているようだ。

ところで、こういう石臼遺跡が火薬工場だったと初めて言い出したのは、福島県郡山地方史研究会の会長だった田中正能氏(郡山市)であった。氏は戦時中、平塚市にあった陸軍の火薬工場にいて、石臼での炭の粉づくりに苦心した人で、その体験がこの説を迫力あるものにしている。

私がこの話を公表したところ某民放が「実験をしてみせろ」と言って来たことがある。私も実験するのは控えていたが、あまりにも相手が熱心なのでやってみることになった。硝石は簡単に粉になったが、木炭は薬研(やげん)でも粉になりにくかった。そこで愛用の宇治の茶臼で粉にすると硝石も硫黄も容易に微粉になった。ここまで来ると火を着けて見たくなる。「やってみますか」と実験用アスベスト金網の上に少量の三つの粉を混ぜて、ライターの火を近づけた。「バーン……」。私も立ち合っていたテレビタレントも目が飛び出した。その瞬間をテレビは撮影していた。そして煙硝独特の生臭い硝煙が研究室一杯に棚引いた。それだけではない。室外にも出てゆく気配だ。あいにくすぐ前には工学部長室がある。「ヤバイ」とそっと覗くと、電気が消えていて不在。その実験室は木造で、しかも重要文化財指定の建物だった。この話は極秘事項として私が大学を退職するまでは口外しなかった。その映像は放送されたが、場所は公表されなかった。今でこそ話せる秘話の一つである。

## 6　日本独特の石臼の普及過程

戦乱の時代がおわり、徳川幕藩体制が確立すると、東海の島国日本は、鎖国により外国からの影響をうけない三百年の太平が、文化の純粋培養による独自の文化を開花させた。世界一の鉄砲と火薬の技術も不要になった。ノエル・ペリンがいうように、鉄砲をすて軍縮の見本を世界に示した。このように平和の文化を培った日本が昭和になって侵略戦争に突入したのは理解し難いことだ。

ところで、戦国時代に全国に普及した石臼の技術は、百姓にとって思いがけない利用の道があった。当時は「百姓は米を食うな」と言われていた。これは私も母からそれとなしに聞いていた。米は根こそぎ年貢で取り立てられる。残るのは、屑米や蕎麦、稗、粟、黍などの雑穀である。屑米はそのままではまずいが、粉に挽いてだんごにすれば食える。団子汁のことを「とっちゃなげ」と言ったと東京都青梅で聞いたがうまい表現だ。また天明の飢饉のいい伝えに「粉にすれば何でもたべられる……」というのがある（『美濃民俗』第二三〇号「天明の飢饉」）。粉にしたら壁土も食えるとか。

杵と臼よりもはるかに粉にする能率が高い石臼の出現は百姓の飢饉への耐性を高めた。徳川幕藩体制を支えた蔭なる技術に石臼があったのである。石臼以前にももちろん雑穀を食べたが、道具はすべて杵と臼だった。石臼出現の効果は、保存性のよい乾粉が簡単に作れることである。それについて、柳田国男著『木綿以前の事』には、こう書いている。「近世の一つの顕著なる事実は、石の挽臼の使用が普及して、物を粉にする作業がいと容易となり、したごうてこれを貯蔵して常の日の「け」の食物となし得たことかと思う」。

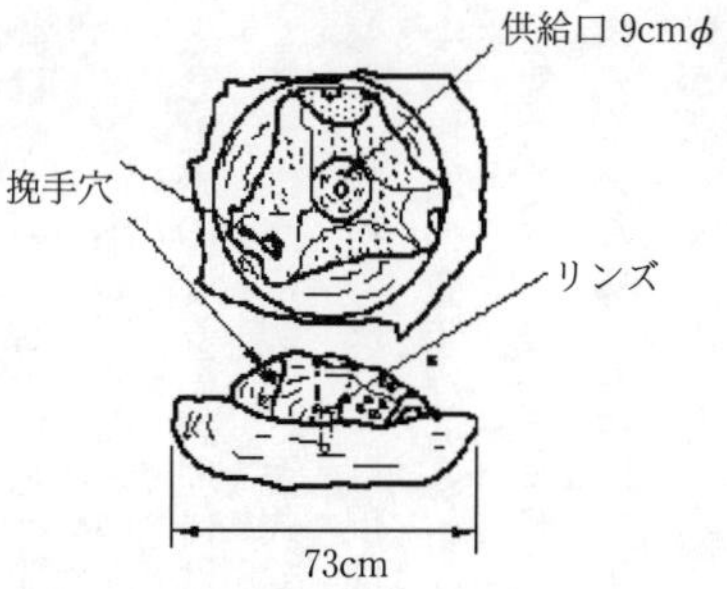

図5.10　鉱山臼の一例
(中尊寺所蔵の金山臼, 絵：野崎準)

百姓の食物にはお祭やお祝事などの「ハレ（晴）」の食物と、「ケ（褻）」つまり日常食の区別があった。石臼の普及によって、ハレの食物がケの食物に順次移行し、日本人の食生活には、まさに革命的な変化が起こったというのである。

「搗き臼で粉を造ることは、今から考えると煩わしい作業であった。シトギの如く湿った粉でよければ、水に浸して柔らかくしてもおける。黄な粉、炒粉のように、一度火にかけたものもまた砕けやすい。蕎麦などは押し潰せるからこれもまだ始末がよい。生米、生小麦を粉にして貯え、入用のときに出して使うということは、挽臼なき時代にはほとんど望み難かった。したがって、いわゆるときどきの好みの調理には、かなり女たちの長い骨折りな準備を要したのである」。

このように柳田は湿式ではなく、直ちに使用できる乾粉の出現が、食革命のポイントであると指摘した。乾粉の便利さは現代のインスタント食品やコーヒーを見れば理解できる。インスタントコーヒーが日本の発明なのも頷ける。一八九九年に、加藤サトリ博士によって発明された。(http://homepage2.nifty.com/komaetokyo/subculture/niponsub/hajimari.htm)。江戸時代になると、石臼の材料を木に変えた籾すり専用の木摺臼や土臼が発達して、それまで搗き臼のみであったころに較べて、生産性が著しく向上した。木摺臼は中国にはないようで、これも日本独自の発明らしい。

## 7　石臼文化圏——六分画と八分画の地方性

私は、一九七〇年代に石臼を追って日本中を歩きまわった。日本の生活様式がいわゆる高度成長で大きく変貌しつつあった頃である。まだ田舎では、石臼が庭先に放り出され始めた時期だった。臼についての記憶をもったひとたちも多かった。それを『石臼の謎』(クオリ刊、一九九四年)という著書にまとめたが、いまでは、その本に掲載した写真の人物はほとんど亡き人になった。こうして日本列島全体にわたって調査してわかったことは、まず第一に八分画圏と六分画圏の存在であった。そこで従来にはなかった分画という新造語を導入することにした。近畿圏の八分画、関東および九州の六分画は、じつに明瞭な分布を示した。くわしくは、複雑に入り組んでいるが、基本となる八と六の交流の結果であって、それぞれ理由があった（『民具マンスリー』第一号、八〇九―八一六、一九七五年）。混在している例もあるが、興味深いのは白山麓にある福井県の白峰村であった。福井は東海北陸の影響で六と八があきらかに混在していた。現地を調べたところ、この地は天領だったので、江戸から来た関東の石工が伝えたものらしい。このほかにも、形態や挽き手のつけ方などに特徴があって、地方性が明瞭であった。石臼のお嫁入りといって、たとえば、四国・高知の臼が、江戸にあったり、信州の臼が、織姫について江州（近江）に来ていたりするのも、必ず理由があり、確認できた。また石工の移動はその他の石造物（石碑、墓石、仏像、地蔵像など）と関係していた。ことに信濃の高遠石工の移動探訪は興味深かった。

しかし私が調べはじめた頃、学生が言ったことがあった。「先生は名神高速道路で張っていたらいいですよ、大型トラックで四国の石臼が東京方面へ運ばれていますよ」という。庭師が石臼を使うのだ。確かに私も四国で倉庫に山と積まれた石臼に何度も出会った。しかしそれらは上石と下石が対になっていず、学術資料としては意味のないものだった。韓国から五〇組買い込んだが、売れない。どうかならないかという相談も受けた。その頃韓国の石臼は庭の蹲（つくばい）に丁度よいので利用されたようだ。当時韓国の新聞に韓国の文化財流出として輸出禁止になったという現地の新聞記事を留学生が見せてくれたことがあった。それからかなり後のことになるが、一九九八年にソウルを訪問したときには、もっとすごい光景を目にすることになった。ソウルの長い骨董屋街に城壁かと見紛う石臼の勢揃い。全部日本向けです、と。一年後そこへ行った友人はそれがすべて姿を消していたという。ところがそれが日本へ来たのかどうかは確認していない。現在では庭石になった石臼の故郷は知るすべもない。

石臼の研究は、日本の地方文化のながれを追うことでもあった。方言、風習、植物、その他各種の地方性研究結果と実によく一致したのである。石臼の材料は花崗岩、砂岩、溶結凝灰岩、安山岩などである。しかし、そのような岩石名は地学で岩石の成因を考えるにはよいが、石臼を考えるには適当ではない。それはたとえば人の個性を問題にしたいのに、この動物は、人類か、それとも猿かと論じているようなものである。地方によって、同じ花崗岩でも性質が違う。同じ山でも採掘場所によって大きく変わる。地方名のついた石材名、たとえば京都の白川石、滋賀の曲谷石(まがたにいし)、三重の石榑石(いしぐれいし)、岡山の万成石(まんなりいし)、四国の撫養石(むやいし)、東京都五日市の伊奈石など無数のバリエーションがあった。なお伊奈石については その丁場（石取り場）が開発により失われるため調査グループが誕生して詳しい報告書が作られている。

## 8 鉱山臼——隠し金山の謎

石臼にはもうひとつ別なルートがあったようだ。鉱山技術である。現代は北海道などで砂金掘りが遊びとしてゆり板などをつかう世界砂金掘大会も行われているが、すでに取り尽くされていてとても採算がとれる状態ではない。奈良・平安時代を経て戦国時代になると砂金が簡単に集められる川がなくなって、山師たちは次第に川をさかのぼって、砂金のルーツ、金の鉱山を発見した。これには自然物の単なる採集ではなく、人間がとりだす粉の技術を必要とした。そのひとつの例が新潟県岩船郡朝日村にあった。探検好きの貝沼英雄氏（朝日村教育委員会勤務）の案内で、私も訪ねてみた。上杉謙信の隠し金山と伝えられる鳴海金山跡である。最近まで、誰もそこには近づかなかった。「目をわずらう」と言い伝えられていたからである。金山であることを秘密にする手段だったのであろう。

かつては村から徒歩で山まで到着するのに、丸一日かかったという山奥だ。最近林道の自動車道が完成して車で行ける。狸穴とよばれる狭い入口から中へはいると、洞穴は縦横にのび、あるものは山を貫通しているという。金は岩の割れ目の粘土分にわずかに含まれていた。岩を砕き、さらに水を流しながら、石臼で細かく砕く。洞穴の奥深くに石臼多数が設置されていた。壁や天井一面に松明（たいまつ）を焚いた煤が付着していた。鬼気迫るこの坑道に秘密の選鉱場があったのである。このような昔の金山は武田信玄の支配地など各地にも知られているが、全貌はわかっていない。後世にもたびたび山師たちが入山しているので、どこまでが古い時代なのか知るよしもない。

ところで、これらの鉱山跡から発見される石臼は普通の粉挽き臼とはまったくちがっている。ここは上杉謙信のマル秘鉱山跡だった。水挽きであるから、硬い石英質の石を利用し、目がない臼による完全な磨砕である。この石がどこから来たかも不明だ。この時拾った石臼片は網野町の鳴き砂文化館で保管している。上石の中央には供給口があって、軸受の金物をとりつけた跡がある。このように中央に供給口があり、そこに軸受をつける方式は、先に示した西洋のリンズ方式である。鉱山技術を伝えたのが宣教師だったことと関係があるのであろう。武田信玄の金山については（http://www1.ttcn.ne.jp/~chikyuh-kotabi/nakayama.htm）が入口になる。

日本全国の金属鉱山の一覧には金属鉱山研究会のＨＰがある。それぞれの鉱山の入口へ行った気がする。（http://www.ne.jp/asahi/mining/japan/index.html）や（http://www6.airnet.ne.jp/~mura/mine/index.html）がある。今は廃鉱になった鉱山の入口に立つと、本当に目の前に現地があるような錯覚に陥る。ぜひ読者も試していただきたい。

## 9　白粉と口紅

古代から現代まで、色粉抜きで日本の色は演出できない。化粧の本によると顔に白粉（おしろい）や紅などを塗って美しく見せることを化粧といい、転じて、ものの外観を美しく飾ることをいうとある。化粧は人体にかかわるもののほか、建物や道具など、人間が生活する場にたくさん見られる。人間はなぜ化粧するのか。心理学の本を読むと、化粧は、平常とは違った気持、つまりある種の異常心理をつくることだとある。心理的条件設定である。なにか人のまえで、人とは変わったことをやろうとするとき、人は化粧によって心理的条件設定をする。俗な言い方だが、「カッコウをつける」のだ。お坊さんは黒い法衣（はっぴ）にきれいな袈裟（けさ）をつけ、ガードマンは警官のイミテーションで、お医者さんや看護士は白衣でと、それぞれの衣装をつける。普段着にかえたら普通の人である。私が大学へ普段着で演壇に立ったら学生たちがとまどった。「なにがおかしいか」と言うと「やっぱりおかしい」と。それ以来私も講演にはスーツ姿に変えた。

あるいは、誇りを保つひとつの手段だともいえよう。人間にとって誇りを保つことは、ときに食欲を充たすことに勝り、場合によっては命をかけることも辞さない。古代人が顔や体に赤や白の土を塗りたくって、お祭をしたり、呪術者が特別な化粧をしたのもそれであった。科学以前の社会では、呪術（じゅじゅつ）や宗教の意義は、現在では想像もつかない重要性があったから、色をもとめて、たいへんな努力がなされたにちがいない。

古来、日本では赤と白の対照が鮮やかである。平家と源氏の赤旗白旗、運動会の赤勝て白勝て、白地に赤い日の丸、口紅と白粉（おしろい）、お祝の紅白、紅白歌合戦と、数えれば実にたくさん赤と白を利用している。そして奇しくも七〇年代に出現した赤ヘル白ヘルは、もっとも日本的だった。現代日本のオフィスのハンコも白い紙に赤だ。

市毛勲著『新版朱の考古学』（雄山閣出版、一九九八年）という本は参考になる。この朱肉も、今はスポンジにつけた安物が多くなったが、たいせつなお金や信用を、ハンコにこめるのだから、朱肉くらいは本物を使いたいものだ。本物となるとグラムうん千円、繊維は良質のモグサに種油で練った朱つまり、硫化水銀である。ときどき練って、中高にもりあげておくものだという。ハンコでつついて、へこんでいるようでは、金も信用もぱっとしない。いまどき水銀といえば神経をとがらせるが、弁当箱やお箸などの食器の朱漆は大部分が硫化水銀だった。無機水銀は、有機水銀のようではないが、毒物には違いない。赤色顔料は最近ではほとんど有機顔料に変わったので、日光にさらすと変色する。京都の修学旅行の思い出に、平安神宮の赤い大鳥居が印象に残っている人も多いことだろう。平安神宮は全般に赤が多いが、本当の丹塗つまり水銀朱は拝殿だけと聞く。

古代中国の書『魏志倭人伝』に、「倭人は朱丹をもってその身体に塗る。中国の粉を用うるが如きなり」とある。赤は日の出の色、夕日の色、火と血の色だから、その色合をだすのに苦心した。深紅は色合により、荘厳、恐怖、権威を象徴した。楊貴妃やクレオパトラも口紅に水銀朱を使ったから短命だったという。王様は不老長寿の薬にも使った。おおらかな時代の話である。古墳の中には鉄朱とともに水銀朱が塗られている。さいきんでは藤の木古墳の朱塗りの石棺が有名だった。古墳の内装に使ったのは死者復活の願いをこめたと同時に防腐効果の利用であった。

古代の赤色顔料は朱砂（しゅしゃ）（水銀朱、硫化水銀、辰砂（しんしゃ）、朱砂）、鉛丹（光明月、赤鉛、赤色酸化鉛）、ベンガラ（弁柄、紅柄、鉄朱、鉄骨、酸化鉄）の三種だった。なかでも朱砂は貴重視され、殊に中国・湖南省の朱砂が知られていた。古墳から副葬品として、朱をつくるための独特の臼が出土することがある。天然朱つまり天然に産する朱砂またはベンガラを微粉砕することによって作った。古くは中国から輸入したが、次第に国産化されるようになった。『続日本紀』（七九七年）によると、文武天皇の二年（六九八年）には伊勢、常陸、備前、伊予、日向から朱砂が献上されたとある。神社、仏閣の丹塗に大量に使われるようになった。朱砂は水銀製造原料でもあり、金の精錬には欠くことのできない副原料だった。

奈良の大仏にも莫大な水銀を使ったことは、よく知られていることだ。その産地は次第に富と権力が利用する地域になったであろうことは想像に難くない。しかしその製造はどのように行われたか。どんな石臼が使われたかはよくわかっていない。毒性の強い物質を扱った人々の苦難についても歴史の闇に葬られている。粉砕した鉱石は水流を利用した粒揃えの方法（水簸、淘汰、分級）が必要だった。有名な飛鳥の酒船石は朱砂の水簸装置ではなかろうかという有力な説がある。私も実測してみてその説に賛成したくなった。あの角度をなす溝は日時計であり、水簸時間を正確にコントロールしたと考えてはいかがであろうか。

『朱の考古学』には従来の研究が集約されており、非常に多くの人々によって古代水銀鉱山の探求が行われた。水俣病問題のとき土に含まれた水銀分析の全国的調査が行われたデータも参考になる。とくに「丹生（にう）」という地名が全国に数百箇所もあり、それが水銀鉱山に関係していること、およびその分布が特定地域に偏在しており、とくに弘法大師と縁がふかいのも興味深い（http://kobodaishi.xrea.jp/kobodaishi1.html および http://www.kamnavi.net/ny/nyutu.htm）。私が石臼調査で実見した例では岐阜県揖斐（いび）郡徳山村に戸入門入という地名があり、これは丹生だという。実際にも近くに垂直坑道をもつ水銀鉱山があり、弘法穴があった（しかしこの地はダムに水没した）。また福井県の遠敷郡が「Onyu：おにゅう」と呼ぶなど、いまはさびれているが昔は栄えた地方であったことを考えるのは興味が尽きない。難解地名の最たるものの一つとされてきた。

## 10　ベンガラ

赤色を演出するもうひとつの主役に、ベンガラ（弁柄）があった。鉄の鉱山で、真赤な粉が付着した石を見つけることがある。鉄の錆から連想する赤とはおよそ違う、毒性がなくて美しい色である。古代にはこれを集めたが、やがてその工業的製法が発達した。ベンガラの高級品は有田焼、伊万里の柿右衛門の赤色に、また漆では輪島塗などの朱漆、堆朱に朱砂とともに珍重された。また町屋のベンガラ格子の塗料もこれであった。ベンガラ格子は、関西方面、とくに関ヶ原以西に多かった（例外として金沢、名古屋、仙台にも多少あった）。格子ばかりでなく、室内の塗装にも使った。武士や貴族の家には使わず商家に使うには訳があった。町人が高級な材木をつかうのは禁じられていたので、ベンガラを塗ってごまかした。町人の意地である。田舎では金持の家につかった。京都の祇園一力茶屋の豪華な柱や室内、床の間の漆はベンガラと炭の粉を種油で練って黒色を出している。その他、マッチの摩擦面、船底塗料、レンズ磨き（研磨材）などたくさんの用途があった。たとえば藍染の下染につかうと優に百年も退色しないという。沖縄の首里城の赤もベンガラである（http://www3.coara.or.jp/~primrose/benrala1.html「ベンガラに魅せられて」はベンガラの色にこだわったサイトで国内各地のベンガラを紹介していて一見の価値がある）。

吹屋ベンガラ（http://www2a.biglobe.ne.jp/~marusan/phfukiy1.htm）

赤色顔料として、宝永四年（一七〇七年）吹屋で開発され、硫酸鉄を原料として、安永六年（一七七七年）から工業化し、早川代官の指導で株仲間を組織し、明治産業復興の波にのり、特産地として長い間繁栄を続けた。岡山県川上郡成羽町吹屋（ふきや）にあった。昭和三十年代に生産を中止し、今は遺跡として保存されている。まだ遺跡指定されて整備されていない頃訪ねた私は、ちょうどその時代に、新入社員として、これとそっくりの工場へ就職して働いた経験があったので、タイムカプセルに入った感慨だった。種々の生産設備もさることながら、休憩室、風呂場、そこに落ちていた木製の物差し（スケール）まで、すでに忘れ去っていた高度成長期以前の日本の生活の匂いがそこにあった。工場の生活遺跡だ。現代に先だつ時代の生産方式の典型をここに見ることができた。

硫化鉄鉱石を五センチ角ぐらいに手割りして、山の傾斜に高さ三メートル、幅六メートル、長さ二〇メートルに山積みする。薪と鉱石を交互に積み、三〇日から五〇日焼く。次にできたものを竹ざるに入れて水で浸出し、上澄みを煮詰める。晶出した結晶をローハという。残りは再度積み上げて繰り返し焼く。亜硫酸ガスで山は枯れ、川には硫酸が流れた。現代では想像もつかぬおそろしい光景だが、のどかな時代の話である。ローハは焙烙（ほいろ）に入れて焼いた後、これをカラウス、のちにはスタンプミルで粉砕、さらに石臼で微粉砕する。次に粒揃えと酸抜きを目的とした水簸を行い、天日乾燥する。この技術は現代のフェライトすなわち、磁気記憶テープなど現代情報産業の故郷である。最近（二〇〇四年）のNHKの取材によると、観光向け町おこしでかなり整備されたらしい。

## 11　人肌色を演出した粉——胡粉

おもしろいことに赤い色の原料である水銀と鉛は、白粉の原料でもあった。どちらも毒であることは環境問題が厳しい現在では常識である。御所白粉、伊勢白粉と人肌色を演出する粉はハラヤとも呼ばれて、水銀が原料だったし、京白粉は鉛だった。毒ゆえにシラミとり（駆虫剤）にも使われた。花魁の薄命の主要原因でもあった。ちなみに現在の白粉は、酸化チタンである。それにくらべると、人形の化粧は、薬効成分のある胡粉であったのは不思議である。胡粉の原料は天然牡蠣である。昔の人形の胡粉が作りだす人肌色は、誰でも言い知れぬ魅力を感じることができた。水に膠を溶かし、胡粉を分散させる。それを静置すると、粗い粒子から先に沈んでゆくので、上澄みを筆につけて一〇〜二〇回も繰り返し塗る。その結果、表面ほど細かい粒子になる。乾くにつれて、胡粉の細かい粒子間の液体は少なくなるが、このとき、液体の表面張力による大きい吸引力が働く。それが固まる原因である。最後に残った膠の微妙な弾力が肌ざわりをつくっている。

胡粉にはもう一つおもしろい性質がある。どろどろのものを塗るので、塗ったものが、だらりとたれては具合が悪い。たれることを職人用語で「へたる」という。ところが、胡粉は筆を動かしている間だけ自由に動くが、筆をとめると動かなくなる。このような性質のことを、フロインドリッヒ Freundlich（1880-1941）の命名（一九二八年）にしたがって、チキソトロピー（thixotropy）といい、塗料に一般的に要求される特性である。御所人形の、たとえば眉おきあげ手法とよばれるのはそれである。

昔は関西では生駒山麓や江戸にも胡粉工場があったが、現在では胡粉製造工場は宇治市の私の家の近くにある中川胡粉絵具製造株式会社だけになった。

現代の化粧品の正体

参考のために最後に現代の化粧品について付言しておく。すべて粉である。

メークアップ化粧品の顔料ファンデーション（酸化鉄、酸化チタン、タルク、雲母有機顔料）

アイシャドウ、頬紅、アイライナー（酸化鉄、群青、雲母、タルク）

口紅（有機顔料、酸化鉄、酸化チタン）

白粉（おしろい）、打粉（うちこ）（タルク、雲母、酸化チタン）

肌色を出す重要な顔料は酸化鉄で、これが入っていない化粧品はないとさえいわれる。酸化チタンは〇・二〜〇・三ミクロン、あるいは〇・〇三〜〇・〇八ミクロンという細かさだ。のびには、ナイロンパウダー、シリカパウダー、セルローズパウダー、いずれも球状でローリング効果という。まさに粉飾の極みである。

## 12 蒔絵

ジャパン。英和辞典でjapanをひくと「漆」と出る。Jを大文字で書けば「日本」。発音では大文字の区別ができない。私は高級な漆のネクタイピンを、おみやげにアメリカへもってゆき、漆について何も知らぬ連中に、その価値の高さを説明しようとして苦労した覚えがある。英英辞典を持ち出して説明した。漆が世界最高級のラッカーであることを、松田権六著『うるしの話』（岩波新書）を参考に詳しく講義したら、やっとわかって、彼らはjapanを自慢して歩くようになった。

わが国における漆の使用は九〇〇〇年まえの縄文時代から始まると言い、木製食器に塗るようになった。数千年間も泥水に浸っていた遺物が、漆の部分だけは少しも腐らずに出土する。その耐蝕性は抜群、現在のどんな化学塗料も及ばない。ガラスはフッ化水素に侵されるが、漆は侵されないから、模様ガラス製造に利用される。また化学工場の腐蝕性化学薬品容器には絶好の内装塗料として使われている。

この不思議な日本の伝統塗料を勉強しようと、木曾・平沢の漆器工場を訪ねたときのこと。あいにく梅雨どきのどしゃぶりだった。「こんな日には漆がよく乾くんで忙しいんですよ。」洗濯物が乾くのは水分の蒸発だから湿度が高いと乾かないが、漆は冬に一晩かかるところを、梅雨どきには二、三十分で乾く。液体の漆に含まれているラッカーゼが触媒となり、主成分ウルシオールが酸化して硬化する。湿分が多いほど酸化作用が促進され乾きが速いのである。

数ある漆工芸品のなかでも蒔絵（まきえ）は白眉、そして京都は本場。昭和五一年度京都伝統産業優秀技術者の表彰を受けた京蒔絵師・富永幸生氏を訪ね、そこで伝統産業の成立条件について考える機会を得た。蒔絵コミュニティともいうべき職人集団の存在である。一人の蒔絵師を支えるには、漆掻取職人、漆精製職人、木地師、砥粉職人、塗師、そして道具や材料の和紙、刷毛、筆、椿炭、種子油、角粉（鹿の角を焼いて製した磨き粉）、金銀粉、色粉、螺鈿細工などを供給する職人が必要になる。金粉師の伝統をついでいる彦根の外海（とのがい）金太郎さんの金粉は京蒔絵に欠かせない。氏によると、まず地金を鑢（やすり）でおろし、これを細かい鑢目のある盤上に散布し、鑢目のある金槌で静かに摩擦しながら微粉にする。次にこれを磨いた鋼板上に散布し、その上に鋼線を三、四本配列して、鏝（こて）で針金を転がすと、粉が平らにのびる。そして、さいごには、指先でたんねんにのばす。信じられないが本当にそうなのだ。外海氏の粉を電子顕微鏡でみると、一個一個の粒子が均等にうすく伸び、しかも美しい輝きをもっていた。金粉など工業製品がとって代わりそうに思っていた私は、この粉をみて驚嘆し、機械技術が侵しえない聖域を学ぶことができた。

ところで蒔絵は漆で文様を描き、それが乾かぬうちに金、銀、錫、色粉などを蒔く。この粉の散布に使う独特の道具に「粉筒」がある。工学用語でいえば微粉体流量制御式振動微量分散供給器であろうか。直径一センチくらいの節のない竹や、鶴の大羽根の軸を斜めに切り、切口に紗（しゃ）の裂（きれ）を張る。京都ではお坊さんの衣の切れはしをつかった。粗いものから細かいものまで幾種類か用意する。これに粉末を入れ、傾斜させて片手にもち、どれか一本の指を適度に振動させて散布する。振動させる指を、中指、薬指、小指と変えて飛ぶ方向を変え、紗の裂の面の向きをかえて出る量を加減する。山水の遠景と近景、霞などを鮮やかに描きこなす蒔絵師の手は、まさに人間技の極致。蒔いた金粉は透明漆（梨子地漆）で塗り固めてから研ぎ出しにかかる。椿炭や角粉で研ぎ出すと美しい金色が出る。金粉粒子の厚みの半分まで研ぎ出し最大面積にするのが原則。それ以上つづけると研ぎ破るが、これも年期を要するところ。省力化、大量生産型工業化社会のなかに、労働集約型、高度の人間技術が共存する意味について、ふと次の一文を思い出した。

生態学の一般則「生物群集の非常に特徴的でしかも一貫した特色は、大型で圧倒的多数を占める優先種と、小型で数少ない稀少種が併存し、生態系の条件変化に応じて、ときにその地位が逆転することである」。

# 第6章　日本の食文化の伝統

調理は扱う物が食べ物であるだけで、粉体プロセスそのものだから主婦は扱うものと道具こそ違うが皆粉体工学実験者で、私と同類である。最近の、日本の食生活は大きく変貌した。伝統食品についても、調理用具とともに、材料も大部分が国産から外国産に変わった。食品の調理加工も工業化し、加工食品に依存する度合が増した。流通システムもスーパーなどの出現で大きな変貌を遂げた。家庭では「電子レンジでチン」で象徴される調理方法の大変化があった。

しかし、便利になった半面、失ったものもまた大きい。伝統食品の多くが家庭からも外食からも実質的に消え去り、名前だけ残ったものも数多い。主食のご飯さえも、自動炊飯器や電子ジャーの出現で、うまい御飯にはなかなかありつけない。これにまずい豆腐の味噌汁が出てくるとなれば、食事はいっそのこと洋定食にするかということになる。

食生活は慣れであるから、これでいいのだという意見もあるが、そこには採算を勘定に入れた、開き直りが含まれている。二〇〇〇年に入ってテレビで食の番組が多くなった。そして日本の伝統食品の優れた点を、詳しく報道される傾向にあるのはうれしい動きだ。世の中の人々みんなＮＨＫも民放も本来、食いしん坊なのだ。

どこかに伝統が保存され、日常食からは退いても、特別食または珍しい食品として、残りつづけて欲しいものである。よくぞ残っていたものだと感心することも多い。その場合、難しいのは材料と道具の伝統をどうするかである。たとえば同じ大豆でも、外国産の多収穫品種では、伝統の豆腐の味は出ない。そばも、うどんもしかりである。

また、道具の中でも食物の本質を左右する粉砕用具の変化は想像以上に大きな影響を及ぼしている。何でも粉にすればよいと考えるのは、粉にすれば何でも食えるという古来の考えの延長である。道具が変われば粉も変わる。ところが、粉の物性は測定しにくいことが多い。化学分析のように明確なデータになりにくい。「どうもフワッとした粉にならないが、なぜか」といった話をよく聞く。これは一応嵩(かさ)密度の測定値に現われる。しかし、化学分析に変化はないし、どうすればという答えには直ちに結びつかない。工業化する場合には必ず機械化が伴うが、その場合、性急に高能率を追求するために、何かが犠牲になる。機械の都合に合わせてものを造る。後でいくつか例をあげて説明するが、中途半端あるいは安易な機械化により、大切な伝統の味を消滅させてしまった例が多い。まがいものを子孫に伝えるのではなく、本物を残すことが、食物にまつわる歴史と文化の伝統を受け継ぐ現代人の任務である。

## 1　擂鉢が作り出した食文化

　最近の家庭から、擂鉢が消えた。あっても非常に小型化し、本来の機能を発揮できるかどうか、疑問のものが多い。調理済の食品が圧倒的で、使わなくてもよくなった。本来、擂鉢と擂粉木は、搗き臼と杵のミニチュアまたはポータブル型である。中国で発達し、鎌倉時代に石臼や茶磨とともに伝来したが、上流階級に限られていた。当時の擂鉢は四本の先端をもつ櫛目で、底から上縁にむかって条溝をつくったもので、筋が少なかった。当時はロクロで作られ、安定してガタつくようなことがなかった。しっかりした、非常に頑丈なものだった。しかし底の部分が厚いために焼成中に割れることが多く、収率は三つに一つだったという。江戸時代末、備前で鋳込みに変わり、大量生産が利くようになって一般に普及したといわれている。現在に残る溝の数が多いものである。二〇〇三年ころ岸和田市に西念陶器研究所が出来て、擂鉢専門の資料室だけでなく、その料理とともに保存しようとしているのはうれしいことだと思う。擂鉢と擂粉木がつくり出す調理は実に多様多彩で、味噌汁、味噌和え、胡麻味噌、芋汁、白和え、そのほか諸々の料理がつくられた。変わったところでは、東北地方の甚太餅がある。枝豆のシーズンにつくる。豆の緑あざやかで、これをつきたての餅にまぶして食べる。

　擂鉢の使いかたも、複雑である。単なるかきまぜ容器のこともあるが、複合操作のことが多い。とろろを作るとき、おろしただけではざらつくが、擂鉢で擂るとなめらかになる。また、味噌の中でも

図6.1　味噌田楽屋（「北斎漫画」より）

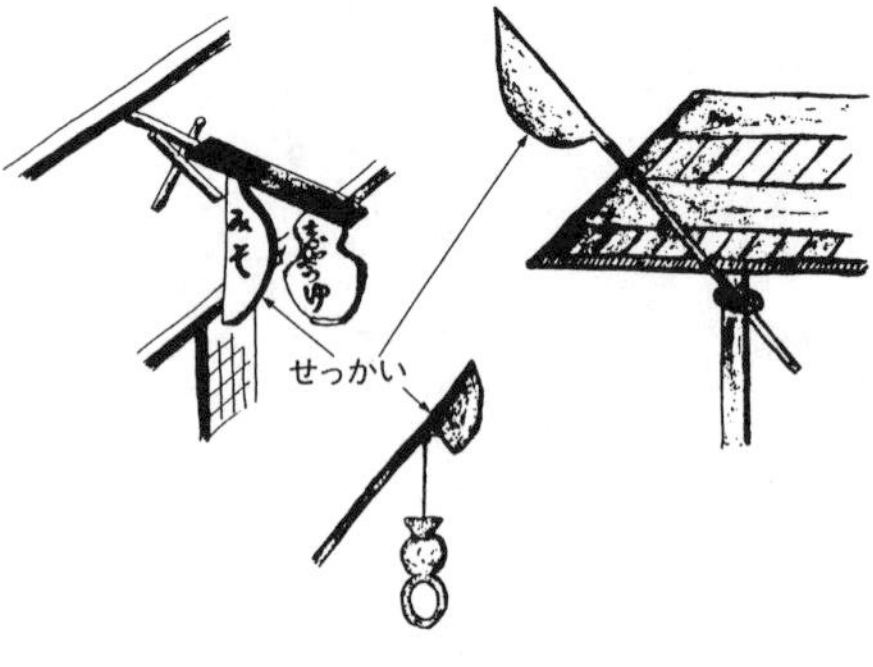


図6.2　せっかいはセットで使うものだった（江戸時代の味噌屋の看板）

図6.3　擂鉢，擂粉木，切匙の三点セット

豆味噌はかたい。これは、まず、つついて砕き、練る操作が要る。これを「かたねり」という。工業的操作では「捏和（ねっか）」である。これに十分時間をかけてから、つぎに少しずつ水を加えて薄めてゆく。最後は分散操作である。湿った粉扱いの常道であり、こういうことも常識だったが、最近では工学として教えなければならない時代になった。

## 2　忘れられた「せっかい」

ところで「せっかい（狭匙、切匙）」という道具をご存じだろうか。しゃもじを二つ割りにした形をしている。よけいな世話をやくのを「お節介（せっかい）」というのはこの道具に由来する。擂粉木に粘りついたものは直線部分で、内部は曲線部分でかき落す。均一に摺（す）るための道具である。最後に溝の中を先端でかき落とせば無駄がない。鉢からかきだすにも便利である。これなしでは、うまく使えないのに、なぜか明治頃から次第に家庭から消滅した。本来古くなった杓文字（しゃもじ）を半分に割って自作するものだった。さいきん狭匙らしきものをスーパーで見ることがあるが、あの形じゃ使えそうもないようなものが多い。

ここで、擂粉木、擂鉢に関する話題を紹介しよう。名文の紹介である。名古屋藩士で俳人の横井也有（やゆう）著『鶉衣（うずらごろも）』（天明六年）に「摺り鉢伝」がある。（http://www.geocities.jp/haikunomori/yayu/books.html）に也有の紹介文あり。

「備前の国に、ひとりの少女(おとめ)あり。あまざかるいなかの生れながら、姿は名高き富士の俤(おもかげ)にかよひて、片山里に朽ちはてん身を、うき物にや思ひそみけん。馬舟の便につけて遠く都の市中に出で……」と立板に水をながしたような名文がつづく。人の世の哀歓と変転を、おもしろおかしく、そして巧みに、これでもかとばかりに徹底的に追求し、擂り鉢に託して語る。その最後は、涙の物語。「猶五月雨(なおさみだれ)の折折は、雨もりの役につらなれば、いとど長門(ちょうもん)の涙かわく隙なく……遂に橋づめの塵塚によごれふし、果はさがなき童べのままごとに砕かれ、行方もしらぬ闇の夜のつぶてとはなりにけるとぞ」。こんな古文を中学用国語あたりに使ったらと思う。電動ミキサーでは、とてもこのような人生文学は出てこない。

韓国には唐芥子(とうがらし)用の擂鉢がある。目が粗くて臼の目と同じく八分画である。これで挽く新鮮な唐芥子の味と香りがすばらしかったので、買ってきた。帰国時の韓国税関で機内持ちこみ手荷物検査のとき、「どうしてこんなもの?」と質問された。割れば凶器にもなりかねないからであろうか。「ここに二千年の歴史が刻まれているから」とこたえ、ウスの目の講釈を一席やってOKが出た。好奇心に満ちた税関吏は「またいらっしゃい」と笑顔で手を振った。

## 3　胡麻の味

胡麻はナイル川流域のサバンナ地帯で、紀元前五〇〇〇年にすでに盛んに栽培されていたという。古代エジプトでは、胡麻油をミイラの防腐剤としても使っており、胡麻には抗酸化作用の働きがあることを当時の人はすでに知っていた。エジプト文明を経て世界に広まり、メソポタミア文明では胡麻の効能に注目が集まり、インダス文明では医学治療に胡麻油が用いられた。インド経由でシルクロードを経て東洋に伝わり、古代中国では胡麻は不老不死の薬だった。万病を防ぎ、生命力を高める食品として貴ばれていた。クレオパトラは化粧品として使っていたともいわれている。わが国では千年ほどまえ（延長年間、九二三―九三一）の記録がある。

家庭では、洗い胡麻を買って、擂鉢で擂るのが一番である。生の胡麻を焙烙（ほうろく）に入れて火にかけ、かきまぜて三粒はねたらＯＫ。こった料理用には奉書紙を遠火にかざして焦がさぬ程度。この炒るときの香りがすばらしい。これを工場で捨ててしまうのはいかにも惜しい。洗い胡麻は生きているから、これを、炒ってすぐに擂って食べるのが当然。生け簀（す）料理と同じだ。炒り胡麻として売られているものは、長時間放置した焼死体だ。うまい筈がない。

ものぐさの現代人向きに、安価な電動胡麻擂り機なるものもあるが、所詮おもちゃ以上のものではない。値段の都合にあわせて作った中途半端な機械だから、目が詰らないよう不十分な擂りかたで止めてある。ほんの少量ずつ擂るには百貨店の文具売場にある絵具用の乳鉢が便利だ。乳鉢は旧石器時代以来の石器から磁器に変わった万能の道具である。私はダイヤモンド工具を利用して直径約一〇センチのミニチュアの挽き臼を作ったが（図6・4）、性能は抜群だ。

ごま（胡麻）は昔から「万能食餌」と呼ばれ、延命長寿、強壮補精、便秘解消など、さまざまの効能が知られてきた。また調理に胡麻をうまく使えば、どんな食べものでも旨くなる。筆者の祖父にあたる人は、生まれつき、魚類が嫌いだったので、煮干や鰹の出汁を使えず、すべて胡麻味だったという。それがまたとてもおいしかったと母が語ってくれた。同志社大学の近くの閑臥庵で、尼さんが万福寺の精進料理をはじめて話題になっていた。それがまさに胡麻味の極致だった。鰻の蒲焼だの、蒲鉾など、「あれ、これが精進料理？」と思うが、材料にはまったく生臭いものは使っていない。それでいて本物そっくりだ。食べてしまってから、「ほんとに肉や魚は使っていないの」といいたくなるほどだ。「誤魔化し」は「胡麻化し」に通ずるというが、よい意味でここまで誤魔化されるのは、すばらしい。閑臥庵は美味のうえに美人の尼さんとあって、大繁昌だった。男子禁制ではないが、女性客が多かった。一週間ほど前から予約する必要があった。材料の調達と煮込みに日数がかかるためであった。

　ところがあるとき行ったら、すっかり味が変わっていた。後味がわるく、とにかくくどい味だった。多分古くなった（酸化した）胡麻を使ったのだろう。たまたま悪い日に行ったのかも知れないが、それに懲りて行かなくなった。後日談は知らない。Ｗｅｂで検索できる。

　たかが胡麻と思うが、集中大量生産ともなれば大変である。現代の日本では国産胡麻はゼロに近いから、黒胡麻は中国、インドネシア、タイなど、白胡麻は、アフリカのタンザニアあたりから船で運ばれてくる。嵩ばるから輸送も厄介だが、その精選にも特別な技術が要る。粗いごみをまずふるいで除去してから、丸目、つぎに長目のふるいにかける。形状選別である。なぜこんな難しいことが必要

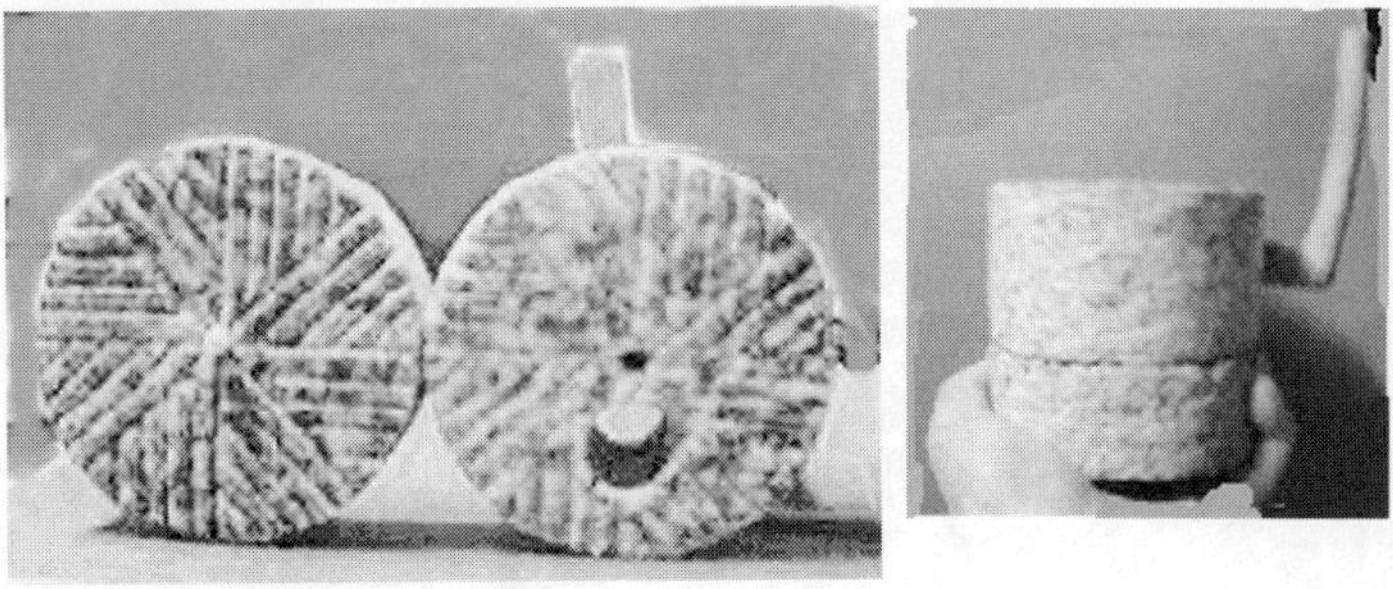

図6.4　ミニ石臼で胡麻を擂る

なのか。実は胡麻とそっくりな昆虫の糞の完全除去のためである。つぎに水洗いし、乾燥したのが洗い胡麻である。これを回転ドラム式の大きい胡麻炒り機械にかけて炒り胡麻になる。

もっとものぐさな人のためには摺り胡麻もある。生産の八〇パーセントが摺り胡麻というから驚く。これがものぐさ人工比を示している。古くなった胡麻は油の酸化が味を落とし、そのとき、くどいと感じるのは人間の拒絶反応である。体のことを思うなら食べないほうがよいが、不思議なことに、これが自然食品売場に出ている。

では本物の石臼で胡麻を擂ったらどうなるか。当然、目が油でつまって、どうしようもない。そこで私はひと工夫して、石臼の花崗岩を目たて方法もかえて、いろいろ実験してみたところ、ある日成功した。直径一〇センチぐらいのミニ石臼であった。私はこれで、うまい胡麻の味を楽しんでいた。小皿で受ければよい。たまたまそこへ、胡麻のシェアー日本一という大手の擂り胡麻の会社の社長が来た。ミニ石臼を見つけて、これを欲しいという。「冗談じゃない。これは私専用で製作に手がかかってたまらない」。「じゃーぜひ工業化したい」という。そこで中間段階として直径三六センチの機械を試作した。高精度の加工のために、かなり苦労を重ねて、とにかく成功に漕ぎつけた。ところが、調整方法が不十分だったために、原料の炒り胡麻を入れると、摺り胡麻ではなくて、練り胡麻が、まるで蜂蜜のように出てきた。練り胡麻というものを知ってはいたが、自分でつくったことのない私は、驚いた。練り胡麻は、胡麻油に胡麻粒をまぜたものだろうぐらいにしか考えていなかったのが、目の前で炒り胡麻が練り胡麻になったからである。あとで知ったことだが、胡麻は五〇パーセントくらいが油であるから、当然のことだった。失敗が生んだ練り胡麻は実においしいので、さっそくパンをもってきて、これで石臼を掃除しながら食べた。ずいぶんたくさん食べたので、あとで胸やけするのではと心配したが、その気配はまったくなかった。さすが生きた胡麻からの挽きたてだった。

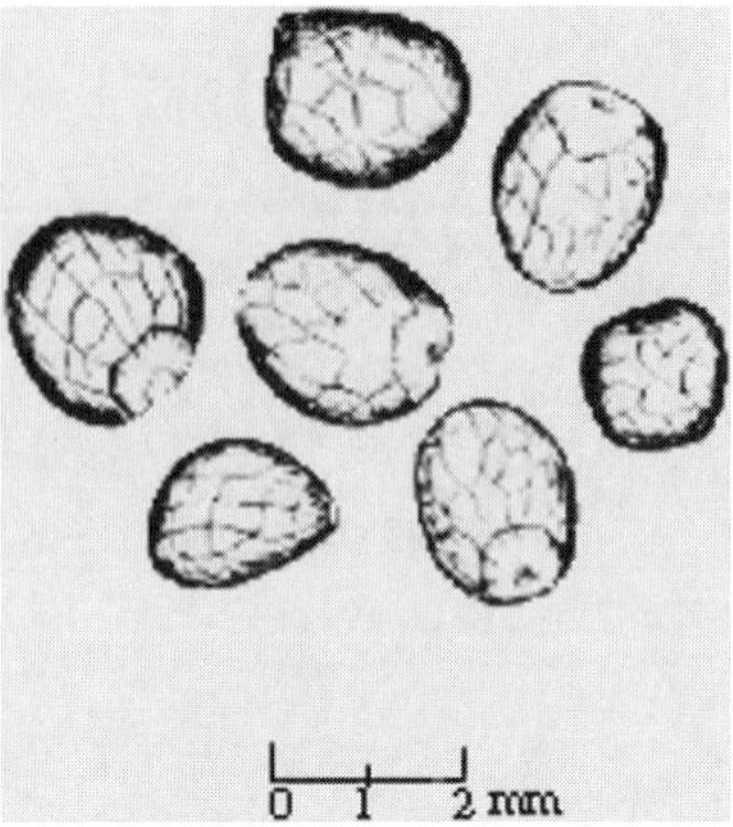

図6.5　荏胡麻（えごま）

## 4　荏胡麻（えごま）の味

荏胡麻は東南アジア（インド、マレー）の原産とされ、エジプトでも古くから栽培されていた。日本には中国大陸から朝鮮半島を経て入ってきた。「東大寺正倉院文書」の天平（七二九〜）年間の記録に荏胡麻の名がある。

岐阜県の高山を訪ねたときのこと、朝市で「荏胡麻」の種子を見つけた。食べてみると、白ごまや黒ごまとはちがったコクのある味で、香りも高いので、栽培してみることにした。翌年、どんなのが生えるかと楽しみにしていたところ、青紫蘇によく似た植物になった。夏もすぎる頃には背丈ほどに成長した。ところが秋になっても、いっこうに花が咲く気配がない。徒長したせいなのだろうかと思っていたら、開花の気配がするので楽しみにしていると、さらに葉が出てきて、枝に枝がのびるばかり。母が「そろそろ大根を蒔く季節になったので、邪魔になる。もう引いてしまおうか」という。もうちょっと待ってと頼んだ。この芽は、「こんどこそ」。自信はなかったが、さらに一週間待った頃、一斉に花がついた。待った甲斐があった。前頁の図6・5のような実がついて、コクのある味で、香りも高い味を楽しむことができた。

その味を求めてホームページで荏胡麻を検索したら荏胡麻サミットというのがあった。福島県郡山市に日本エゴマの会なるものがあり、荏胡麻の全国的普及を目指していて、ここでは種子も分けてくれるという。うれしい話だ。

## 5 蕎麦(そば)の味

日本の伝統食品の中で、そばはとくに熱心に残されているものの一つである。ホームページで検索

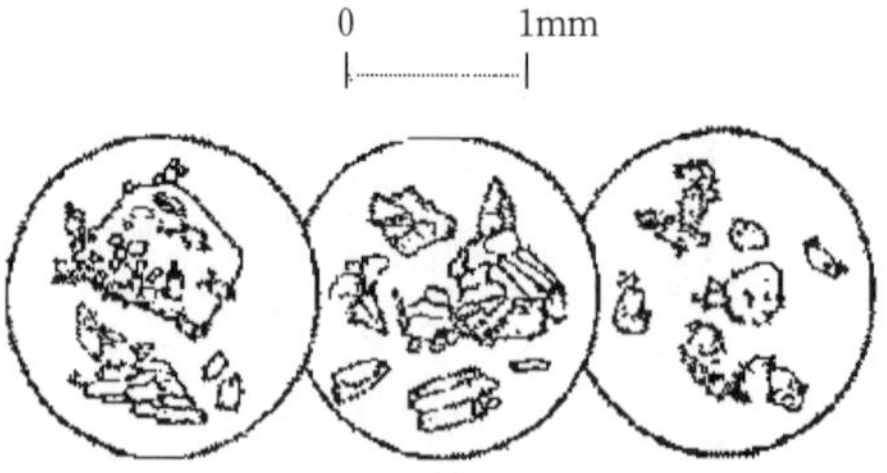


石臼　　ロール　　胴搗き

巨大な岩石に粉をまぶした感じ

無色透明で粒ぞろいの薬品結晶状

大きい粒はすべて白色不透明。不規則扁平粒が多く，それに細かい粒がまぶされている。

図6.6　石臼挽き，ロール，胴搗きによるソバの粒

すると、そば名人やら、偽名人やらがいっぱい書いている。まさに日進月歩の感がある。検索は「石臼そば」、「石臼挽き蕎麦」など文字を変えればいろいろ出る。

西洋には石臼挽きパン屋があるように、伝統を正確に生かしているという意味が石臼という文字にこめられている。しかし店先に石臼が飾ってあるからといって、そば粉が石臼挽きとはかぎらない。ほんとうに石臼挽きでも、輸入玄そばでは意味がない。輸入玄そばにくらべると国産玄そばは格段に高価で、しかも産地の土質や気候にもよるから、本物に出会うのは容易ではない。実はそこにぜいたくがあり、通の楽しみがあるというもの。

ところで、なぜ石臼挽きなのか。そばは、もろくて、挽きやすいから粉にしやすい。皮は細かく砕けずに、臼の目から出てくる。そこで上手にふるい分ければ白い粉になる。そばは黒いものと思っている人もあるが、臼とふるいの使い方に問題がある。田舎そばが黒いのはそれである。そばの実を高速度で板に衝突させて皮を分離する機械もある。玄そばは必ず土石を伴っているから、前処理を入念に行う必要がある。ふるいで石や異物を除去する。つぎに磨きである。これは玄そばの粒同士を互いにこすり合わせて表面に付着したゴミを完全に除去する。ふるいと風で吹き飛ばす石器時代以来の手

法の機械化である。以上の前処理が完全であれば、土石が混じることはない。石臼で挽くと、石臼から石の粉が入ってジャリジャリになると考えている人があるが、粗末な石臼を使うからである。上下石の調整が完全であれば、周縁部分で粉末を潤滑剤として浮いており、石と石とは衝突しない。最大の問題は粉焼けである。正確には粉の熱変質である。石臼は上下石が周縁部分だけで接触していて、中央部には適度のふくみがある。磨耗してくると周縁部分だけでなく、ふくみの部分でも接触するようになる。ここで激しい摩擦が起こり、粉の送りが不良になって粉の熱変質が発生する。味と香りのほか、打ってみてはじめてわかる未知の特性まで変化する。東京と京都で、老舗を誇る有名店のそば粉を集めて、粒度を測定してみた。実に多様であった。

葉山の御用邸前に知人のそば屋さんがあって、わたしはそこに納めた機械の石臼の目立てに出張したことがある。ハチマキしてコツコツやっていたとき、御用邸の警備員さんが、「へー、今どきこんな商売もあるんですか」と聞く。「京都からきた臼屋ですわ」といったら感心された。さて目立てが終わって、午後四時頃からだったろうか。私たちは夕餉のテーブルに着いた。酒、おつまみ、鴨肉の鍋料理などと、次々に出てくる。テーブルに着く以前から、主人はソバ打ちに余念がなかったから、もうとっくにソバが出てきてよさそうなものだが出てくる気配がない。製粉をはじめる。粉をジーッと眺めたり、指でこすったりしながら、主人は何も言わない。黙ってそばを打ちはじめたが、まだ何もいわない。私は気になってならない。待ちあぐねて待つことひととき、やっと出てきた。もちろん、山芋や小麦粉のつなぎはまったく入れない。「うまい」とお代わりを。主人いわく「腹がへった人には食べてほしくない。満腹してもお代わりしてほしかったんです」。こんな職人気質が残っている間は日本はまだ健全だと思った。

福島県山都町には、名物「はっと蕎麦」がある。製粉は六〇パーセントだけ、あとは棄てるから、殿様から「さような、ぜいたくは御法度なり」といわれながら、内緒で伝わったという。そば特有の香りは少ないが、そのかわり、これがそばかと思うくらい「こし」が強い。これもひとつの地方色である。信州から学んだと伝えられるが、本場の長野には伝統が絶えているようだ。

## 6　こだわりの豆腐

粉の話でなぜ豆腐と思われるかも知れないが、豆腐は、一晩水に浸した大豆を笊(ざる)にあげて水をきり、やわらかくなった大豆に水を加えながら、水挽きするところからはじまる。これを湿式粉砕という。やはり「粉づくり」の手法である。

豆腐は中国漢代の発明といわれているが、その起源をめぐって諸説があった。「豆腐之法、始於漢淮南王劉安……」(『本草綱目』)「漢代に淮南王(わいなん)劉安(紀元前一七九―一二二年)が豆腐のつくり方や道具を朝廷や諸侯に献上したために豆腐が広く伝えられることになり、後世その発見者として淮南王の名が伝わることになったのかも知れない。」(『やさしい豆腐の科学』)しかし古文書には豆腐の文字がなく上記は俗説かも知れないというのが従来の定説だったが、以下の二つの事実から定説はくつがえった。

一つは『文物考古三十年』という中国文献に世界最古の豆腐製造工程図があると聞いた。雑誌『別冊サライ』（小学館、二〇〇〇年七月一五日号）掲載の菅谷文則「豆腐は究極の食材」に書いておられた。その文献は先生のところにしかないと聞き、先生（滋賀県立大学人間文化学部教授）に連絡してようやくコピーをいただいた。この文献は九五九年―一九六〇年間の河南省鄭州市西南四五キロメートル、密県城西六キロメートルのところにある。ここは淮南の西北約四〇〇キロの地である。大中国ではすぐお隣りだ。密県打虎亭の後漢代のお墓打虎亭一号漢墓出土の石に描かれた石刻線図で豆腐製造プロセスを描いたもの（豆腐作坊石刻）が見つかった。独特の様式の画像石刻である。中でも一番興味を覚えたのは《制作豆腐工芸図》で、東漢時期の人々が豆腐を制作する完成過程の表現があり、中国内でもこれに比するものは無いと言う。現在発見されたものは此れが世界最古の豆腐に関する記載であると言う。(http://www.ccv.ne.jp/home/tohou/tabi129.htm) に出ているが写真が不明瞭で判別不能であった。そこに制作豆腐工芸図がある。(http://www.toyoshinpo.co.jp/tofu/0401_tofu/tofu_1.html 淮南王)

図6.7　制作豆腐工芸図石刻図

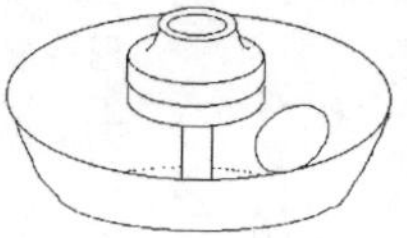
図6.8　報恩寺にあった漢代の明器（豆乳排出口付き）

もう一つは毎年豆腐まつりがあるという淮南である。現地を日本豆腐起源問題考察訪問団を組織して一九九八年一一月一日上海―合肥経由で訪ねた（詳しい報告は http://www.bigai.ne.jp/~miwa/powder/food/tofukigen.html）。ここには豆腐博物館がある。近くの寿春の報恩寺には漢代の明器があった。ガラス戸越しなので、写真は明瞭でないが、イメージは図6・8である。明器だから素焼きで、臼はせいぜい一〇センチぐらいだが、受け皿が大きく、さらに豆乳を受ける皿らしく、豆乳を流し出すための工夫がある。なお民放テレビで町中が豆腐屋だと報じたが、それは誇張である。また石臼で挽いているのは豆腐村という施設だけで、大部分は高速機械挽きであった。訪問時には副市長ほか市の首脳部をまじえた歓迎の宴会を三度も受けた。豆腐百珍どころじゃないぞと称する豆腐づくしのご馳走だった。しかし豆腐は決しておいしくなかった。最後の会でそれをはっきり私が言ったら、一瞬緊張が走ったが、かれらも分かっているようだった。若い係官が耳元で「そうなんだ」と。

日本の昔からの食べ物で、アメリカで新しい食べ物としてブームになったものに、豆腐がある。適量の水を加えながら挽くと、下石の周囲には白い挽き汁（呉汁（ごじる））がしたたりおちる。加える水の量は呉のたれ具合で調節する。できた呉を約三〇分煮ると、豆の青臭みがとれて、大豆の蛋白質、油分、糖類、ミネラルなどが溶出する。呉汁を袋で漉し、袋の口を固く縛り、完全に搾（しぼ）り出す。この濾液が豆乳である。

この搾る所作を江戸川柳はおもしろおかしく表現している。

生捕ったやうに豆腐屋しぼる也

袋に残ったのが、「おから」である。最近、缶入り豆乳風飲料がスタンドで売られている。その味のまずさや添加物を気にするくらいなら、擂鉢で豆をつぶして、自家製造したらいい。石臼がなければミキサーでも十分だ。少しぜいたくして軽くしぼれば、おからもおいしい。

かつて豆腐は、家庭で作るハレの食べ物で、正月やお盆などに自家製造した。石臼の大切な用途の一つだった。いろんな豆腐があったと思われるが、いま沖縄に残っている豆腐はその原形をとどめているのかも知れない。苦汁（にがり）を入れてから、固めずにモヤモヤに浮いたままの汁である。

京都には、今も石臼で豆を挽く豆腐屋さんが、まだ何軒も残っている。豆腐臼独特の目立てを継ぐ代々の目立て屋さんもいる。豆腐臼は、水平軸式で、機械化されている。あるとき店舗を改装したお店があった。「とうとう時代の波におされたのですか」と聞くと「そやおまへん、まあみとくれやっしゃ」。サニタリー化、オートメ化と至れりつくせりで、呉はパイプラインで輸送され、ヒーターの温度も浸出時間もプログラム制御である。だが、石臼の工程と、苦汁を添加して凝固させるところだけは、設備こそ新鋭だが、もとのままだった。「今の機械のグラインダーに替えたんですが、お得意さんから豆腐の質が落ちたと不評でした。やっぱりあきまへんわ」とのこと。グラインダーというのはセラミックス製のディスクが高速回転する。直径が小さく、回転速度が速い。円周部分の速度は伝統的な石臼の一〇倍程度である。能率は格段によいが、高速のため、微粒子の微妙な組織をずたずたに切断する。鈍刀でも素早く振れば糸が切れるのと同じ理屈である。グラインダーの組織が粗くて、ここがバクテリアの巣になるものもある。ニューセラミックスのグラインダーが超高速回転し、豆の皮も微粉にして収率を高める機械も出現しているが、こういうのは工学的ハイテクであるが、文化的にはローテクであろう。私は会社勤務だった頃このグラインダーの原料になる砥粒製造の技術者だった。皮肉な巡り合わせである。

呉に加えて固める凝固剤も変化した。昔は塩から出たにがり（苦汁）を使った。家庭では塩をかます入りで買い、潮解して出る汁を受けて集めた。これは塩化マグネシウムを主成分としているので、昭和十年代にマグネシウムは戦略物資として使用が禁止された。代用として硫酸カルシウム（石膏）が奨励された。カルシウムは健康食という俗説を高名な化学者がとなえたこともあるという。カルシウムだけを摂取すれば、ビタミンも同時に消費されることは、わかっていなかったのである。硫酸カルシウムは凝固時間が長く、作業性がよいので普及し、当時は健民豆腐とよばれた。現在では、グルコン（グルコノデルタラクトン）という有機化合物がつかわれている。ネオニガリともよばれる。これは熟練を要せず、低温で操作でき、水を抱き込むので収率も高い。伝統の豆腐の味が完全に消えた一つの原因である。箸でつまめない充塡豆腐は工場での大量生産に適し、保存性も著しくいい。京都の店に二〇〇キロもはなれた地方で生産された豆腐が販売される。一方、搾り滓すなわち、おからは、しぼりとれるだけしぼるから、味がだめになり牛も食わぬおからである。二〇〇一年九月九日に京都で京豆腐の有名店と共催して石臼豆腐シンポジウムを開催した。今でも私が指導した石臼機械で京都と東京および九州などで石臼豆腐を市場に出している。しかし商売と本物を出したい気持ちとの矛盾はどうしようもないようだ。

## 7　湯葉と凍豆腐

ところで、図6・9はアメリカの豆腐の本 Shurtref : The Book of ToFu の表紙の絵だが、京都のゆば屋（湯葉半）のイラストである。豆乳を作るまでの工程はまったく同じだが、その後、豆乳を蒸発鍋に入れてゆっくり蒸発させる。水の蒸発につれて、牛乳を温めるときのように、表面に皮ができる。頃合を見はからって、箸でひきあげることを繰返す。このままですぐたべるのがもっともおいしく、生ゆばである。私も、さっそく自作の石臼をまわして作ってみた。本職が作るのは手拭のように大きいが、私のはティッシュペーパーみたい。でも味は一人前だった。いまや京都では最高級の贅沢食である。乾燥したものが多いが、生とは比べ物にならない。これも石臼がなければミキサー豆乳で自作すればいい。結構いける（これ秘密）。

凍豆腐（高野豆腐）も、かつては西北の季節風が吹く寒中に、豆腐を屋外に吊して冷凍乾燥した。これも工場生産されて以来、往時の味は完全に失われた。鉱物の粉製品の乾燥用として発達した凍結乾燥や赤外線乾燥、電子レンジなどが食品工業にも応用されて、食品の味を台無しにした例は数え切れない。なおいまでも伝統を守っているところもあるのはうれしい。

# 8　団子の美学

京都の下鴨神社には、本殿東に御手洗川（みたらしがわ）と御手洗神社がある。土用丑（うし）の日には御手洗祭が行われ、参詣人がこの川に膝までひたり、無病息災を祈願する。

御手洗の　みそぎはかみも　うけじかし<br>
　みぎはまされる　ながれとおもへば　（岩波日本古典文学大系74、歌合集古代編一六）

恋せじと　みたらし川に　せしみそぎ<br>
　神はうけずも　成りにけるかな　（『伊勢物語』）

御手洗に　影の映りける　所と侍れば　（『徒然草』上第六七）

とあるように、御手洗は、神様へ御参りするときの浄めの水場であった。かつて京都の下鴨神社のお祭には、みたらし団子屋が並んだという。言い伝えによれば、その昔、後醍醐天皇が、下鴨の御手洗川で水をすくったところ、泡がひとつ浮き、やや間をおいて四つの泡が浮きあがった。その泡にちなんで、指頭大の団子を竹串の先にひとつ、やや間をおいて、四つ続けてだんごを刺す。これは頭と四肢をあらわすともいう。これを十串一束とし、熊笹で扇形に包んだ。

図6.9　京都のゆば屋のイラスト（シュルトレフ著 “The Book of ToFu”（豆腐の本）の表紙，Ballantine Books, New York，1975より）

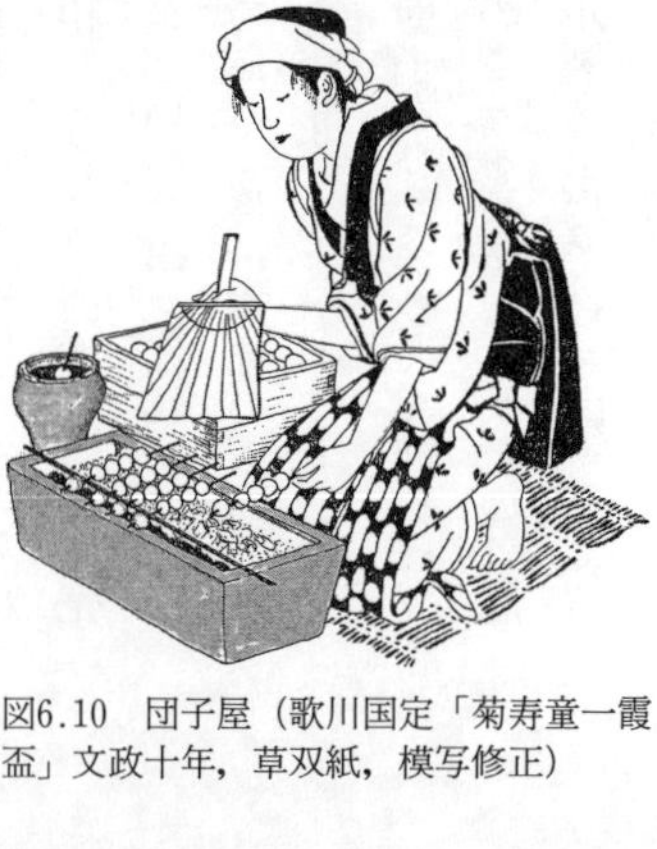

図6.10　団子屋（歌川国定「菊寿童一霞盃」文政十年，草双紙，模写修正）

ところが関東の団子、たとえば言問団子や追分団子は現在も四粒である。その理由は江戸時代に五粒で五文だったのが、四文銭が出て、四粒四文になったためという。今は関西でも四粒ものもあり、味も「世も末の味」なのは悲しい。

団子にも美学がある。熟練した手づくりの団子は、ひとつひとつの団子に微妙な形の差がある。これを無造作に串に刺すと実にみっともない。私はある時団子屋へ一晩弟子入りして挑戦してみてそれがわかった。団子屋の名人は、いびつな形状のあつまりに、ひとつの調和をとる。私の作る団子は売り物になりそうもない。その目で今の機械団子を見ると実に味気ない。ひどいのは串に棒状につけてから、プレスして形を整える。粉っぽくて、歯にくっつく団子が、それである。最近京都の店頭でよく見かける。爪楊枝で、団子を離して見ると、団子が、つながっているので簡単に見分けられる。

これは、形状の美学的問題だけではない。練る技術上の問題もある。団子をひとつひとつ練れば、団子の表面に力がかかり、これが、団子のうまさを作り出している。このことを教えてくれたのは思いがけない人物だった。鉄の団子屋さんである。ボール・ミルの鉄ボール製造工場では、団子屋に習ってこの技術を開発したとのことであった。「これは特許でノウハウだよ」と工場長。鉄のボールの表面が特殊処理されて、ボールの寿命が長くなるという。その本家本元はその技術を棄てて形だけの団子を造る。

## 9 御幣餅の粉体工学

石臼探訪で長野県上伊那郡宮田村の地方考古学研究者、向山雅重さんを訪ねる途中、木曽から馬籠へ至る峠にある「七平」さんを訪ねた。ここは御幣餅を食べさせてくれる峠の食堂として知られている。一九七八年の十一月、高遠石工の調査の途中だった。向山さんと四方山(よもやま)話をしているうち、御幣餅の話が出て、奥さんが詳しいつくり方を教えて下さった。先生のお宅は上伊那郡宮田村で、この地方一帯は、御幣餅が盛んである。三河から信州の南部の伊那谷・木曽谷の山村でのご馳走に御幣餅がある。まず硬目に飯を炊く。囲炉裏(いろり)で大火を焚き鍋飯を炊く。よく煮えた鍋を下ろして少しく蒸らして置き鍋蓋をとり、すりこぎでご飯をつつき潰す。よくついて飯粒の形が七分通り潰れたら、これをしゃもじで手に取り串へ握りつける。この串はサワラ材などを鉈(なた)で割り、少しく削った幅四センチ、長さ三五から四〇センチほどの大きいもの。これを膝などへ挟み、掌ほどの大きさで、厚み四〜五センチほどに、しっかりと握りつける。これを囲炉裏の周りへ立てて並べたり、二本の棒の間へ串の尻をはさんで火にかざしたりして、焚き火の焔でよくあぶる。火がよくとおって、いささかふくらみ気味になってくると、おいしそうな香りがしてくる。その串をとり、こんがり焼けたところへ味噌を塗る。古くは赤味噌であったが、後にクルミをいれてよく摺った胡桃味噌となったという。

春の芽吹き時だったらサンショウの若芽を入れてよく摺った山椒味噌がいい。これらの味噌をたっぷり塗って、再び火にかざすとまもなく、味噌の香りが漂ってきて、すき腹にしみる思いがする。それをめいめい選り取りにとって、串にかぶりついて食べる。食べたのがそのまま身になっていくようなうまさ。また、焼けあがったのを食べるというようにして、いつか腹力満ちて来て、うっかり立上れないほどになる。そっと後ずさりして、柱や壁に背をもたせかけたまま、しばらく談笑の花が咲くといった有様。

山小屋では、これができると、まず一串を山の神様にあげる。串の先に掌大の餅がついている姿は、御幣（幣束）に似ているところから、いつか「ごへい餅」の名がついたのである。このおいしい御幣餅、いつか食が進んで「御幣五合」といって、一人五合は食べるといわれている。

山小屋で男手だけで作るこのおいしさを、里などで学びとって作るとき、大きい串がないと細い竹串などになってくる。その串へ握りつけるよりも、小さいむすび形に握ったものを、二つくらいずつ串にさし、煙であぶって焼くということになる。これがふしぎと伊那谷では二つざし、木曾谷では三つざしといった姿になって、山小屋風な大きい御幣餅を、いつか「山御幣」とか、「天王御幣」などの名がつけられるようになってきているのは面白い。山村の暮らしでは、白飯を食べるのは祝いの日ばかりで、常の食は、粟飯、稗飯、麦飯といった雑ぜ御飯か、うどん、焼餅などの類であった。それに味噌は蛋白と塩分の補給の大切な食品。その味噌を最も経済的に使うのは味噌汁であって、味噌をよく摺り、むだなく味噌汁にする。生味噌をご飯の菜にすると、五人家内の味噌汁分ほどの量をひとりで食べてしまう。それで「大名でも味噌贅はならぬ」といわれてきたという。その味噌を焼くといい香りがしておいしく生味噌よりも食い込んでしまい、一そう不経済になるので、「焼味噌するとエビス様がいやがる」ということばさえあるほどである。そうした貴重な白米を炊いた白飯を潰してこんがり焼き、大切な味噌をたっぷりつけて焼いた御幣餅、これこそ正にご馳走なのである。

## 10 御幣餅を作る実験

翌日は大学へ帰って早速作ってみることにした。串は大学生協から割箸をもらってきて、これを割らずに束のままで使った。ご飯は少し固めに炊いた。これを擂鉢と自製の擂粉木で潰した。いずれも臼狂（うすきち）の七つ道具だ。胡桃（くるみ）がないときは、胡麻味噌でもよいというので、生胡麻を炒り、磁製乳鉢すった。味噌は私の自慢の八丁味噌を使う。

さて、ご飯を箸につける段になって、これがなかなか難しいことがわかった。向山先生が「素人は掌大の大きいのをつくらず、小さいむすび形のものを三つくらいつけなさい」といわれた意味がわかった。でも私は無理して「七平」さんで食べたような掌大にしたから、いざ焼く段になって、こわれてきて苦労した。限られた串の面積に粒の付着力を最大にするにはどうするかという問題である。伊那の現地では掌大どころか、鬼の掌大のもつくるというからおどろく。このときは串の面積はいくらにするのだろうか。ここで粉体工学の物性試験法の一つとして、串に握りつけてこわれる限界を、串の面積と付着総量との関係を調べてみたらどうだろうと考えてみた。それを卒業論文の題目にいれたが、手をつける学生がいなかった。

## 11　稗だんご

私は、二十数年まえにダム建設で水没する前に岐阜県揖斐郡徳山村で、稗の種を入手した。京都大学農学部の育種学研究室で鑑定してもらい、それがわが国古来の「シコクビエ」だと知り、栽培してみた。当時は母が田舎で生存していたので、栽培を頼んだ。先祖代々人間の手によって栽培されてきた栽培種なので、播種、移植と手をかける必要があった。稗など栽培したら田んぼに被害が出るのではと心配した人もいた。日照りつづきの年にも生育はきわめてよい。稗刈りの頃には、強靱な茎になって、稲刈鎌など受けつけない。私は鋸を持ちだした。昔、徴兵検査があった頃「稗食の村の壮丁の体格は抜群」といわれたのもなるほどとうなずける。私の田舎のことであった。さて、精白法はいろいろあるが、贅沢な方法を実施することにした。石臼で粉砕し、皮の部分は捨てるのである。古文書によると、白い粉は地主に納め、皮を自家消費したというから、ほんとうは、バチがあたる食べ方だ。いまどき食べてくれる地主もいないからこれを団子にして食べてみた。砂糖を入れなくてもほのかに甘く、なつかしい郷愁を誘う珍味だった。照葉樹林文化論で有名な中尾佐助先生が、私にこういわれた。「日本は世界の博物館ですよ。なんでも残っている。正倉院に限らない、全国を歩きなさい」と。現在でも各地に稗を栽培している研究グループがあるようだが、縄文時代の栃の実やどんぐりの食べ方グループの存在などとともに、日本のどこかで、味の多様性が残っていることはすばらしいことだ。

私は稗の種子を一〇年ほど保存していたので、もう一度播種してみたが発芽しなかった。そこでダム建設で徳山村から離村した人を探し出して、稗の種子を入手した。すでに母は他界していたので、同じ村の叔母に栽培を依頼した。大いに期待していたのに、生育こそ盛んだったが、まえの味はなかった。実にまずい。「なぜでしょう」と雑穀研究会の総会で話題にしたが、多分それは種類が違うか地質の差だろうということであった。稗の専門家である信州大学名誉教授俣野敏子先生によれば、同じ稗だけでも種類は複雑で何十という種があるという。

## 12　集団行事としてのもちつき

食事とは、単に満腹感を与え、栄養を摂取するだけが目的ではない。そのことを考える一つの行事が、私の研究室にあった。毎年十二月二十六日に実施していたもちつき大会だった。たくさんの道具が必要になるが、臼や杵などの道具類は、使わないとダメになるので、保存の目的ではじめたのが恒例になった。博物館のように展示し、または収蔵庫に入れたままにしておくと、道具はまもなく乾涸びてミイラになってしまう。調湿設備がいる。

図6・11のようなもちつき風景が普通だが、熟練を要する餅の「手がえし」作業が必要である。と

図6.11　胴臼とよこ杵のもちつき風景
(京都・上賀茂の川端道喜に残る図絵より)

ころが千本杵は、一挙につき上げるので、その必要がない。横杵のような危険も伴わないので、子供(幼稚園児)が飛び入りでつくこともできる。臼も弥生時代以来の胴の部分がくびれた臼である。このくびれは私自身が臼屋から購入した欅(けやき)製の臼を加工した。今の臼屋さんでは作ってくれない。手がかかって商売にならない。くびれには十二枚の襞(ひだ)がある。十二支の思想であろうか。

江戸時代中期頃、都市部から太鼓胴に変わり、杵もハンマー状の横杵にかわった。これには理由があった。かつてもちつきは、多人数が集まる集団行事だった。それが次第に家庭毎に行うようになった。そのため個人プレイが多く、大勢の場合には座がしらける。それに比べると、千本杵は集団行事の光景が展開する。もうひとつ大学独特の秘密もあった。千本杵はかつての七〇年代の学園紛争時のゲバ棒の変身で、角材の角を削って作った。赤ヘル（学生運

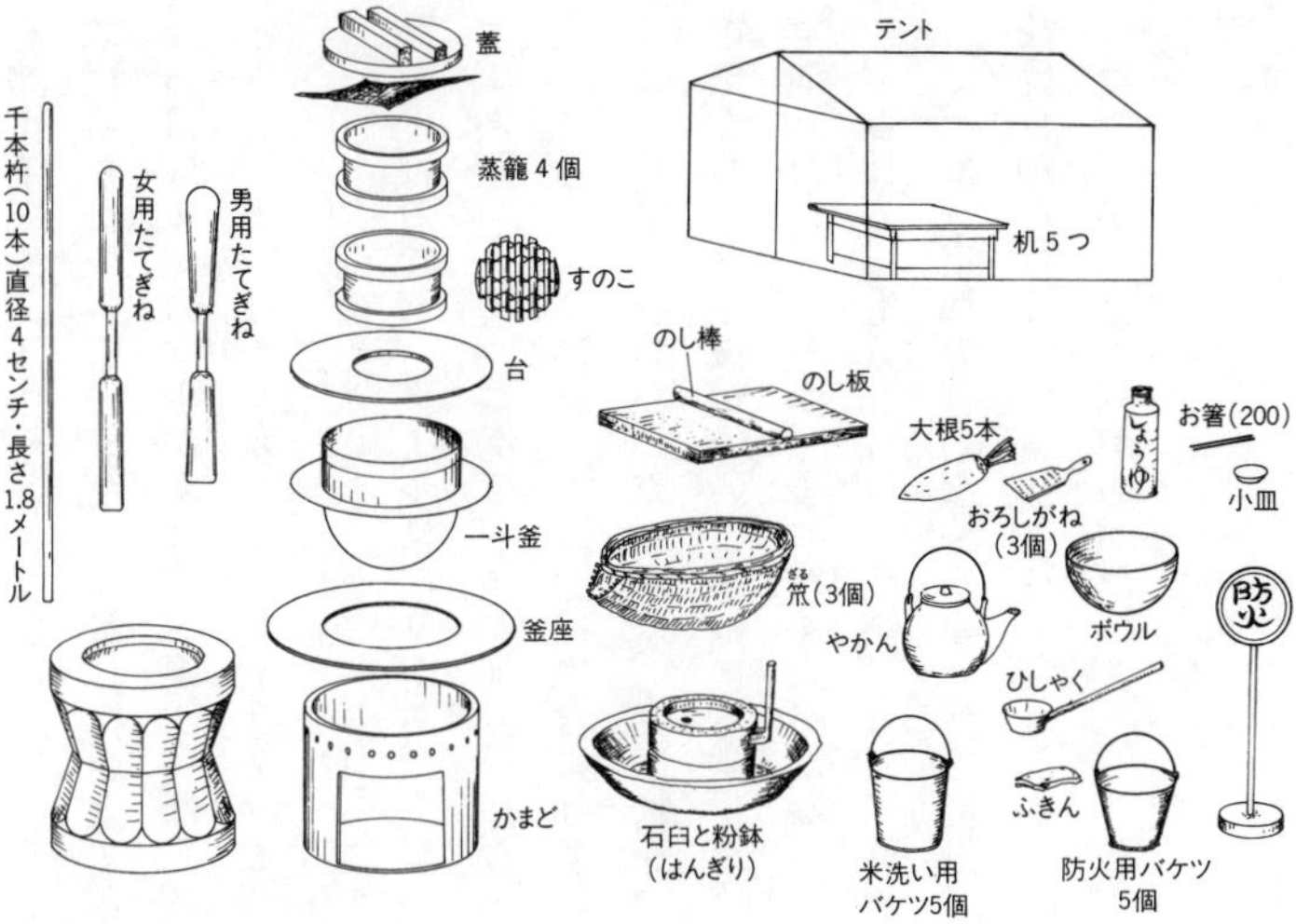


図6.12　もちつき道具一式

動で赤いヘルメットをつけ、角材で武装していた)がしばしば大学キャンパスで集会をやっている頃、私の研究室の学生たちが集団を組んで赤ヘル集団の外のほうにいるひ弱そうな学生を襲って、奪った角材が数十本あった。それを私が丸く削って作った記念品であった。機動隊が入ったとき、それが武器庫と見られて、没収されたこともあった。一寸(三・三センチ)角、長さ一間(一・八一メートル)あるから重さもちょうどいい。これは重要な記念品だから、二〇〇三年に京都府網野町に建設された琴引浜鳴き砂文化館に保管されている。文化館での復活を願っているが、いつのことか。

ところで毎年、学生が新しくなるので、熟練者に期待するわけにはゆかない。現代の学生諸君はもちろん餅つきなんか経験がない。そこで、役割分担を明確にして、何日も前から準備万端整える。集団でひとつのことを決行する訓練になる。これを諸事手配書（http://www.bigai.ne.jp/~miwa/powder/food/mochshoji.html）と称し、便利なので各地で利用されているようだ。しかし杵が太すぎるのが多いようだ。一寸角がちょうどよい。

当日は多くの学生が集まる。現代には、このような集団行事がないので、学生たちは、はじめとまどうが、まもなく大変な盛りあがりを示す。ふだん、あまり目立たない学生が意外な行動力をもっていたり、女子学生だけで一臼をつきおえて、黄色い歓声をあげ、通りがかった教授連を巻き込んで気勢を上げるなど、クールになりがちな大学の人間関係が、突如として改善された。そこには、セレモニーあり、コミュニケーションあり、遊びと楽しみがあり、生の教育がある。食事の文化は食べる過程よりも、食べ物をつくる過程に含まれていることがよくわかる。

こうして、わいわいガヤガヤ、食べ物をつくりながら騒ぐのは、人間の本来の姿である。あるとき、電気もちつき機械がいいと主張する学生がいた。そこで新しい機械を購入し、彼が、向こうを張って実演した。ところが、まったく人気がない。やむなく杵臼の餅にまぜて並べたが、すぐ学生たちに見やぶられて、電気もちつき機械の方の売行きはさっぱりだった。比較すれば新人類にも本物はわかるのだ。また京都の有名な餡（あん）この会社の社長がただで餡こもちをサービスしたが、こちらも派遣された社員さんたちはサッパリ手持ちぶさたで気の毒だった。餡こより生餅に大根を摺りおろし、醤油味をつけたのが一番人気があった。

## 13　八丁味噌で天下取り

味噌に関する日本最古の記録の一つ『東大寺古文書　尾張国正税帳』に「天平二年、尾張国から未醤弐斗壱升を朝廷に納めた」とある。『味噌沿革史』（川村渉編、全国味噌工業協会刊、一九五八年）に詳しい考証がある。味噌の字が現れたのは平安時代のことで、奈良時代には「未醤」と書くことが多かった（http://www.miso.or.jp/dictionary/history/history_02.html 未醤）。夏季は高温多湿で腐敗しやすい尾張、三河地方の気候風土は、大豆だけを原料とし、米や麦の麴を用いない味噌を発達させ、その伝統は三州味噌、三河味噌の系統をひく八丁味噌につながっている。「手前味噌」の言葉が示すように、味噌は地方性が濃く、よその味噌にはなかなか馴染みにくいものである。八丁味噌も、そのくせの強い香りと味のために、愛知、岐阜、三重の三県を除いてはあまり一般化せず、他の地方では高級料亭や味噌通の間で愛用されるにとどまっていた。

天皇家は、もと京育ちだから京の白味噌を連想しがちだが、意外にも八丁好みだという（http://www.rakuten.co.jp/srich/522687/571033/）。その納入元、岡崎市八帖町（古地名八丁）の八丁味噌カクキュー合資会社（旧名早川久左衛門商店）を訪ねて確認した。ＩＴ時代は便利なもので、「八丁味噌」で検索すれば店の建屋が見られ、工場見学もできる。当時はＩＴがなかったから直接訪問した。この店は創業が中世まで遡る老舗で、明治二五（一八九二）年以降「宮内省御用達」の木札をかかげる八

図6.13　八丁味噌の樽の風景

丁の本家で現在も年間三、四樽を皇室へ納めているという。振動篩機、ソーティングテーブル（異物選別機）などを使う大豆の精選から、水洗、浸漬、蒸煮、玉握りまでの工程は、いずれも粉体処理機械で近代化され、原料大豆の九〇％以上が風味に欠ける輸入大豆になっているなど、昔の趣はなかったが、建物や熟成のための樽を並べた倉庫は古い伝統をそっくり残していた。玉握りは味噌玉をつくる工程で、昔は蒸した大豆を臼に入れ杵で搗いたものである。ふつうの餅つきと違って、豆の臭いが鼻をつく苦行だ。私も終戦直後に自家製味噌造りの厳しい労働の体験がある。現在は混練機から直ちに味噌玉が出る連続作業になっていた。出てきた味噌玉は摂氏三五度の恒温麴室に四日間入れて嫌気性菌による醗酵が行われる。これを荒砕きしてから、水と食塩を加え、三〇石入りの大きな樽に入れるのだが、これから先は江戸時代そのままなのがうれしい。現在使用中の大部分の樽は、慶応年間から昭和初年のもので、吉野杉に見事な竹の組み箍（たが）が嵌（はま）った文化財級の代物。約六トンの味噌を入れ、その上に人頭大ほどの丸い石を約三トン積みあげて重しにし、二夏以上、約三年間熟成する。蔵には約六〇〇本の樽があった。

信長も秀吉も家康も三河、尾張の地で育ち、豆味噌のスタミナ源で天下をとった。筆者には天下をとる必要などないが、東海育ち故に、八丁味噌なしでは日が経たない。信州味噌の本場に住んでいた頃も、また、白味噌の京都でも、八丁の粒味噌を樽から出して秤(はか)り売りしてくれる店を探しあてて、八丁を切らさないようにしていた。粒味噌で味噌汁をつくるときは、必ず擂鉢を使う。はじめは水を入れずに、つつきながらよく擂る。次に少しずつ水を加えながら、のばしてゆくのがコツ。こうすれば味噌滓はまったく出ないから、味噌漉しは不要。へたに味噌漉しをつかうと味が変わる。八丁味噌は白いカビのようなものが浮くが、これを「ささみ」とか「ざみ」といい、これはわずかに渋味を呈して、八丁の味の秘密を握るひとつの大切な成分だ。その主成分は、チーズの中から発見され、チロシン（Tyrosine）と名づけられた蛋白質構成アミノ酸のひとつである（$C_6H_4(OH)CH_2CH(COOH)NH_2$）。現在はその名の薬が発売されている。網や布で漉すと、吸着により失われやすい。粒味噌を固めて庖丁で刻み、布で包んで、おつゆのなかでゆり出したのを「赤だし」という。高級料亭向きのぜいたくな食べ方だが、八丁独特の「くせ」がぬけるので一般向きする。パックされた「赤出し八丁」は、ずぼら族向きだから、熱処理により死んだ味噌で、ぐっと味がおちる。ずぼら族向けには豆味噌を潰した漉し味噌もある。擂粉木も、「せっかい」も使いこなせぬ物臭じゃ天下はとれないと思うが……。

## 14　あるおでん屋さんのつぶやき

以下はあるおでん屋さんで聞いた社長の独り言である。「おでん」は「御田」と表記し「御田」すなわち「田んぼ」にも似たりというところから赤味噌で煮込んだ名古屋の郷土料理が元であり、現在一般的な「おでん」(関東炊き(煮))は、その昔堺に渡ってきた渡来人(広東人)が浜辺で煮炊きしていた異国の鍋料理を「広東炊き(煮)」とよび広まった。「八丁味噌」も「極上品」を除けば輸入大豆に頼らざるを得ない。国産大豆のみで醸造しようと思うと現在の価格では到底無理。「国産有機大豆」のみで造る樽もあるが生産量も少なく高価な物になってしまう。現在ほとんどの「赤味噌商品」が圧をかけて絞る(擂(す)るとは言わない)ペースト状の商品なのは原料に輸入大豆を使うためだ。理由は輸入大豆の流通経路が問題のようだ。船の荷室の問題か米国での荷造りの問題かは知らないが、「大豆」に本当に微々たる程度だというが、若干量の「とうもろこし」が混入してくるらしい。「豆味噌」の状態で出荷した場合「輸入大豆を使用しています」と公表していてもその辺りのことをご理解頂けないため「何故とうもろこしが入っているのだ!」と「異物混入」でクレームが出るらしい。「国産有機大豆」のみを使用し醸造した味噌は問題ないので「豆味噌」の状態もしくは「手で擂った」状態で出荷している。そういう問題を気にしない蔵はそのまま「豆味噌」で出荷しているようだ。

経済第一主義の時代は終わったので、これから日本の伝統の生活文化をベースにした文化の時代になると思っている。何よりも「味のわからない世代」の出現が心配だ。

## 15　遺伝子組換え食品（ＧＭ食品：Genetically Modified Organisms）

最近特定の除草剤をかけても枯れない遺伝子を組み込んだり、殺虫毒素をもつ微生物の遺伝子を組み込んだ大豆や菜種、トウモロコシ、綿などがアメリカやカナダ、アルゼンチンで栽培されている。日本に大量に輸出され、そのほとんどが表示のないままに日常の食卓に上っている。大豆、菜種、玉蜀黍、綿実、馬鈴薯、トマト、甜菜、スクワッシュなどがそれ。詳しい情報は http://www.yasudasetsuko.com/gmo/faq.htm#78 にある。飼料にはもっと多くの組換え作物が使用されている。欧州では餌に組換え作物を使わない畜産品・乳製品が販売される動きが広がっているという。ＮＯＮ－ＧＭＯミルクとかバター、ハム・肉などがそれ。次頁に示した表は大部分が外国からの輸入に頼る飼料の生産量である。

## 16　トイレのお話

本章のように美味しい物を沢山食べると、次は自然にトイレというのは昔も今も変わらない。第１章で糞体工学といたずら書きしたのが、いよいよここでそれが現実になる。

2003年配合・混合飼料の生産量

| | 万トン |
|---|---|
| 肉用牛 | 406 |
| 乳用牛 | 335 |
| 養豚 | 604 |
| ブロイラー | 347 |
| 採卵鶏 | 700 |
| その他 | 156 |
| 計 | 2548 |

（農林水産省「流通飼料価格等実態調査」）
（その他：馬，めん羊，七面鳥，あひる，うずら，ミンク）

家畜と人間の糞尿排出量概算

| | | 1頭あたりの年間排出量トン | | 総排出量 | |
|---|---|---|---|---|---|
| 排出動物 | 全国の飼養数 | 糞 | 尿 | 糞 | 尿 |
| 乳用牛 | 1,816,000 | 14.6 | 7.3 | 26513600 | 13256800 |
| 肉用牛 | 2,842,000 | 5.5 | 2.7 | 15631000 | 7673400 |
| 豚 | 9,879,000 | 0.8 | 1.3 | 7903200 | 12842700 |
| 採卵鶏 | 188,892,000 | 0.055 | | 10389060 | |
| ブロイラー | 107,358,000 | 0.009 | | 966222 | |
| 小計 | | | | 61403082 | 33772900 |
| 人間 | 127,670,000 | 0.05 | 0.44 | 6383500 | 56174800 |
| | | | 総計 | 67786582 | 89947700 |

（基礎データは中央畜産会のＨＰ「都道府県畜産の状況1999年」資料より）

濃さの目安につかうＢＯＤ（生物化学的酸素要求量）で見ると、家畜は人間の約二倍から八〇倍、したがって日本列島には、なんと数億人分の糞尿が排出されている勘定になる。前頁の表は、家畜用飼料の年間輸入量である。こんなものまで、アメリカやカナダなどから輸入していながら、その副産物たる糞尿は返さずに、狭い日本列島に集積している。物質収支（マテリアル・バランス）から考えれば、アメリカ向け大糞輸送船団を準備しなければならないはずである。この問題はバイオマスのテクノロジーが、有効なエネルギー源と肥料に転換して、輸出することを可能にするかもしれない。

私は一九九〇年代に三年ほど当時の農林水産省の顧問をしていたことがあった。実態はなにもすることはなく、工場視察か本庁でお説を聞くだけだった。その縁で農業統計値に明るくなった。

前著『粉の文化史』（一九八七年）には日本国のマテリアル・バランスと書いた部分だ。最新のデータで計算し直したのが前頁の下表である。単なる数字の比較だが、日本国の家畜の糞尿だけで一億トンに迫っている。この一億トンとは日本の年間鉄鋼生産一億四千万トン（二〇〇二年）、セメントの約九〇〇〇万トンに匹敵する数字だ。そして日本の総人口一億二七六七万人と単純に対比すると、輸入飼料も考えて日本のマテリアル・バランスは大丈夫かなと心配になる。

# 第7章　二〇世紀を演出した粉

## 1　二〇世紀末に急成長した新しい工学

一九七〇年代のいわゆる技術革新あるいは産業の高度成長期に忽然として現われて、急成長した新しい工学分野の一つが一九五七年に発足した粉体工学であった。一九七一年には工業界を対象とする粉体工業懇話会が設立され、一九八一年には社団法人日本粉体工業技術協会が設立されて二〇〇四年現在に至っている。当時は地味な工学であったから、一般の人たちには知られなかったが、関連の深い分野の専門家たちからは、驚きの目をもって見られた。

ほぼ同じ時期に、アメリカとドイツでPowder Technologyとよぶ学問が出現した。一般の人々の目にふれなかったのは、以下に述べるように、生産システム設計のバックグラウンドをなすもので、とりわけ、専門的設計者の間で注目される工学であった。粉体は最終製品ではなく、大部分が製造工程の中間に現われるものが多く、一般消費者の目に直接触れる粉はほとんどなかった。

## 2　二〇世紀後半に起こった大変化

では具体的にこの時期のどんなテーマに深く関連していたのかを、以下数項目にまとめてみよう。

材料革命——二〇世紀末にはプラスチックスや各種複合材料を中心とする新しい材料が次々に現われたが、その製造プロセスには至るところで粒子状物質が原料、中間製品として扱われた。それらの粒子状物質（粉体）をつくり出したり、その性質をコントロールする技術開発が、きわめて重要視された。私が昭和電工勤務時代に相談を受けた例に石油化学があった。ポリエチレン、塩化ビニールなどが消費者の目にふれるのは成形体であり、着色済みの製品だが、中間製品の粒子は、球状粒子だったり、不規則形状だったりする。この粉体の状態で成形工場へ送られ、顔料や他の材料など他の粉体と混合してから成形される。発泡ポリスチロールの包装材は粉体ではない。だがその製造プロセスで原料となるモノマー（単量体）を重合させたとき、小球状の粒子ができる。ここで液相中に分散した粒子系が、粉体工学の対象になった。スクリーンニング（ふるい分け）と遠心分離による脱液、乾燥、分級という粉体処理プロセスを経てから、含浸—発泡—成形の工程を経て、かの包装材になる。発泡により粒子径は五〇倍になるから、前段階での分級プロセスはきわめてシャープな分級を要求した。一〇ミクロンの粒子径のエラーは〇・五ミリの差となって現われるからだ。不均一粒径は成型体の機械的強度に致命的な影響をもつ。ここでは分級機の性能はいうまでもなく、その輸送、貯蔵などのプロセスでも、粉体静電気除去など高度の技術を必要とする。筆者はそのプロセス設計に参画して、こんなところにも粉体技術があることを知ったものであった。

新建材の名でよばれるボード類や、床材は粉体ではない。だが原料は材木の粉砕物やプラスチック粉末、あるいは体質材料としての炭酸カルシウム粉末、着色顔料など、すべて粉体であり、その粒子系のコントロールは製品品質を左右した。現代人は粉体成形体の中に住んでいるわけだ。

自動車のタイヤはカーボンなど数種類の微粉末をゴムで固めたものである。カーボンの生成工程、発塵しやすいカーボンの発塵防止のための造粒、原料粉体材料の捏和混練などの中間工程で各種粉体処理技術の出番があった。

## 3　大量集中生産

高度成長時代のシステム原理の中核をなしたのは、大量集中生産、巨大化、それはしたがって扱う物量の増大を伴なった。その場合、液体と気体については流体力学を設計原理としたタンクとパイプラインによって容易に解決されたが、粉粒体状物質の固体輸送は数々の面倒な問題をひき起こした。流体は密度と粘性係数によって物理的物性を完全に把握することができるが、粉粒体においてはその物性値の把握は簡単ではなく、それに状態によって変わる不確定な因子を多数含んでいる。不確定な物性や数値化できない因子を含む設計原理などというものは、従来の工学には含まれていない。このことが、従来の工学思想の下に育った設計者をてこずらせた。いまでは死語になったが、初期には「粉体は魔物」説まで出現した。そして新しい設計原理を粉体工学に求めた。

外国から輸入される鉱石、穀物などの原材料は船舶にバラ積み（包装せずに積み込むこと）されて港に到着する。これは粉粒体である。多くの場合、空気輸送システムから成るアンローダー（荷卸し機械、unloader）が活躍し、巨大な貯槽（サイロ、silo）に受け入れる。一見、単なる大きな容器とみられるサイロであるが、日本でも外国でも、サイロの崩壊事故がたびたび起こった。サイロ壁にかかる粉体圧が時として予期しない値に達したためである。とくに粉体の動力学は複雑を極めており、未だ解明されない現象も多い。その付帯装置のニューマチック・コンベア（空気輸送）は流体力学を基礎にし、粉体の混入による偏差値を考慮する方法が使えるため、比較的設計しやすい対象に見える。粉体の混入率が少ない間は確かにそうであるが、輸送コストおよび付帯設備の観点からは、なるべく粉体混入率を増大したい。この課題は、設計者をより深く粉体に没入させた。

## 4　公害問題

大量集中生産システムは必然的に各種の公害問題を発生させた。その中心的課題である大気汚染と水質汚染防止技術は、最後には気体または液体中に分散した微粒子状物質の捕集分離技術に帰する。煙突から出る煤煙、工場から発生する粉塵、などは大気中に浮遊する微粒子の捕集技術によって解決された。東京発の新幹線下り列車で富士山を過ぎたころ、窓外に展開する工場風景で見えるのは、ほとんどが大気汚染や水汚染装置だ。できるだけ乾式集塵装置によって除去するのが望ましい。水を使う湿式法は、必然的に水汚染へ移行し、溶解性物質になると、より厄介な操作を更に要求するからだ。サイクロン、バグフィルターなどを主力とする乾式集塵装置が発達し、さらに大気汚染監視用の各種機器が開発されたが、これらは粉体技術の輝かしい成果の一つであった。濁った水をきれいにするには、水中に懸濁する微粒子を沈降分離、凝集沈降、濾過、乾燥などの操作によって除去すればよい。水溶性の有毒物質を含む産業廃水は、何らかの方法で沈殿物、つまり固体微粒子に変えて、同上の方法で処理される。

## 5 電子顕微鏡の発達

光学顕微鏡の発達によって粉の正体が究明されると、粉の技術は千分の一ミリ程度まで進んだ。しかし、光学顕微鏡は焦点深度が浅く、粒の一部しか見えなかった。走査電子顕微鏡はこれを補い、粒の表面構造をくっきりと見せてくれた。さらにもっと細かい千分の一ミリ以下の世界も、鮮明にとらえることが可能となった。同時に元素や化合物の化学成分を知ることもできた。

さらに、電子顕微鏡は新しい世界を拓いた。現代は、機械が巨大化、多様化しただけではなく、扱う技術も粉自身も精密化、微細化し、粒揃いにし、ものすごく手の込んだ方法で、粉の粒自身をミクロに加工する。かつて考えもつかなかった精妙を極めた粉が造られるようになった。素材の粉を構成する粒子自体を設計し、今までにない、まったく新しい機能を持った材料が作れる。微細構造のコントロールといい、人類史の積み上げが最近の一世紀あるいは半世紀にも満たない間に凝縮されている。これを自分の眼で見る幸せを現代人は有している。

しかし二一世紀の華やかな技術、ハイテクは、突然に現われたものではなかった。現代人が特別に優秀なためでもない。今、長い歴史の流れの中で積み重ねられた技術の延長線上で、成果が次々に顕われる時代なのである。にわかに珍しい花が咲く人類の栄光の時代、それをハイテクと流行語で呼んでいるわけだ。

工学は現代だけを見据えて進んでいるから、誰も語ってはくれないことを見直すのが本章だ。NHKテレビの「クローズアップ現代」と「そのとき歴史は動いた」の総合文化史版である。

## 6 エジソンの電球

「怖い」、「夜のしじまから解放されたい」。それは人類の太古からの夢であった。ランプから電灯への進歩がもたらした人間の心理的解放効果は、はかり知れないものがあった。人間が未来を考えるときは、必ず現在の技術の直線的延長線上で進む。技術は枝分れしたり、予想もしない他の枝と融合したりして進んでゆく。その例を電球の発明に見ることができる。

電球の開発はフィラメントの製造であった。これには、一世紀を越える研究の積み重ねがあった。電球というとエジソン（Edison, Thomas Alva, 一八四七年生まれ）を思い出すが、実はそのまえにもあとにも、数十年の歴史の積み上げがあった。最初の電灯（白熱電灯）は、一八二〇（文政三）年に出現した。しかし、フィラメントが白金だったので、高価で寿命が短く、実用にはならなかった。十九世紀中期は、厳しい条件で使うフィラメントの材料と製法を求めて、多くの人たちが苦労した時代であった。一八七九年、エジソンが竹という自然物で真空炭素電球を造ったが、これはまだ自然物の利用から脱却していなかった。金属でフィラメントを造ればよいことはわかっているが、高融点で溶かして線に引くわけにはゆかない。溶かすのではなく、粉を固めて造ればという発想の転換が成功の鍵であった。一八九七年、オーストリアのウェルスバッハ男爵（Welsbach, Carl Auer von）（一八五八年生）がオスミウムという金属でフィラメントを造った。オスミウムは融点が摂氏二七〇〇度という高温のため、溶かして線に引くことはできない。彼は、粉を固めて線を造ることに成功した。

今で言う粉末冶金である。その成功の基礎は化学的沈殿法で粉をつくるところにあった。オスミウムの細かい粉を、糖蜜で練って、均質なペースト、つまりネバネバのものにしてから、これを細い孔から押し出して、細い線状にし、これを乾燥した後、加熱して糖蜜を分解すると、オスミウムと炭素からなるフィラメントが得られる。次にこのフィラメントに電流を通して炭素を分解した後、熱でオスミウム金属を焼きかためる（焼結）ことにより、目的の白熱電灯用フィラメントを造った。この発明は、金属粉を固めて金属部品を造る新技術であった。その後さらに多くの人々によって、いろいろの金属（タンタル、バナジウム、タングステン）が試みられた結果、今日のタングステン電球が生まれた。タングステンの融点は摂氏三四〇〇度であった。しかし、タングステン電球まで到達する道程は、なお容易ならぬ厳しい道だった。

## 7　二〇世紀粉末冶金技術の確立

その成功は、ついに一九〇八年になって、アメリカのクーリッジ（Coolidge, W. D.）（一八七三年生）らの一大研究プロジェクトによってもたらされた。その方法を要約すると、タングステン粉末を小さな塊状に加圧成型し、水素気流中で加熱、焼結させる。これを高温で叩いて引き伸ばす（鍛造、圧延）。その焼結体は常温では脆いが、高温では鍛造、圧延できるという特性を利用する。加工が進むにつれて次第に温度を下げ、最後には常温でも加工、線引き出来るようになる。金属を融解しないで、金属粉を加圧成型後、融点以下の温度で焼結させて金属塊をつくるという、現代粉末冶金技術工業化のスタートであった。粉をつくり、練って、形をつくり、焼きかためるという人類の仕事の基本パターンが、ものすごく複雑化したものである。この方法が確立するや、たちまち高性能超硬合金、含油軸受（注油不要の軸受）、各種金属部品（たとえば時計の歯車）、電気部品などの新技術をつぎつぎに生んでいった。この成功は、もうひとつ大きい意義をもっていた。エジソンの発明は天才の個人プレイであったのに対し、Coolidge らは、有能な化学者、機械および電気技術者の秩序立った一大研究開発プロジェクトの成果であったことである。現代研究開発システムのハシリであった。二〇〇四年になって、会社と発明者の特許発明の権利をめぐる訴訟問題が浮上したのも、発明の性質と、法律との矛盾の露呈である。

科学技術に個人プレイ、英雄の時代は去り、バベルの塔やピラミッド建設を思わせる現代科学の巨大研究開発体制時代の開幕である。後世の歴史家は、科学技術者がもはやエリートではなく、ピラミッドをつくる無数の人々に比せられる時代になったと書くのかも知れない。

必然的に凡人を忠実な科学者にしたてあげる方策が必要になる。猫も杓子も大学へという受験戦争時代の出現である。天までとどくバベルの塔を思わせる現代科学技術の大規模開発体制は、文明という仮想の目標を与えれば、人間はかぎりなく積み上げてゆく特性を本来そなえているようだ。

## 8 ファイン・セラミックス

粉末冶金はやがてファインセラミックス時代を生んだ。粉の固め方、焼結および成型技術は、今日のファイン・セラミックスの基礎である。中世の城の石組みに私は人間の果てしない営みを見るような気がする。大きい石の間に小さい石が詰め込んである。この延長線上にコンクリートがある。大、中、小の骨材の隙間をセメントで埋めるのがコンクリートである。粉の充填体を焼き固めてつくるセラミックスも、これを精密化したものだと思えばよい。普通の瀬戸物は、天然産の粘土を原料にして

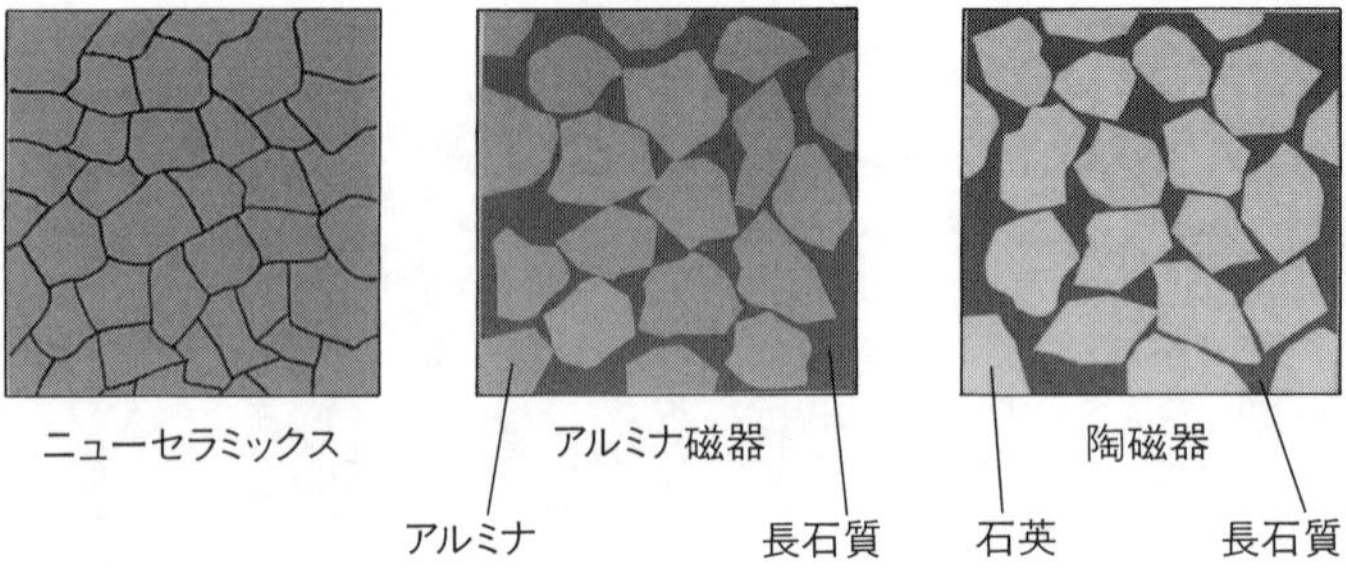


図7.1　セラミックスの構造

いる。上図はその、ミクロな構造である。石英粒の石垣、つまり石英粒子が骨格となり、その周囲に石英より融点が低い長石質がとりまいて石英粒子を包んでいる。冷却すれば接着して石英粒子を骨格とした固体になる。これが普通の陶磁器の共通した構造である。つまり陶磁器は石英粒子を長石質で固めたもので、良質粘土は両成分をちょうどよい比率で含んでいる。しかし石英も長石質も非常な高温には弱い。登山家は、そこに山があるから登るように、科学技術は難題への挑戦である。

自動車エンジンの点火栓（spark plug）絶縁体の改良がその難題を提出した。エンジンの中でガソリンが爆発的に燃えるときの激しい機械的衝撃、急激な温度変化、燃焼ガスの化学的腐食に耐え、しかも高電圧（三〜四万ボルト）にたいして絶縁性がよくなければならない。一八六〇年、フランスで開発された当時は、普通の磁器すなわち、ふつうの焼物であったから、壊れやすかった。そこでこの石英を耐火度の高いアルミナに置き換える研究が進んだ。一九三〇年代にドイツでアルミナ磁器が開発された。わが国でも第二次大戦中に航空機用エンジンに応用され、一九五〇年代には一般用に普及した。この頃私も昭和電工でドイツの技術に関連するアルミナ製造に携わっていたことがある。今でこそ言えることだが、課長から見せられたドイツの粉のサンプルを見て、多分ホワイト溶融アルミナのバグフィルター集塵微粉を精製すれば同じ粒度の製品になることを見つけて、客先に出したところ、お客様に大いに気に入られた。そこで私の実験室で極秘裏に製造を命じられた。まさか集塵微粉とはいえず、特殊な製法で作ったことにし、会社は特別高価な値段で売れたらしい。課長いわく「君の何年分もの給料は出たよ」。

その当時にはそれが、ニューセラミックス時代への中間過程にあるのだというような認識はもちろんなかった。未来はどこに潜んでいるかわからない。しかし、石英がアルミに変わっても、まだ長石質が残っている。これをなくする方向へ進んだところでニューセラミックスが生まれた。原料を、サブミクロン（一ミクロン以下）まで細かくすると、融点以下で固まる。すなわち焼結である。こうしてサブミクロンから超微粉の時代へと突入した。このアルミナ・セラミックスの技術は猛烈な波及効果を呼び起こし、切削工具、IC基板など現代ニューセラミックス時代が開幕した。

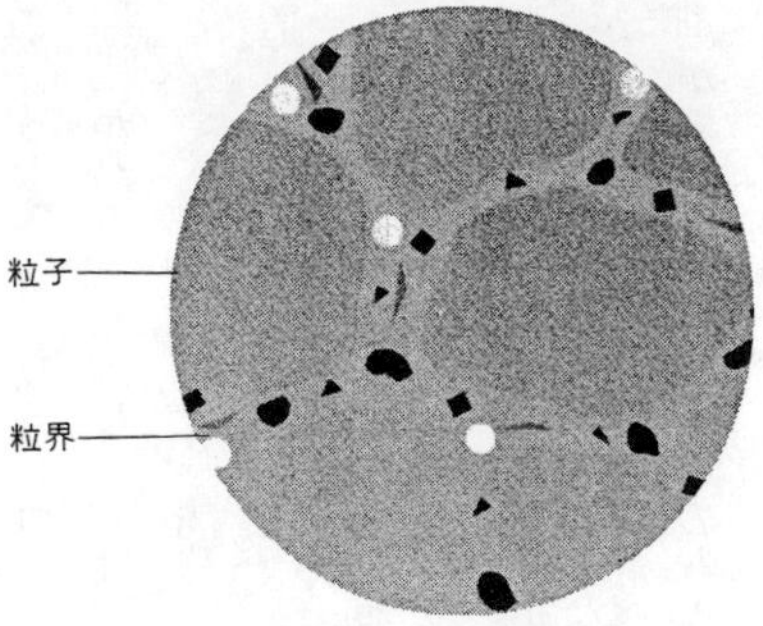

図7.2　ファイン・セラミックスの粒子

ここで一つの問題があった。粉を固めるのに、型に入れてプレスすると、内部の圧力分布が不均一になる。この解決にはゴム袋のような容器に粉をいれ、この外側から流体圧をかける。するとパスカルの原理で圧力が周囲から均等にかかる。流体としては溶融状態のガラスや高温高圧気体、あるいは溶融している鉄などを使うことができる。これは熱間静水圧焼結法（ＨＩＰ：Hot Isostatic Pressing）と呼び、各種セラミックス製造技術のひとつになっている。

歯医者では昔は金や銀を使うのが普通だったのが、ＨＩＰの出現で歯科用セラミックスが進歩して、外見では区別がつかなくなった。歯には普通食べる時で十数キロ、思いっきり噛むとだいたいその人の体重くらい、若い強健な男性ではその倍も瞬間的に力が出るという。そんな強大な力が小さな歯にかかっているのによくぞもつものだと感心する。仮に虫歯でなくても、修理した歯が毎日の力で接着剤が剝がれて脱落するのも当然だったが、最近ではアロンアルファほか各種接着剤の進歩でなかなか落ちなくなった。

## 9　粒界の利用

粉を焼き固めて物を造るさいに、もうひとつ大切なことがある。焼結体を構成する粒子と粒子がくっつき合っている境界のことを「粒界」というが、実は、この粒界は特別な性質を持っている。ここには、隙間や不純物、正確には介在物が集中している。はじめは厄介ものだったが、やがて逆にこれを利用する技術が発達した。これには微量元素分析法の進歩が寄与した。粒界を自由に造り出すことを「微細構造のコントロール」という。この粒界の意味がわかるまでの歴史にも曲折があった。一九四〇年代、第二次大戦のさなか、日本、アメリカ、ソ連で、それぞれ独自に、チタン酸バリウムを主体とする電子材料（強誘電体材料）が開発されていた。これは、常温で、電気抵抗が大きい絶縁体だった。

最近の電子機器は、覗いて見ても、まるで毒茸のような部品が一杯だが、そのなかに、バリスターといって、電気機器内部で何か異常電圧がかかったときに、電流を逃がして部品を保護する役割を持つ部品がある。低い電圧ではまったく電流を流さないが、電圧がある値以上になると、大きい電流を流せる特性をもっている。避雷器、スイッチを切るときの異常電流による火花防止などの働きをもっている。

チタン酸バリウム系ＰＴＣサーミスター（Positive Temperature Coefficient Thermistors）が、もっともはやく出現した。ＰＴＣというのは正の抵抗特性を意味し、温度が上昇すると、抵抗値が急激に増加する性質がある。そのために異常温度上昇がなく、安心して家庭用の熱発生器具が使える。日常生活では定温強風発生器（ハニカム・セラミックス）が、ふとん乾燥機やヘアドライヤーなどに利用されている。

電子関係のエレクトロ・セラミックスと並んで、機械技術関係にはエンジニアリング・セラミックスがある。プラスチックス時代には、その蔭にかくれて注目されなかったセラミックスが、にわかに脚光を浴びる時代になった。精密化、巨大化、多様化、それが二〇世紀末を演出していた。現代の粉

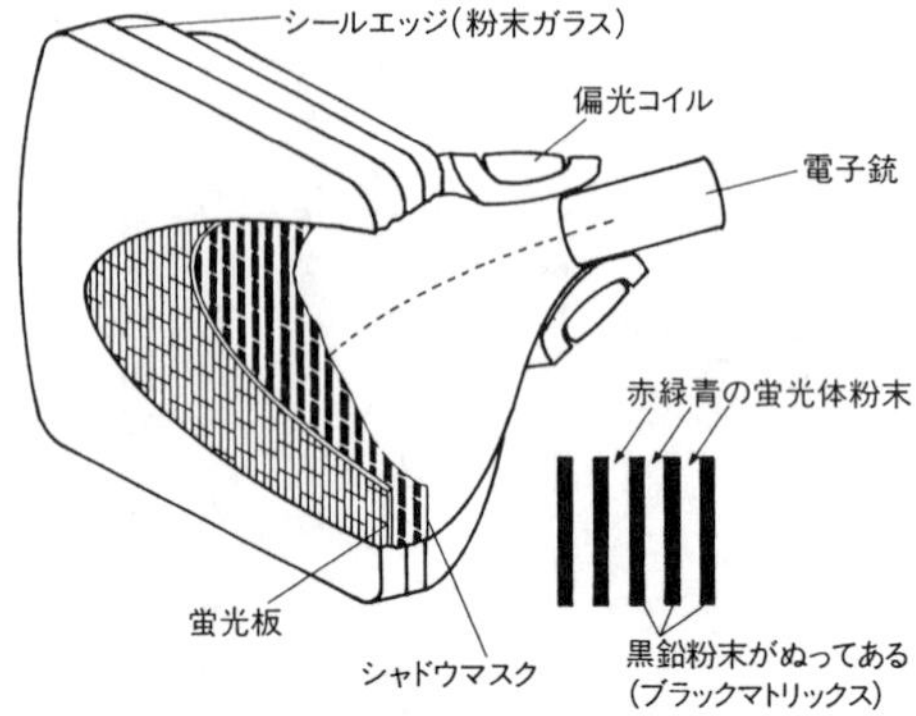


図7.3　テレビの内部構造

がひと昔まえの粉と決定的に違う点は、粒子がますます細かくなる傾向にあることと、ひとつひとつの粉の粒におそろしく手の込んだ方法で細工することである。

## 10　テレビの粉

一九五三年に日本でテレビ放送が始まった。一九七〇年には全面カラー化された。当時はCRT（Cathode Ray Tube：陰極線管）ディスプレーであった。このテレビを虫メガネで覗いて見ようとするのは粉屋の執念だ。ぜひ見たことがない方は見て頂きたい。じつは一九八〇年代に大きな変化があった。それ以前は丸い三色のつぶつぶだったものだ。一九七〇年頃から図7・3のように変わった。丸い赤、青、緑のブツブツだったのが、ブラックマトリックス（黒い線）を境にして、交互に並んでいるタイプに変わった。ここには蛍光体の粉末が塗ってある。まさに二〇世紀末を演出した光の点の集まりであった。

ブラウン管の内面と外面に導電膜として、黒鉛粉末が塗ってある。この微粉製造はたいへん難しい問題を含んでいた。鉛筆の字が滑らかに書けるのは、黒鉛がツルツル滑るためである。ボール・ミルで粉砕しようとすると、滑ってうまく粉砕できないし、品質変化も起こった。ひとつの解決策は、水素気流中での粉砕だった。粉砕能力は一躍八倍になり粉の性質改善も進んだ。そしてテレビの画面が鮮明になった。これは、外の光線が蛍光面で反射するのを防ぐためで、蛍光面に黒鉛の導電膜と蛍光体を塗った蛍光膜とを交互に配列したブラックマトリックスの登場がもたらした改造であった。それ以前は、前面のガラスはグレーだったが、それが透明になり、コントラストがよくなった。

## 11　液晶ディスプレイ　ＬＣＤ（Liquid Crystal Display）

液晶の存在は、一八八八年にオーストリアの植物学者レニツアー（Renitzer）によって発見されたとされている。液晶とは、固体と液体の中間にある物質の状態（例えばイカの墨や石鹸水など）を指す言葉だった。一九六三年ＲＣＡ社（Radio Corporation of America）のウィリアムス（Williams）は、液晶に電気的な刺激を与えると、光の通し方が変わることを発見。五年後（一九六八年）に同社のマイヤー（Mayer）らのグループが、この性質を応用した表示装置を作った。これが液晶ディスプレイ（LCD＝Liquid Crystal Display）の始まりであった。一九七六年にグレイ教授（英国ハル大学）は安定な液晶材料（ビフェニール系）を発見し、それは現在のＬＣＤ材料の基礎となっている。ディスプレイの材料としては不安定で商用として問題があったが、一九七三年、シャープより電卓（EL-805）の表示として世界で初めて応用された。

電子粉流体（http://www.itmedia.co.jp/dict/peripheral/display/03440.html）をブリヂストンが二〇〇二年三月に発表した。表示材料向け高分子ポリマー粒子で、液体のように高い流動性を持つように有機化合物に特殊加工を施した粒子で、反射率・視野角・低消費電力性に優れ、液晶の一〇〇倍（数百マイクロ秒）の応答性を有するという。電子粉流体をディスプレイに応用した場合、従来の液晶よりはるかに精細な動画再生が実現するという。また、電子粉流体ディスプレイは液晶よりも簡易な作りであり、低コスト化が可能である。電子粉流体ディスプレイは液晶ディスプレイに変わる素材としてノートパソコン、ディスプレイ、電子ペーパーなどへの応用が考えられており、まず携帯電話、PDA（Personal Digital Assistance）向けに二〇〇三年には商品化された。なおIT用語辞典（http://e-words.jp/）はさらに詳細情報を得るのに有用である。

このほか有機ELディスプレイ（organic electro luminescence display）もあるが詳細にわたるので省略する。二〇〇四年にはハイビジョン放送が都市部から始まった。

カラープラズマディスプレイ（PDP：Plasma Display Panel）は、薄い二枚のガラスを重ねたシンプルな構造で、発光は、内部に封入した希ガスに電圧を加え、その時に生じる紫外線を蛍光体にあてる。蛍光灯も、電極に電圧をかけることによって放電が起こり、紫外線が放出され、その紫外線がガラス管の内側に塗布された蛍光物質を刺激して発光する。カラーPDPの原理は蛍光灯とよく似てお

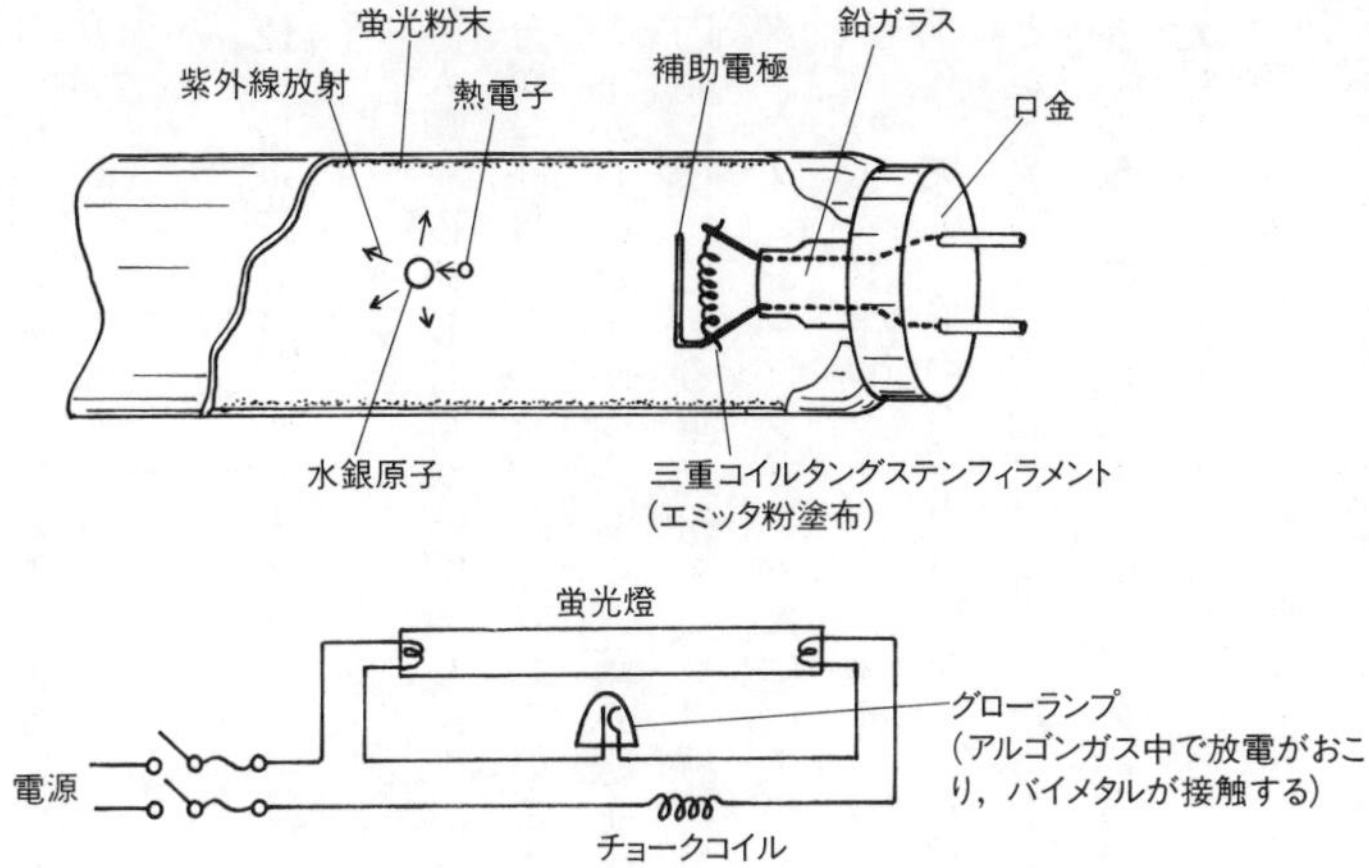


図7.4　蛍光灯は粉のかたまり

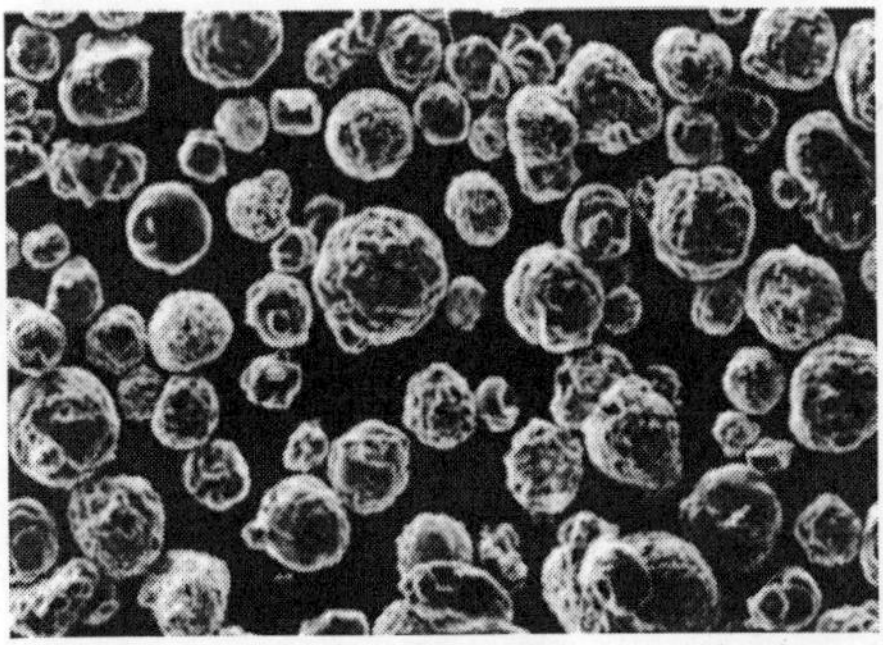

図7.6　キャリヤー

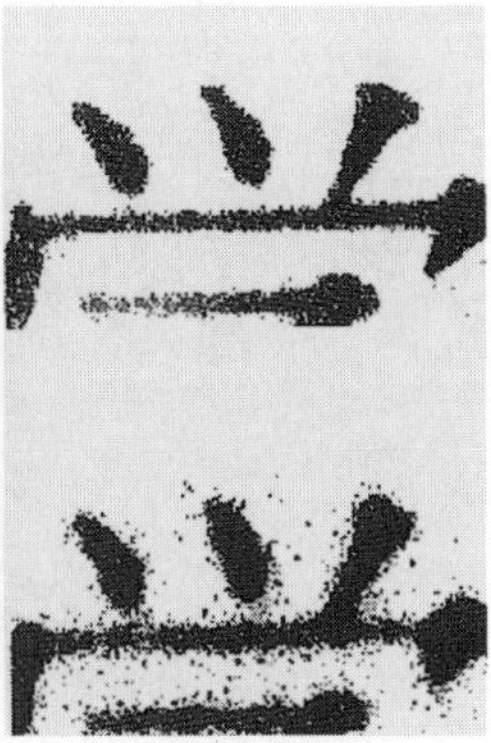

図7.5　活版印刷とコピーの差

り、極小の蛍光ランプが無数に並んで一枚の画面を作っているわけだ。

## 12　蛍光灯と磁気テープ

人類を夜のしじまから解放したタングステン電球も、今は大部分が蛍光灯になった。封入されている水銀蒸気の分子にフィラメントからの電子が衝突して、紫外線を出す。この紫外線が、管の内側に塗ってある蛍光粉末（ハロ燐酸カルシウム）を発光させる。タングステンフィラメントには、電子放射を盛んにするために、バリウム、ストロンチウム、カルシウムなどの酸化物粉末（エミッタ）が塗ってある。古くなると蛍光管が黒くなるのは、水銀などが蛍光粉末の表面に付着するためである。これを防ぐためにジルコン酸化物が使われている。外のガラスも原料は粉、つまり蛍光灯も粉の塊であるという訳だ。

フェライトという記憶媒体（記憶メディア）からＭＯ（Magneto Optical Disc：磁気光ディスク）になったと思ったらいつの間

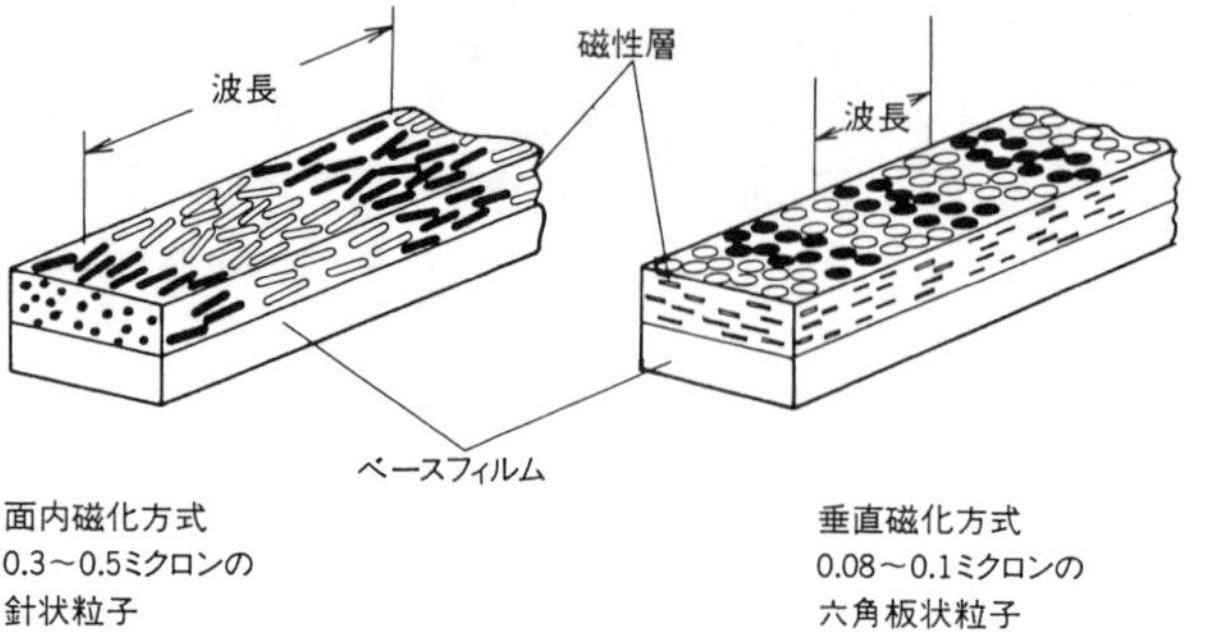


図7.7　磁気テープの構造

にかCD-ROMに変わり、記憶容量も、今ではギガバイトが普通になり、どこまで進むか見当もつかない。本著は二〇世紀末までの歴史なので、それをまとめておく。

オーディオ、ビデオの磁気テープからパソコンのフロッピーディスクまで、現代は、日常生活でもさまざまの情報記憶装置を使うが、その記憶を担当しているのは、微小な粉の磁石である。磁気テープには、無数の粉の磁石が、ひとつひとつ互いに分離されて、バインダーにくるまって、整然と一定方向に並んでいる(図7・7)。その磁石はガンマフェライトと呼ばれ、粒揃いの針状粒子である。長さは〇・三から〇・五ミクロンという、この魔法のような微小な磁石を、どうやって造るのか。これは、一九四七年に針状結晶ガンマフェライトの特許が出て以来、二十数年間のおびただしい研究の積み上げによって確立された。今もなお日進月歩が続いている。一粒ぞろいの極微粉、超高純度超微粉の時代の粉、サラサラながれる粉、千分の一ミリ(一ミクロン)以下の超微粉の製法や開発の情報が新聞をにぎわせている。

## 13 電子コピー

IT時代になって情報は手軽に手に入る。情報機器と情報社会のしくみというサイト(http://kyoiku-gakka.u-sacred-heart.ac.jp/jyouhou-kiki/index.html 聖心女子大学)を見れば電子コピーの機械の構造まで詳しく動画を使って懇切丁寧に解説している。マウスの中まで見せてくれる。電子コピーの仕組みもあるからご覧になったら楽しい。コンピューターについても実に詳しく説明してある。こうなるともう書籍の時代でもなさそうだが、目的の情報にたどりつくまではなかなかだ。

二二一ページ図7・6は宇宙探検のマンガに出てきそうな写真だが、オフィスには欠くことのできない電子コピーの黒い粉を運ぶキャリヤー粒子である。普通のコピーは黒い粉で字を書くが、この粉の運び屋で、人目にふれることなく、機械のなかで循環し、身をすり減らして働き、寿命がくれば捨てられる。文字通り現代の日蔭者の運命を背負った粒子である。多分オフィス・レディーもトナーは見てもこの粒子は見たことがない方が多いはずだ。図7・5はコピーする原本の文字とそれをコピーした文字である。比較してみると、すこしぼやけてくる。これを顕微鏡写真に撮ると、ずいぶんきたない。機械が故障しているのではなく、ごく普通の条件のコピーである。それもわざわざコピー機械メーカーでコピーしたものだ。粉がまぶされ、それが焼付けられた状態がよくわかる。（ただし一九八六年に作ったデータだから今はもっと改善されたのかも知れない）。

電子コピーの原理は、一九三九年にアメリカのチェスター・カールソン（Chester Carlson）が発明し、一九四四年にバトル・メモリアル研究所が実用研究を開始、一九五〇年に商品化した。金属セレンを巻いた（蒸着）したローラーに暗い場所で高電圧の静電極を近づけて、ローラーの全面にわたり均一に帯電させておく。次に明るい光で原本を照らし、レンズによってその像をローラー上に作ると、文字や絵の部分だけが暗いから、その部分だけに静電気が残り、その他の部分の静電気は消滅する。金属セレンは光が当った部分だけ、電子が動き易くなる性質（光電効果）を持っているのを利用している。こうして静電気の文字（静電潜像）がローラー上に書かれるが、これは目に見えない。ここに色のある粉をまぶして余分の粉を払い落とせば、「学」の文字になる。

この粉には実に大変な仕掛けが施してある。各社にノウハウがあって委しいことはわからないが、溶着しやすい合成樹脂粉末（エポキシ樹脂、アクリル樹脂）に、着色材（黒ならカーボン、カラーなら各種色粉）を加え、さらに静電特性を調節する帯電制御剤、流動性改善剤、離型剤などが配合されている。製造工程では、これらの混合粉末を加熱して溶融し、これを捏和機（ニーダー）でよく練ったのち、水冷したスチールベルトに流し出す。ベルトで送られる間にカチカチの煎餅状になる。これを粗砕きし、次に特殊な粉砕機にかけて微粉砕する。最後に気流分級機やふるいで、粒の大きさを二〇〜五ミクロンに揃えてある。

「ユビキタス（時空自在）社会」とは、二〇〇三年になってマスコミにも登場するようになったが、一九九〇年代にゼロックスのマーク・ワイザーが言いだした言葉で、ラテン語で「どこにでもコンピュータがある」社会が現実になっている。

# 第8章　粉のダイナミックス

喫茶店で、洒落たカットグラスの砂糖容器から、本物の金のスプーンで、やおらすくってサラサラッと砂糖を入れるダイナミックスを楽しもうと思っているのに、「ひとつにしますか、ふたつですか」などと余計な世話を焼く、お切匙（せっかい）な人がいる。もっとも、これは相手にもよることだが、サラサラもひとつのささやかな文化であって、砂糖は甘ければよいというものではない。ここに楽しみがあり、コミュニケーションの糸口もあるというものだ。サラサラは文化だから原価計算はしない。最近ではスプーンをつかうのは古い。普通はパックのシュガーだのシュガーカットだのだ。やぶりにくい袋をひっぱっている光景はあまりスマートな文化とはいい難く、カップの近くに、はやくもゴミができて気分もよくない。

さてどんな粉もこういう風にサラサラ流れてくれればいいが、そうはゆかない。そこで手に負えない、扱いにくい粉を、うまく、そして速く動かす技術が活躍する。粉は埃（ほこり）が出やすいので、それを防ぐ技術もいる。いまの平均的日本人にとって、粉といえば小麦粉、臼といえば昔の道具くらいの認識しかないのが普通だが、仕事の上でも、日常生活のうえでも、粉の技術と粉が作り出す物質文明にどっぷり浸っているのだ。普段は粉に気付かないだけのことである。そこで本章では主として粉の扱い方について、述べる。

現代の粉屋は、粉っぽい手に負えない粉をまるめこんで、サラサラにして、自由に操る。煽ったり、すかしたり、騙したり、乗せたりする魔術師である。第1章で述べた通り、粉をつくって、練って、かためて、焼いてといったパターンは少しも変わっていないが、工程の途中での粉の扱いが進歩した。二十一世紀の現代は人類史上未だかつてない、物とエネルギーの浪費を基調にした文化が栄えている。そのよしあしは別として、とにかく量産時代、人の目にふれないところで莫大な量の粉が流れている。物は粉の状態で輸送するのが、都合いいからである。まず第一にパイプラインで運べる。そうすれば、人手も要らないし、埃もたたず安全である。そのためには流れにくい粉も扱いやすくする技術が必要になる。バルク・ハンドリング（bulk handling）技術などとよばれている。

## 1　粉を気流に乗せる

風の強い砂丘や砂浜では、飛砂の災害がある。これを昔の人たちは、砂防柵や松林を育てることによって防いだ。白砂青松の日本の海岸は、祖先たちが長い年月をかけて築いた遺産である。けっして大昔から松があったわけではない。考古学者によると、縄文時代には松はなかったそうだ（「マツの話」池谷浩著『砂防と治水』140号）（http://www.hrr.mlit.go.jp/yuzawa/fm/chishiki/sabo-100.htm）。弥生時代後期にようやく遺物が出るという。その後の人為的な自然変化で、松が全国に広がった。それが藩の大事業だった場所もある。それを飛砂の防止に役立たせ、同時にすばらしい景観をつくった。

外国には砂漠の飛砂についての研究が古くからあり、その研究成果が基礎になって、砂だけでなく、粉ならなんでも気流にのせてパイプラインで輸送する技術を生んだ。家庭用の電気掃除機は、吸い込んだゴミを空気流に乗せて吸引パイプの中を捕集室へ運び、フィルターで粉塵ゴミを分離する。電気掃除機は工場で発生する粉塵を捕集する装置のミニチュアである。集塵装置がない頃には、頭に手拭をかぶり、口と鼻にはぶ厚いマスクをして、粉まみれになって働くのが粉屋だった。まつ毛はお爺さんのようだった。そこで珪肺や塵肺にかかった。老人になって気がつくことも多い。

集塵装置では粉を吸い込んでから、それをどうやって集めるかが問題である。電気掃除機は、これを布や紙の袋で漉しとる。工場ではバグフィルター（bag filter）という。バグすなわち袋式濾過器である。空気を漉すなんて簡単そうだが、種々の目的にかなった濾布の開発が進んで、今日のような完成されたバグフィルターができた。ふるいのように、粉がひっかかるのでなく、粉自体も濾過層になる。また衝突捕集効果といって、濾布の繊維層のまわりの気流から粒子が逸れて捕集されるメカニズムも研究されている。

バグでは捕集できない粉塵は、静電気を利用した電気集塵機（electrostatic precipitator）で捕集する。一時は公害問題の筆頭だった大気汚染は、これら集塵装置の働きで今日のように改善された。雨が降れば空気が澄むことから、水を雨のように降らせばと思うが、意外にダメなものである。水滴の

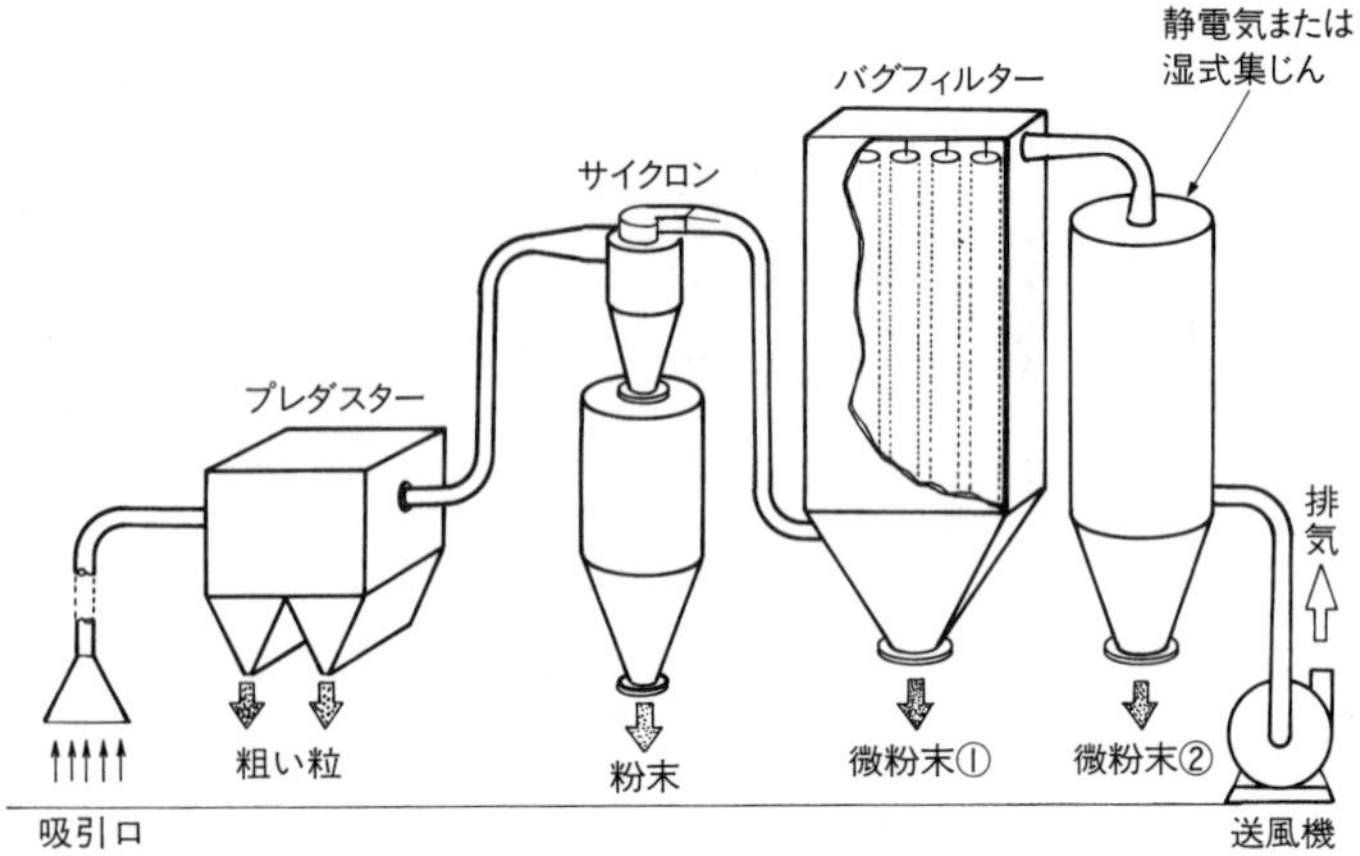

図8.1　集塵装置（電気掃除機の大きいものだと思えばよい）

最適サイズがあり、速度も三〇メートル毎秒以上でないと、捕集効率がぐっと落ちる。それに、大気汚染を水汚染に変えるだけで、解決にはならない。

## 2　サイクロン

工場ではいきなりバグフィルターや電気集塵機にかけるのでなく、比較的粗い粉を、前もって捕集したほうが都合のよいことがある。それにはサイクロン(cyclone)という装置がある。アメリカで南北戦争直後頃から、スターテバント(Sturtevant)が集塵装置の研究を開始したのにはじまる。この特許は、今から百年ほど前の一八八五年（明治十八年）に出ている。

サイクロンの円筒部分で渦巻気流が発生する。サイクロンとは、インド洋で発生する旋風のことで、しばしば大災害が報道される。日本名では台風である。入口風速一五〜二〇メートル（最大風速がおよそ一七㍍/s以上になったものを「台風」という)。入口から入った空気は、装置の中で旋風を発生し、粒子は遠心力で壁の方へ移動し、壁に沿って下に落ちるが、空気は中央へと向かって中央の空気出口から抜ける。重力の数百ないし数千倍の遠心力が発生するので、大気中では容易に沈降しない微粒子が捕捉できるわけである。しかし、数ミクロン(千分の数ミリ)というような微粒子は、空気に伴われて排出されるので、そのあと電気集塵機やバグフィルターで捕集する必要がある。

## 3 気流搬送装置

ニューマチック・コンベヤー(pneumatic conveyer)、または空気輸送装置は、粉体状の原料あるいは中間製品や最終製品粉末を輸送し、必要な場所でサイクロンにより捕集する装置である。工場では、壁を貫通し、天井を這い、機械の間をくぐって、粉塵の発生なしに粉を輸送している。このニューマチック・コンベヤーの出現によって、粉を扱う工場のイメージは一変した。一九二四年、ドイツのガスタースタッド(Gasterstadt, H)(V. D. I. No. 265)が、穀物類の輸送に関して原理的研究を発表して以来、主に小麦製粉の大型化に伴って発達した。また他の産業にも急速にひろまり、とくに一九四〇年以後、石油化学で、次に述べる流動層の発展に伴って進歩した。

現在、日本は外国から各種工業原料や小麦や飼料を大量に輸入している。船で運ばれてきたものは港に設けた巨大なサイロ(一時貯蔵装置)に収める。このときニューマチック・コンベヤーが活躍する。まさに日本列島のストローである。

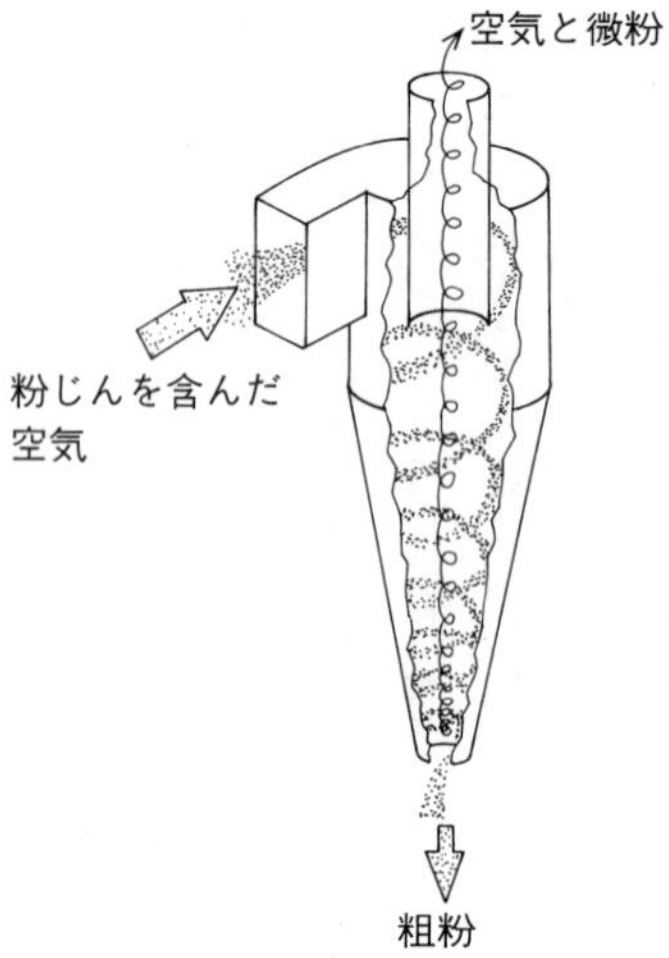

図8.2　サイクロン

## 4　流動層 (fluidized bed)

底に網を置いた円筒に、粉をいれて下から気体を吹き込む。空気流量が少ないうちは、空気がただ通りぬけるだけだが、次第に流量を増してゆくと、やがて突然、粉の層が脹らんで、まるでお湯が沸騰しているように動きはじめる。この状態を粉体の流動層という。粒子の大きさと流量とがちょうど

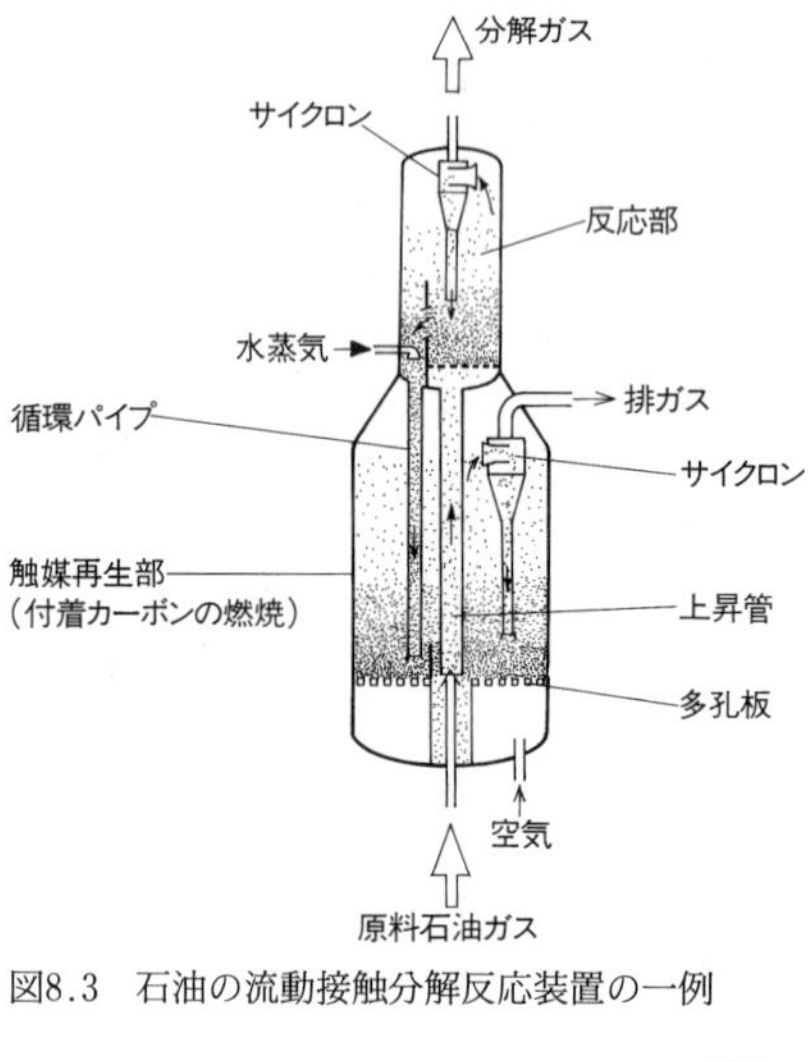

図8.3　石油の流動接触分解反応装置の一例

よい条件が成立したとき起こる現象である。この流動層は気体と粒子との接触が激しく行われるので、化学反応や粉の混合、乾燥、燃焼、造粒などをきわめて効率よく行うことができる。流動層をはじめて大規模に実用化したのは一九二二年（大正十一年）、ドイツ特許の石炭ガス発生炉（石炭をガス化する炉）であった。これは、ウインクラー（Winkler）炉と呼ばれ、高さ一三メートル、断面積一二平方メートルという大きい流動層で、一九二六年操業に入った。その後、日本でも実用化されたが、広い場所をとり、効率がわるく不評であった。

第二次大戦のさなかの一九四一年アメリカでは高オクタン価航空機用ガソリン増産の必要に迫られていた。私も一九四四年には勤労動員で化学工場に出て、航空機用ガソリン製造の触媒研究の手伝いをやっていた。アメリカと同じようなことを、二、三年遅れて追っていたわけである。粒状触媒を反応塔に充塡しておき、そこに石油ガスを送りこむ方法（固定式フードレイ法）であった。しかし、すぐに触媒が炭素の付着でダメになるので、そのたびに装置を止めねばならなかった。真黒になって実験したものであった。この操作を連続化し、触媒を固定せず流動化させて行うのが、流動接触分解法である。連続的に触媒を扱うソリッド・サーキュレーション法のはじまりである。この方法はその後、爆発的に応用が拡大し、現代石油化学の基本となった。現在では、数えきれないほどの応用がある。生活に関係深いものとしては粉末食品の造粒や乾燥がある。ゴミの焼却炉にも応用され、砂を流動化しておき、そこへ生ゴミを入れると燃えつくす。こんなところに、航空機用ガソリンで発達した技術が生きているわけだ。

## 5　セメント工業

もっと大規模な流動層の応用は、セメント工業である。道路もビルディングもセメント工業抜きでは語れない。このセメント工業の技術革新は、まさに流動層の発達にあった。セメントの起源は古くギリシャ、ローマ時代に遡るが、今日のようなセメントが完成したのは一八二四年であった。イギリスの煉瓦工であったアスプディン（Aspdin, J）が「人工石製造法の改良」なる特許を出し、ポートランド島の石材に似ていたので、ポートランドセメントと命名したのにはじまる。不純物が多い石灰石を、粉にして焼けばセメントができるが、品質の安定した、水の中でも固まる水硬性セメントを造るには、石灰石、珪石、粘土、および鉄スラグ、石膏の粉をつくり、厳密に成分調節する必要がある。これは、粉の混合である。ひと昔前は、粉末にした原料に水をくわえドロドロにした状態、すなわちスラリー状でかきまぜた。つぎに、これを濾過し、ロータリー・キルン（回転焼成炉）で焼いた。これを湿式法という。私は戦後の一九四七年の夏休み中の名古屋大学の実習体験授業で、小野田セメント藤原工場の分析室で粘土の分析を担当していた。大きな池のようなシックナー（thickener）という沈降槽の脇に分析室があった。この沈降槽は長時間の攪拌で大量のスラリー（泥）を均一に混合する役割だった。

もし、水を使わずに混合できれば、水の蒸発分だけエネルギーロスが少なくなる。これを可能にし

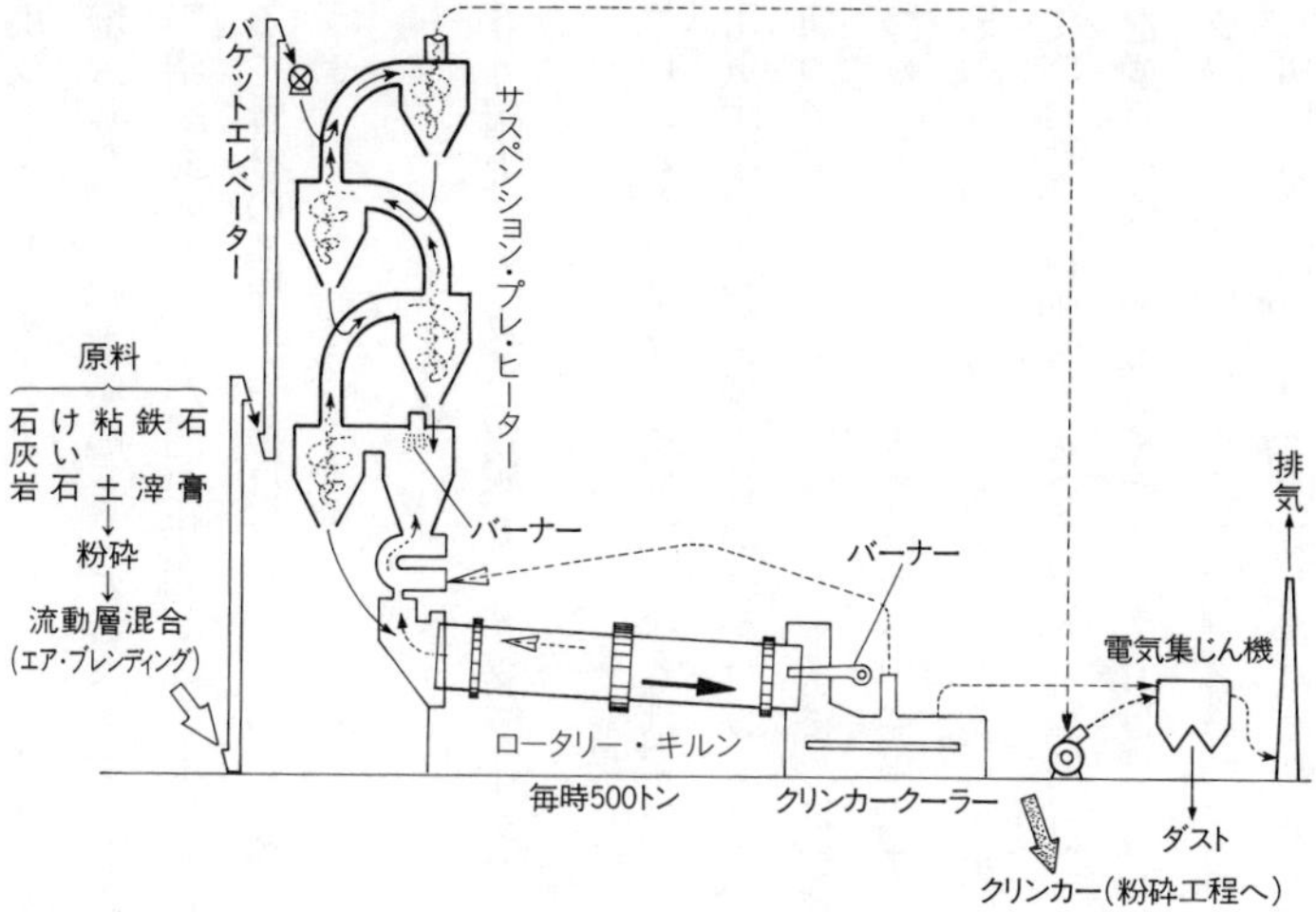


図8.4　ニューサスペンション・プレヒーター

たのが、流動層であった。乾いた粉のままで混合するのが流動層混合装置（エア・ブレンディングサイロ）、直径一〇メートル、高さ二〇メートル、一個で二五〇〇〜四〇〇〇トン級の円筒形サイロもある。

セメントには一九六五年頃、もう一つの技術革新があった。ロータリー・キルン（rotary kiln）から出る熱排ガスにより、原料粉末を予熱する装置である。熱い気流中で浮遊状態で加熱されるので、サスペンション・プレ・ヒーター（浮遊予備加熱装置：suspension preheater）という。業界ではＳＰと略称されている。この装置から出る排ガスは摂氏約三三〇度あるが、これは、原料の乾燥に利用する。こうして湿式法ではトン当り一四〇万キロカロリーだったのが九〇万キロカロリーまで節減できた。さらに一九七二年頃、日本の技術でＮＳＰ（new suspension preheater）といってＳＰとキルンとの間に補助燃焼炉（仮焼炉）を設けたものが出現した。原料の焼成度をSPキルンよりさらに高めてキルンに供給するので、その焼成能力はSPキルンの約二倍に増大した。原料も製品もひと昔まえと変わらないが、巨大な粉の流れのダイナミックスが、セメント工業を変えた。わが国の年間セメント生産量は鉄鋼とならんで約一億トン、世界のトップをきっている。骨材の消費トン数はセメントの約八倍である。日本がコンクリート列島になりそうなのもうなずける。

### 6 耐火レンガも石炭もパイプラインで

レンガをパイプラインで運べるはずはないが、粉の原料なら運べる。製鉄の熔鉱炉や製鋼用転炉、電気炉などの耐火煉瓦は消耗がはげしくて、築炉や補修に人手がかかった。そこで耐火物原料を水で練って生コンのように練り、土状または泥状にし、パイプラインで運び必要な箇所に流し込み、吹きつけ、エアーハンマーで直接、現場施工する。窯を使うときに自然に焼けて、耐火物になる。これを形のない耐火物という意味で、不定形耐火物とよぶ。不定形耐火物（Castable Refractory）は、必要に応じて、流動性をもたせてパイプラインで運び、所定の場所で固体に戻す。粉の動と静の変幻自在な操り技術である。そっとしておけば流動しないが、かきまぜたりすると水のように流れる性質をチクソトロピー（thixotropy：揺変性）という。現象のスケールがちがうが、第5章でのべた人形に塗る胡粉が、刷毛（はけ）などで塗るときには動き、刷毛（はけ）を止めると静止して、たれてこないのと同じだ。デリケートな人形の眉などはそうして描かれる。清水焼窯元でその実際を見学させてもらったことがあった。もともとコロイド分野の用語だったが、本来の意味を広義に解釈するようになった。石炭もパイプラインで運ぶ。コム（COM）焚きといって、石炭を微粉砕し（七〇ミクロン以下）、重油と混合したものを燃料につかう。長期間安定性を保つために、界面活性剤が使われている。固形の石炭と違って海底に輸送管を敷設して、パイプライン輸送ができる。COMはコール・オイル・ミクスチュアの略である。

## 7 スプレードライヤー（splay dryer）

海辺では、海水のしぶきが乾燥して、塩の粒ができる。これを工業的に実現したものがスプレードライヤー（噴霧乾燥造粒装置）である。液状のものを細かい霧に吹き、その霧の粒が落下する間に乾燥させる。霧をつくる原理は、雨傘を回すと水滴が飛ぶ、速くまわせば小さくなる、あの原理である。落ちる途中で、幾つもの細かい粉の粒子がくっつき合う。こうしてできた粒子は、ソフトにくっつきあった粒子で、これを顆粒（かりゅう）という。扱いやすくて、必要なとき溶けやすいとか、保存中は表面積が小さく、壊せばもとのように表面積が大きくなるなどの特性が利用される。牛乳をスプレードライヤーにかけると粉乳ができる。粉乳工場では、高さ三〇メートルの塔の上から、ゆっくり落ちている。下から眺めると牛乳の雲が棚引いている感じだ。合成洗剤、医薬品、農薬、粉末食品、調味料など実に

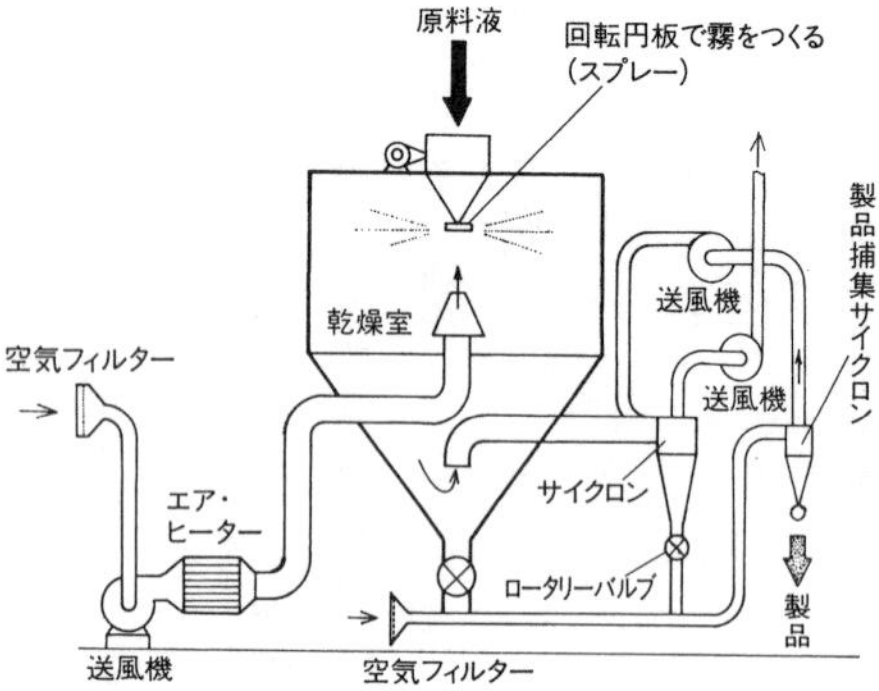


図8.5　スプレードライヤー

広い応用がある。酒を粉にする芸当もこれで、デキストリンに酒をしみこませた粒子である。電子部品など小さい金型に材料を詰めるのにも、この技術により顆粒にして流れやすくする。薬も、かつては粉ぐすりが多く、粉のまま口に入れて飲むのが普通だった。うまくしないと粉にむせたものだった。今では微粉末をソフトに固めてある。あまりかたく固めると、丸薬になって溶けにくい。抹茶もこうすれば茶筅が要らなくなるが、香りが飛ぶので実用化していない。もっとも、これでは香りと一緒に茶道も飛んでしまう。

古くから、線香の製造につかわれた押し出し機も、粒を造る方法の一つである。なんでもないようだが、ここにも一つの芸術がある。大阪府八尾にある高級なお菓子屋さんの造粒機械を作れと依頼されたときのこと。押しだし造粒だが条件がよくないと虫のウンチの感じになる。高級菓子屋さんの要求は「福寿草の根のムードにしたい」だった。人間の目は難しいものだ。水分、バインダーの種類の選択が重要で、これが造粒のノウハウである。製品は商品化されてインスタントお汁粉として市販されている。

## 8　ブロッキング防止

量産時代にはすべてのものが高速で走る。たとえば印刷スピードが速くなった。ところがオフセット印刷のインキは、亜麻仁油、桐油など乾性油が主体で、乾燥は空気酸化による化合物の形成、すなわち架橋硬化だから、乾燥時間は約二十時間を要する。そのままだと裏写りが起こるし、たくさん溜れば一体になる。これをブロッキング（blocking）という。それを防ぐのに、取り粉の原理が利用された。お餅をまるめるのに、取り粉といって、米の粉や馬鈴薯澱粉をふりかける。お互いに粘着するのを防ぐほかに、餅を滑りやすくし、動かしやすくする効果がある。この原理を物体を運ぶ媒体として利用する。石を運ぶときの転（ころ）に似ており、スペーサーを入れるともいう。澱粉粒子の表面にシリコーン加工した粉を、ふるいで五〇から三〇、あるいは二〇から一〇ミクロンに揃えてある。粉が発塵源になっては困るから、五ミクロン以下の微粉は除去する。板ガラス、フィルム、ビニールシート、板ゴムなど平らなものの生産に利用されている。食品工業でも、チューインガム、ソーセージ、パン、大福、パイなどの食品の高速大量生産に、毒性のない加工澱粉が活躍している。

## 9　噴きだす粉、エーレーション（aeration）

天然澱粉に物理的・化学的処理を施した加工澱粉は、機能性澱粉の一つである。ブロッキング防止剤の加工澱粉は、おもしろい性質をもっている。空気を含むと液体のように流れるから、ポリ袋に入れて針でつつくと、針孔からピューと噴きだす。また容器にいれてゆさぶると、ヒタヒタと水のようにうごく。まことに不思議な粉である。これで粉鉄砲をつくるのも楽しい。それなら砂時計に使えそうだが、空気と一緒でなければ動かない。自然界には花粉や胞子に、このような性質をもったものがある。古くから漢方薬や製薬用の衣(ころも)につかう蒲黄(ほおう)（蒲の花粉）、石松子(せきしょうし)（ヒカゲノカズラの胞子）がそれである。

この性質を利用したのが人工受粉器で、果樹園で使われている。粉鉄砲は身近にもある。粉末消火器である。昔は重曹（重炭酸ソーダ）だったが、今は、重炭酸アンモニウムと第一燐酸アンモニウムが主体である。流れ易くするために、粒の大きさは〇・一八ミリ以下、粒子の形を整え、表面にシリコーンコーティングして滑りやすくし、メチル水素シリコーン油で処理して水をはじく性質を持たせ、さらに吸湿防止加工されている。炎の中には、水素イオンと水酸イオンが、活性の状態で存在し、このうち、水酸イオンが燃焼の仲だちをする。燃焼の連鎖反応つまり、火炎の担い手である。このイオンを奪いとる作用が消火作用のメカニズムである。微粉末にすることによって、表面積を大きくし、反応性を高め、粉の粒子数を多くしてイオンに遭遇するチャンスを大きくし、消火作用を高めている。粉自身が、燃えている木材に付着し、溶けて覆い、木材自身を不燃性にする作用もある。

〔挿話〕　富士山のシミュレーション

大学で学生たちとやった粉の流れの遊びでおもしろいことがあった。粉を漏斗から少しずつ落とすと、床の上に山のように堆積する。このときの角度を静止摩擦角と呼ぶ。山の頂上付近でしばらく積みあがってから、崩れてゆく。崩れると、前より小さい角度になる。動摩擦角である。静から動への変化。この角度測定は、粉の性質を考えるために必要だし、容器の設計にも大切な値だ。容器（工場のタンク）に粉を入れるとき、ロースト・ボリューム（ロス容積）ができるから、水を入れたときのように、いっぱいにならない。工場での在庫調べ（仕掛り調べ）にも必要になる。会社でいいかげんな推定をしていて、実際の在庫が帳面と大いに違い、税務署から叱られたこともあった。

ところで富士山は噴出して堆積したのだから、漏斗から落としても結果は同じはずだ。そこで実験のついでに砂を約一トン一日がかりで床の上に堆積させてみた。年末だったので大掃除のついでに教授室を空にして真ん中にたくさん机を並べた。天井から大きなホッパーを吊して砂を落とす。はじめは一定角度に堆積するが、やがて上部の重さにより裾野がひろがり出した。机の板の摩擦係数が小さかったのだ。雲と朝日を背景につくれば、誰も疑うことのない富士の日の出がシミュレートできた。裾野が広がるのだ。その年明けにテレビで新年、初日の出のシルエット風景を見て、もしかしてシミュレーションではないかと思った。これほど大量で実験する馬鹿はいないに違いない。

# 第9章　鳴き砂と石臼は親類

京都府網野町の琴引浜は鳴き砂で有名である。そこに二〇〇二年の十月に、琴引浜鳴き砂文化館がオープンした。こうして砂もようやく文化の仲間入りをした。建物は日本ナショナルトラストの肝煎りで作られ、設計者吉田桂二氏の執念で付近の民家に調和する純木造建物になっているのが、素晴らしい。付近にある一棟の洋風マンションの違和観と対照的だ。

## 1　砂が鳴くなんてウソだ——鳴き砂との出会い

私が鳴き砂というものを初めて知ったのは、一九七一年の冬にテレビで仙台在住の高校の渋谷修先生が「東北には砂が鳴く浜がたくさんある」と話していたのを聞いたのに始まる。大学で「砂が鳴くってなんだろう」と学生たちに話したら、ある学生が「網野町にもありますよ」という。「そんなバカな。砂が鳴くもんか。ザクザクというだけだ」というと、「そんなら親父に頼んで砂を送ってもらいますよ」。

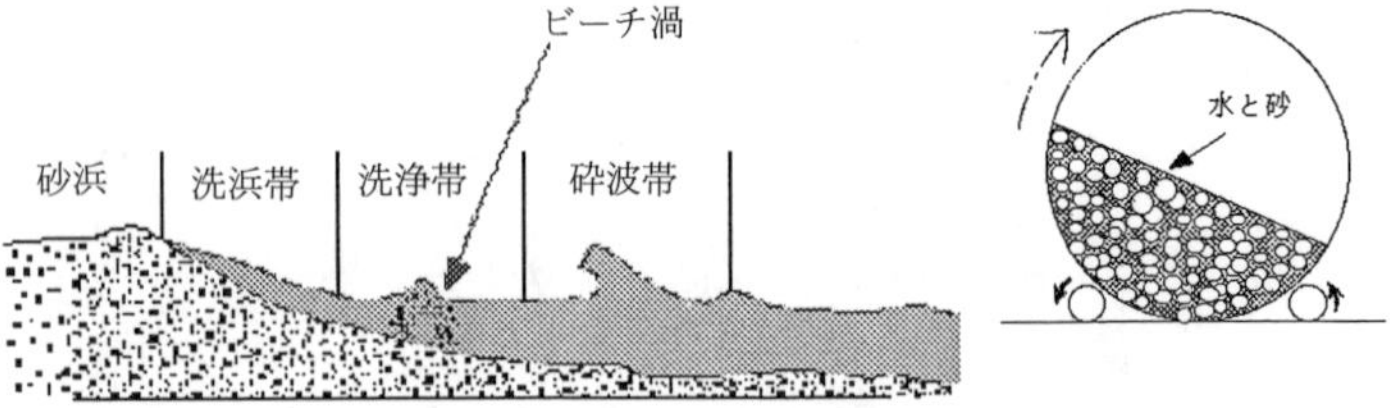


図9.1　琴引浜で見たビーチ渦（左）と，それを機械的に再現する発想（ミリングマシン）

真冬だったが、親父さんは大雪の中を、息子のいうことだからと、浜へ出てたくさんの砂を送ってくれた。さっそく息子は研究室で鳴かそうとするが、いっこうに音が出る気配がない。回りにいた学生たちに笑われて彼は残念がった。「おかしいな。音が出るのに。春になったら行って見て下さいよ」と言って彼はその春卒業した。一九七一年卒、田中哲三君という。その後彼の消息は不明のままである。私に初めて鳴き砂を教えてくれた大切な恩人だが、後に網野町役場に聞いてもそのような姓の人はいないと。親父さんは転勤の多い勤め人か、それともヒョッとしたら琴引浜の守護神白滝大明神の化身では？

一九七二年の春が来て、私は初めて琴引浜へゆくことにした。訪問日は不詳だが、そのとき浜へ一歩を踏み入れたときの感触は忘れることができない。ブー、ブー、ブー。「おや？　おや？　おやおや？」一〇人くらいいた学生たちが、不思議な感触に誘われて驚きの声はいつのまにか、揃って踊り出し、調子を合わせてしばらく踊りながら歩きまわった。この話は中央部の太鼓浜でのことだったが、現在の浜辺では信じられないようなよき時代（一九七〇年代）のオトギ話である。その時のことを同行して私の研究室を継いだ同志社大学工学部の日高重助教授は記憶している。

## 2　大自然は巨大な石臼であった

鳴き砂と石臼は親戚だった。この事実は長い間気付かなかった。あるとき私は冬の琴引浜に立って打ち寄せる波を見つめていて、図9・1のような波の運動を見た。遠洋から続々浜辺に押し寄せる荒波が、浜辺に激しくぶつかって砕ける様を詳しく見ると、逆流域が存在する。砂浜に駆け上った海水が浜辺の砂の堆積斜面に沿って逆流し、次に押し寄せる波とぶつかって激しい回転流が生じている。下手な和訳はしないほうがいいが、仮にこれをビーチ渦（beach-eddy）と呼ぶ。この回転流が砂洗浄の場という発見である。こういう波の渦の速度は波浪工学ではだいたい秒速数メートルを越えることはないとされている。つまり渦流の中で砂粒同士が水を介してゆっくりこすれあっているのだ。このあたりも、メカニズムは石臼そのものである。この鳴き砂生成の秘密は、粉体工学用語の英語でミリング（milling）である。適当な日本語が見つからないので、カナ書きだが、図9・1を見れば、なるほどとわかっていただけると思う。大型機械ではセメント工場などで見かけるボール・ミル（ball mill）と呼ばれる回転する機械である。工場では鋼の球をいれて轟音をあげて動いている。

ボール・ミルは搗き臼の機械化の極限である。ボール・ミルは一九世紀的機械だから恥ずかしいと、ハイテク大企業の下請けの山奥の秘密の工場で直径約二メートルの巨大なミルが実際に動いているのを見たことがある。その会社には何に使うかは知らされていなかったが、シリコン・ウエハー原料であった。原料はインドやブラジルやオーストラリアから来る。一かけらの原料石英を「火打ち用にちょうだい」と言ったら「あんたそれなんぼすると思う。まあいいや」とポケットに入れてくれた。ここで工場長から面白い話を聞いた。別の大電気機器メーカーでは社長が工場へ来るので、ボール・ミルの場所を隠しておいた。社長「ここは何で隠す?」社員「実は……みっともなくて」。ボール・ミルは旧式の機械という気持ちがあったようだ。

この石を粉砕して人工鳴き砂を作ってみた。長い時間がかかったが、見事に鳴き砂になった。生成した砂は浜辺の砂のように丸められていないが、ちゃんと鳴く。これで浜辺の鳴き砂だけ見て従来の鳴き砂研究者が粒子の形が丸められているのが鳴き砂の必要条件としていたのは間違いだと分かった。そして汚れがすべてなくなると、水が白濁し蛍光を帯びる。コロイドである。それを放って置くと針状結晶が生成する。

## 3 無定形シリカの生成が洗浄の基礎だった

波の力の代わりに円筒状容器内で、砂と水をゆっくり回転させても同じことだ。決め手は砂粒同士のゆっくりしたこすれあいだ。鳴き砂の砂粒は石英結晶である。一般に石英同士を刃物を研ぐようにゆっくりこすりあわせると、わずか水溶性のアモルファス・シリカ(無定形シリカ)ができることが知られている。私は粉体工学会の会合で、もと理化学研究所勤務で後に富山大学教授になった沢畠恭先生と同輩として話す機会が多かった。富山に移られて石英を擦り合わせる実験をコツコツ進めておられることを聞いていた。それがアモルファス・シリカ製造の研究であり、鳴き砂にも関係するとは知らずにいた。しかし彼は残念ながら若くして亡き人になられた。

ここまで書けば勘のいい方は「わかった」という。鳴き砂はただ水であらうだけでは、鳴き砂にならない理由がわかるはずだ。長い長い時間をかける必要がある。しかも砂の表面が異様に光っている。これは瞬間的に溶けたシリカがすぐもとにもどる。それが繰り返されると、砂の表面は薄い純粋な石英面で覆われるわけだ。

では「水のない沙漠のブーミング・サンドは海浜の鳴き砂と同じものだというが、どうなんだ」と問いたくなる。私も長い間その疑問に悩まされていた。その疑問に明確な解を与えたのは一九九五年の巴丹吉林沙漠調査だった (http://www.bigai.ne.jp/~miwa/sand/j_badain.html)。沙漠では夜は放射冷却で気温が急降下する。しかもブーミングが起こりやすい砂丘はかならず湖が近くにある。ない場合でも地下水があるはずだ。この水分が、砂の表面に凝縮して同じ現象が起こるのだ。

## 4　一言で説明できない砂が鳴く理由

「なぜ砂が鳴くのですか?」。これはマスコミが必ず発する質問だ。「それは愚問だから聞くな」というが引っ込まない。「それならじっと聞く気があるか」というと「視聴者は長い話ではソッポを向くから駄目だ。嘘でもいいから一口で答えてくれ」という。「テレビ視聴者は嘘が分からないのか」。いつもこのやりとりがあるので、最近は「なぜ鳴くかと聞くな」とはじめから釘をさすことが多い。どこが難しいかというと、砂の「表面摩擦係数」それも「静摩擦係数と動摩擦係数への瞬間的移行の繰り返し」という一見難しそうな物理学用語が出てくるためだ。動摩擦係数は静摩擦係数よりずっと小さいことも予備知識として必要である。ここはテレビではないから、話を続けることにしよう。

海の波が砂を洗うとき、アモルファスシリカの生成で表面を溶かして、再びもとにもどすことを繰り返している。それは砂の表面摩擦係数の変化を起こしているのだ。だから鳴き砂に足をつっこむと砂はしばしその圧力に耐えることができる。さらに圧力がかかり続けると、砂は耐えられなくなって、動く。動くのは摩擦係数が動摩擦係数に瞬間的に変わったわけだ。ところが、動いた瞬間、圧力が消えるから静摩擦係数になり、動きが止まる。これの繰り返しが音の振動源になるわけだ。

このことは鳴き砂をポリ袋にいれて外からそっと指で押してみると指で感ずることができる。こういう現象をステック・スリップ現象（段々辷り現象）という。

ここまでくるとさすがの読書好きの読者でもソッポを向きたくなるだろうが、もう少し我慢してほしい。なぜ鳴くかと聞くのでなく、「どうすれば鳴かない砂を鳴かせられるか。」と問えばよいのであろう。設問の仕方がわるいのだ。こういうことは子供たちに科学的思考を教えるとき大切なことであろう。網野町の琴引浜鳴き砂文化館ではこの鳴き砂を作る機械を展示し、動かせるようにして展示している。

山形県西置賜郡飯豊町へ石臼調査に行ったとき、真っ白な砂が流れ出している白川と呼ぶ川があった。そこに珪砂工場を建設しようとしている会社があった。当時は借りた民家で準備中だった。その地質調査資料を手に入れて私に送ってくれたのは友人の鋳物砂工場の工場長であった。島岡舜一さん(自称山師)だった。彼の資料によるとその地層は鮮新世で五〇〇万年から三〇〇万年まえという。その砂を顕微鏡で覗いて驚いた。まぎれもなく鳴き砂だ。ただし粘土が混じっている。よし洗おう。

大自然のまねをしようとするのだから、ちょっとや、そっとではできない。モーターで回すと、のべ正味四〇日は連続運転しなくてはならない。しかも途中で水かえの手数がかかる。電気代もたいへんだからと、二〇〇四年現在山形県飯豊町では手作りの水車で回転させている。これを実際にやって

図9.2　2000年に山形県飯豊町に建設された水車利用の鳴き砂製造機械

図9.3　遅谷の砂

いるのは手間賃は気にしない陶芸師の館石茂さんである。

以上は約三〇年間かかってようやくできた説明で、鳴き砂の縮刷版的知識である。搗き臼も石臼も臼類学に統一されたことの延長線上で生まれた発見だ。学問は果てしなくて楽しい。

## 5 日本列島は鳴き砂列島だった――それが地球を覆った

一九六八年に神戸大学の地理学者橋本万平が『地学研究』一〇巻二号（一九六八）で、鳴き砂は日本列島になぜか一直線に並んでいると言い出したが、その後その直線は南西に延びて、ついにはタイ国のプーケットを経てアンダマン海に出たと思ったら、その先は遥かアフリカのマダガスカルに延びた。それらの情報はいずれもインターネット通信で現地から寄せられた情報だった。北も国後(くなしり)島へ延びている。国後島の情報は京都の東山高校の安松貞夫先生からいただいた一つの記事だった。（余談になるが同先生は琴引浜に漂着する無数のゴミを集めて分類し算定して琴引浜鳴き砂文化館に展示しておられる。）

国後島の先はアリューシャンを目指しているが、それは今後の夢だし、南は南極で、私の足のとどく範囲を越えている。地球は丸いから、地球儀の上で見ればよい。これは琴引浜鳴き砂文化館で展示してある。この話は誰も否定できないし、それかと言って肯定すると「なぜ？」と聞かれるので困る。やはり「聞くな」か。

## 6 石臼挽き黄粉（きなこ）の話

鳴き砂と石臼は親類だと言ったことのまとめにこの話を付け加えておく。私は石焼き芋の要領で、ここの砂で大豆を炒って黄粉をつくる話を地元の老人から聞いた。この集落だけの民俗である。実際にやって見て、古人の知恵に感嘆した。確かにここの砂はちょうどよい粒度が含まれている。ただし鳴き砂ならなんでもよい訳ではない。また細かい部分はふるい分けして除去しておく必要があった。あとで砂を大豆より小さいふるいでふるい分ける。いうなれば熱媒体利用焙煎だ。ふるいは金網では目詰まりした砂がとれないから、使い物にならない。絹網がよい。ナイロンは目が詰まってダメだ。かなりのノウハウが要るので、琴引浜鳴き砂文化館には石臼挽きによる黄粉製造も行われている。二〇〇四年には日本石臼学会のシンポジウムでも黄粉をテーマに日本臼類文化学会主催で石臼シンポジウムが開催された。黄粉は琴引浜の砂で炒るところがミソで、よそでは真似できないところがすごい。ただし浜の鳴き砂は天然記念物で採取できないし、そのままでは使えないので付近の地層から古代の鳴き砂を掘り出して作っている。不思議

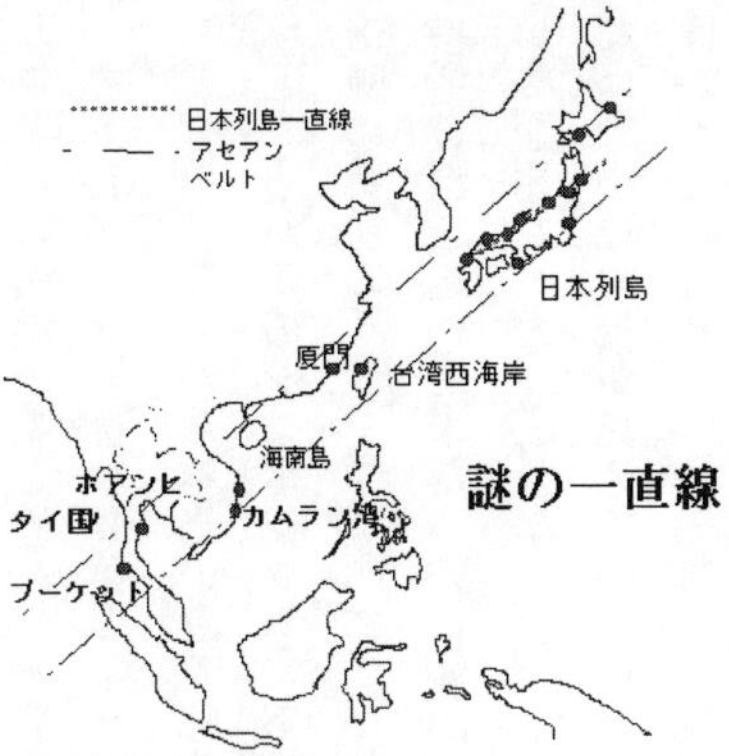


図9.4　謎の一直線

なことに琴引浜の鳴き砂を守る会会長宅の自家用井戸から出る。

フライパンで普通のように豆を炒ると皮が焦げて黄粉に苦味が出るが、砂の中で掻き混ぜながら炒ると、焦げないから本当の豆の味が出る。香りも抜群だ。鳴き砂はきれいだから黄粉が挽けるのだと。

ところがこのシンポジウムに参加した二つの会社は、機械持ち込みで黄粉を製造したが、いずれも市販の黄粉のイメージが頭にこびりついているのか、いずれも細か過ぎた。この話を聞いた某氏から参考資料を送って来た（『毎日新聞』二〇〇三年四月二七日）。作家の荒俣宏氏の、粉食文化との対決という記事だった。「食べもののこだわりの一つに「粒餡」があって、上品な「漉し餡」はどうもいけない。小豆（あずき）の皮が見えていないと、餡を食べた気がしないのだ。大福や最中に、万が一にも漉し餡がはいっていると、ヘソを曲げて食べない。最近はどうも、憎き漉し餡が優勢で、粒餡が押され気味に思えてならない。」とある。どうもこれには根深い古代以来の粉食文化と粒食文化の対決がからんでいるらしい。それほど根深いものとは知らなかったが、私が粉粒体といいたいのに、アメリカ帰りの井伊谷鋼一先生が粉体に固執した理由もこの辺にあったらしい。今頃先生は冥土でうす笑いしているようだ。

ところでおなじ鳴き砂で島根の琴ケ浜の砂でやったら、いつまでたっても炒れなかった。おかしいと思ったが、砂が細かすぎる。水分が砂の粒子間に籠ってしまう。琴引浜の砂粒は世界一粗い。焙じ茶を炒るには伊豆のもっと粗い砂が良いと聞くし、焼き芋はもっと大きい小石がよいのによく似た話だ。念のため言っておくが、これをやりたい方は、砂の選定だけは慎重にやってほしい。少なくとも一般の砂利だけは使わないことだ。どんなに洗っても（一〇〇〇時間洗っても）使えない。「何故だ？」と聞かれると正確な説明はできないままだ。粒子状物質の熱伝導率の違いもあるが、データがない。民俗には凄い人知の歴史が込められている。しかし現地ではその記憶がほとんど忘れられかかっていた。石臼の目立は私が道具を持参して目立した。

ところが町で作った試作品には砂が混入していると苦情が来た。大豆と砂粒を分けるのに使う網は粗い目のものを使う。これで完全に分離されるはずなのに、なぜ？　何のことはない。出来た黄粉を近くにあった絹網でふるい分けたのでその網に詰まっていた砂だった。市販の黄粉を見ているのでそれに合わせようとしたのだ。

さきに述べた大学での年末の餅つきのとき、学生たちに「黄粉を準備しろ」と命ずると、一様に不思議な顔をする。「え？　黄粉なんて、店で買ってくるんじゃないんですか？」そこで私は「当研究室は粉体工学研究室だよ。大豆を買ってきて、炒って、石臼で挽くんだ」。それを聞くと学生たちは「へえー、黄粉の素は大豆なんですか。知らなんだ。」と意外な返答に、私のほうがあきれてしまったものだ。無理もない。加工食品万能時代の悲しさだった。

さて、でき上った黄粉を見て、「こんなにザラザラしてもいいんですか。店で売っているものはもっと細かくて、もっと褐色ですよ。」とまたまた驚きの目を見はる。ところが食べる段になると、今度は「黄粉って、こんなに香ばしいものとは知らなんだ」とくる。黄粉の粒子は、それぞれ味と香りのバリエーションを担っている。粗い粒子は粗いなりに、細かい粒子は細かいなりに、独特の味と香りと舌ざわりの重要な役割を分担し合っているのである。ところが、店で売っているのは一様に細かい。なぜだろうか。

それはロール製粉機のために細かくなってしまうのと、もうひとつは、細かいほうが袋に入れたときの見ばえがよいからだ。黄粉のほんとうの味を知らない素人は、ザラザラしていると粗悪品と勘ちがいするらしいのだ。本当は細かすぎると粉っぽくてまずい。

上表は、スーパーで売っている黄粉と、新幹線で売っていた安倍川餅製造工場へ納入した私の石臼器械の石臼挽き黄粉の粒度を比較したものである。これくらいの粒度が舌ざわりもいいと思うが、好みによってはもう少し粗くてもよかろうと思う。

黄粉の粒度の比較

| メッシュ | ミクロン | 石臼挽き | スーパー |
|---|---|---|---|
| 24 | 710 | 0 | 0 |
| 32 | 500 | 8 | 0 |
| 42 | 355 | 18 | 4 |
| 60 | 250 | 27 | 6 |
| 115 | 125 | 27 | 33 |
| 微粉 | | 20 | 57 |
| 円/kg | | 1500 | 800 |

参考のため、上記の粒度について、説明しておく。黄粉のような粉末の粒度を、もっとも手っとりばやく測定する方法は、標準ふるい（JIS）である。しかし、ステンレスや、真ちゅう網では目が詰まって、ふるい分け不能だ。こういう食品には、私が会社時代に開発した、手製の塩ビ枠に絹網を張った篩が最適である。水洗が可能である。（メーカー：東京・筒井理化学器械）。

粗い粒子は黄粉の歯ざわりに顕著な役割を果たしており、「豆をたべているなあ」という感じを与える。一方、スーパーのはこの粗粒がないから、舌にべったりつき、粉っぽい感じである。次頁の図は両方の黄粉を、双眼実体顕微鏡でみたときのスケッチである。いずれも大きい粒子に、細かい粒子がまぶされた姿であるが、まったく印象がちがう。ことに、スーパーの粉には、うすい板っぺら状の粒子が含まれ、また市販品は真黒い粒子も含まれている。これらは豆の皮である。そのため、色が褐色になっている。石臼挽の場合は、炒ってから皮を除去している。そのため、板っぺら状の粒子がなく、これが、色を黄色（金色）にし、舌ざわりもよく、粉っぽさがない。石臼挽に比し、スーパーのは、それが三倍近く含まれている。これでは粉っぽいわけだ。

前述の安倍川餅の機械は静岡駅の駅ビルの一階の食品店に出ていて、石臼挽の黄粉を販売していた。商品名「金な粉」とあった。石臼挽の実演もやっていた。さきに示した表の石臼挽は、この粉のデータである。この機械の設計を社長から頼まれた当時、私は蕎麦には自信があったが、黄粉は油分が多いのでたいへん難しかった。目立てには特別の工夫がいるので、随分、実験をくりかえしたものである。このとき実験用に直径一〇センチの小型石臼を新しく作った。回転速度も特に遅くしないと、よい粉が挽けない。石臼の溝に油っぽい粉がつまると、粉が出なくなるばかりか、粉が熱をもってきて、味がまずくなる。香りも飛ぶ。黄粉には豆の産地を選ぶことも大切である。飼料用の外国産大豆では、とうてい、うまい黄粉はつくれない。

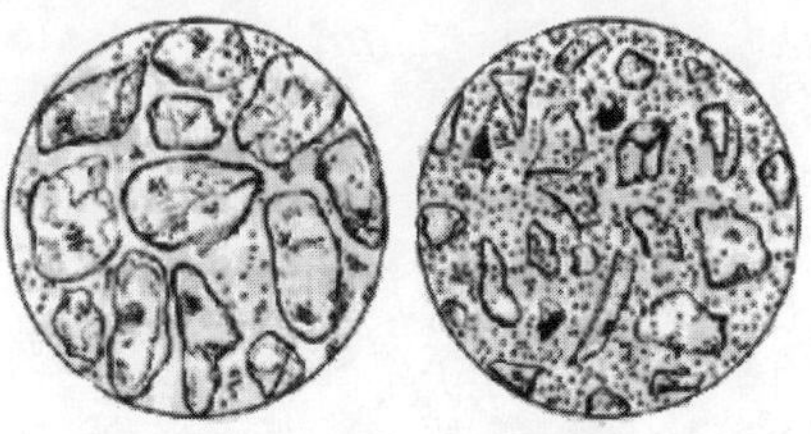

石臼挽き　　市販品

図9.5　粒子の顕微鏡写真

ところで、私の友人に、鶯を飼う名人がいた。野生の鶯を捕えてきて黄粉入りの練り餌で育て、コンクールに出るから、私に石臼をつくってくれという。彼の注文はひときわむつかしい。「とにかくよい声が出る粉をつくれるようにしてくれ」と。これは難題だが、「よい粉をつくれば、うまいから、よく食べてくれるし、声もよくなるにちがいない」と考えて、挑戦してみた。この方は鶯が食べるだけずつ、少し挽くのだから、小型でなければならぬ。臼の溝にたくさん残っても困る。これには第6章で述べた胡麻挽き用のミニ石臼が役立った。世が世なら、鶯好きの殿様に献上すれば、おほめをいただけそうな品物になった。さて、この臼で挽いた黄粉は大成功だった。彼は毎日、欠かさずこれで鶯を育て、自慢の声を楽しんでいるという。現代風のぜいたくで、本物志向の粋な生活はこの辺にあるのかも知れない。味も香りも失われた加工食品を食べていると、声まで駄目になりそうだ。余談だがこの原稿を書いているとき鶯の餌について情報はないかとキーワード「石臼　鶯」と入れたら私のページが出て驚いた。まさに情報時代だと。しかし目次のページだけだから、全部見ないと出ない。あまり役に立たないとも思った。

ようやく二〇〇四年四月に網野町で開催した日本臼類学会で三社余がまともな石臼でまともな砂炒り黄粉を作れる石臼機械を出品した。この黄粉には私もOKできた。これで石臼もめでたく復活する芽が出始めた感じだ。

## 7　石臼への素朴な疑問

石臼挽の話をすると、必ず質問される事項を次に問答形式で示しておく。

問「私の家に古い石臼があります。目立て法を教えて下さい」

答「一週間程、私のところへ弟子入りして下さい。本をよむだけではとても無理です。」

問「石臼を目立してしてくれる所を紹介して下さい」

答「ないわけではありませんが、古い臼では、嫌がられるでしょう。石屋さんの中にはやってくれる人もいますが、その前に、こう聞いてみて下さい。〝目立てとはドレッシングのことだそうですね〟と。この問の意味が通じなければ、彼は、粉を挽いた経験のない石屋さんです。」

問「古い石臼を役立てる方法はありませんか」

答「昔の石臼は、昔の生活様式に合ったものでしたが、現代には合いません。私のは今様の石臼です。加工方法も、道具も、石材も、まったくちがっています。そうでなくては進歩もないし、昔の人に笑われますよ。」

問「どこが昔と違うのですか」

答「目立ての精度が著しく向上しています。また粉に応じて、目立て方法が違います。上下臼の磨りあわせ精度も著しく向上しました（五〇分の一ミリ）。石材に限らず、最近ではニューセラミックスの石臼だの、積層式の石臼だのが登場しています。しかしよく注意しないと、デパートや通販で一個五万円ほどのにせものをつかまされますよ。」

# 第10章　二一世紀はナノ微粒子の時代

## 1　ナノテクノロジーとは

ナノテクノロジーの語は一九五九年にファインマン（Feynman, R. P.）"There's Plenty of Room at the Bottom" の講演から始まった（http://www.tokyo.sric-bi.com/reports/D04-2468.html）。講演の中で彼は、未来の科学者は原子・分子レベルの物質を操作して機械・電気・生物システムを作れるようになるだろうと述べた。それが広く知られるようになったのは、二一世紀の幕開けの二〇〇〇年一月二一日、クリントン米大統領の演説（国家ナノテクノロジー計画）がきっかけだった。わが国でも二〇〇一年には通俗科学雑誌にもナノメートルが出て、ようやく市民権を得た。まさに二一世紀はナノテクノロジー（超微細加工技術）の時代だと言われる。

一〇億分の一メートル（百万分の一ミリメートル）を、一ナノメートル（nm）と呼ぶ。大きさが数十ナノメートル以下の超微粒子をナノ粒子と呼ぶ。物質の大きさがここまで細かくなると、今までになかった種々の機能が現われる。一九九〇年代の半ばに、蛍光灯の蛍光体の粒子をナノサイズにまで小さくすると、発光強度や発光効率が高くなることが、アメリカの研究者によって発表された。ナノサイズにすると、バンドギャップ（電子の軌道間のエネルギーギャップ）が増大する。これを量子サイズ効果という。量子閉じこめ効果ともいう。ナノ構造のように非常に小さなサイズに物質を切り刻む（あるいは最初から小さな構造を作る）と、その構造中の電子レベルが同じ物質のバルク（大きな普通に我々が見ているサイズの物）とは違ったエネルギーに変わる。このような電子レベルの変化は電子を極限的に小さなスペースに「閉じこめた」ことに起因する現象なので、これを「量子閉じこめ効果」、あるいは「量子サイズ効果」と言う。これは物質のサイズを小さくしたために起きる現象であり、このような現象はナノサイズの物質で観測される。いままで光学的顕微鏡で見える世界から、一挙に三桁小さい世界に入り込んだわけだ。私は一九二七年生まれで、人生の大部分をミクロンの世界が粉の世界だと思ってきた人類である。ナノの世界は分子や遺伝子の世界と思っていたから、もしかしてそれは神様の世界かもとビクビクしながら残りの人生を生きている。

## 2　世界初のナノ微粒子は日本で作られていた

だからナノの世界は私にとっては別世界で、本書の視野を越えているが、それは突然に入ったのではなく、二〇世紀にしかもそれとは気付かずに入り込んでいた事実だけは記録しておかねばならない。

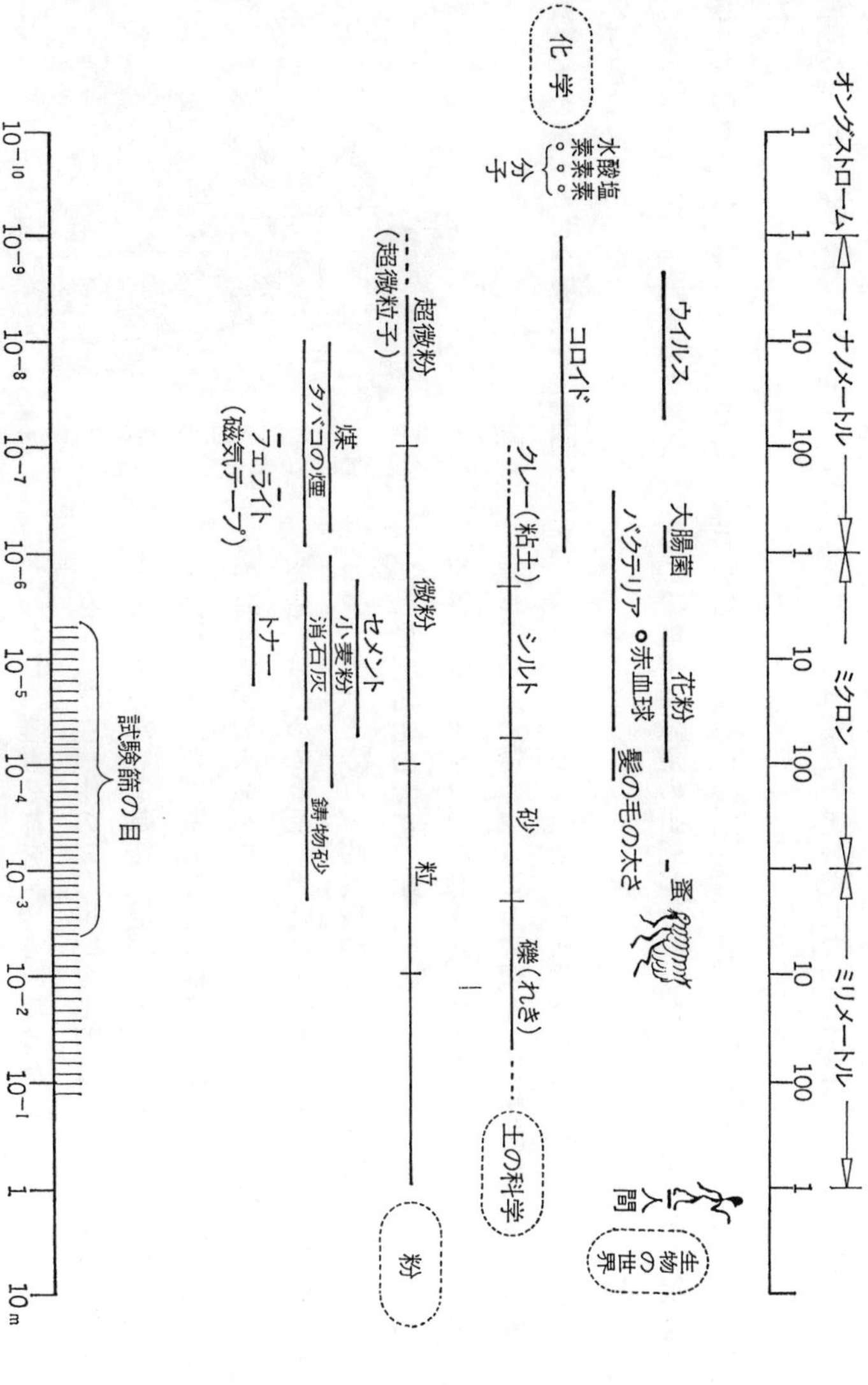


図10.1　物の大きさのスケールと試験篩の守備範囲

図10.2　昔日の白石工業高知工場（城郭を思わせる．ここがナノ粒子で日本の紙を支えていた）

歴史的に日本が世界初だったが、その会社自身も気付かずだったし、誰もそれを語っていなった。

　私が大学在職中の二〇世紀後半頃はミクロンを粉の世界と思っていた。退職後、尼崎に本社がある炭酸カルシウムを製造する白石工業の社外取締役を命じられた。なんとその会社は明治末期から一〇ナノメートル台の粉を工業的に製造しはじめていた。当時はナノの粒子という意識はなく、コロイド状とされ、膠質炭酸カルシウムと呼ばれていた。二〇世紀初頭の大正三年（一九一四）六月には「白石式軽微性炭酸カルシウムの製造法」（特許第二六一一七号）が成立している。驚くべきことに現在では年間何万トンものナノ微粒子を基本とした製品を工業的に生産している。この会社はナノ微粒子の入口の粉を造っているという意識はなかった。

　日本で真っ先に電子顕微鏡を導入し、ここで電子顕微鏡の研究が行なわれ、日本の電子顕微鏡を発達させたのもこの会社だった。その指導者が粉体工学会で活躍された荒川正文先生（京都市在住）だった。

　二〇〇二年になって、〇・〇一ミクロンというのは変だと言いだした白石工業の社員がいた。

「体重七〇キロとはいうが、〇・〇七トンとはいわないでしょう」と。言霊と言うように言葉は不思議な力をもっている。おなじことだが、あの力士の体重は二〇〇キロを越えたとはいうが、〇・二トンとは言わない。社長すら社員から「なぜ一〇ナノメートルと言わないのですか」と問われて「あああそうか」だったという。これも特筆すべき粉の文化史の歴史的事件のひとつであった。このような歴史をもつ炭酸カルシウムが文化のバロメーターといわれる紙を支えていたことも意外に知られていない。

そしてナノ粉体の入口を二〇世紀に大規模の工業生産で実現していた事実だけは二〇世紀の偉業として本書で記しておく必要がある。

### 3 紙も粉の塊

白石工業は文明のバロメーターといわれる紙の製造過程で使う炭酸カルシウムが主力製品であったメーカーである。現在は紙用の粉の一部がクレイ（粘土）に変わって来ている。紙については小宮英俊『紙の本』（日刊工業新聞社、二〇〇一年）が図解入りでわかりやすい。

そもそも紙が日本に伝わったのは推古天皇の時代に高麗の僧・曇徴が紙漉きの技術を伝えたとされ、これと同時に碾磑（石臼）が来た。曇徴はお経の本を普及するために紙を伝えたのである。一方碾磑は殺生禁断の教えのため、魚を主な蛋白源としていた当時の日本人に大豆を原料とする豆腐を伝える必要があったのであろうか。この辺が私の石臼世界である。この頃は朝廷の権力の確立過程であったため、曇徴は九州・太宰府に来てから飛鳥に移ったのかも知れないが、そのあたりは歴史の暗黒の雲に覆われている。

## 4 紙の技術伝播ルートの位置関係

紙はヨーロッパでは、東洋より遥かに普及が遅く、シルクロード沿いに徐々に西進し、特に唐時代、七五一年のタラス河の戦いの際に、中国の捕虜がサマルカンド（ウズベク共和国）で紙漉きを伝え、さらに元の中東、欧州侵略に伴い伝播が促進されたという。欧州へ伝わった当時の主原料は、亜麻ボロだったが、産業革命以降は木綿ボロも使用するようになった。

明治期に入り、日本に洋紙の製造法が伝わったときは、原料は木綿ボロだった。当時は、インクのにじみ防止剤としてゼラチンや膠（にかわ）を使用したので、作った紙は中性だった。これは現在の酸性紙に比べ寿命が長く品質的にも良好だったらしい。世界最古の印刷物として有名な、南都（奈良・平城京）十大寺に各十万基ずつ寄進された「百万塔陀羅尼（ひゃくまんとうだらに）」は和紙の歴史の上で、重要な文化遺産である。七七〇年（宝亀元）に、六年の歳月をかけて一〇〇万個も作られた。さまざまな紙で作られた経文は、木製の塔に入って、現在も一万個くらい残っているという。現在その電脳化が進行しているという「百万塔陀羅尼経計画」（この名を入力するとその計画が解説されている）がある。

## 5　現代の印刷

二〇〇三年三月二七日に白石工業株式会社の紹介で王子製紙米子工場を訪問した時のこと。私が「紙は粉ですね」と言ったら、その工場長は一瞬怪訝（けげん）な顔をされた。「やっぱり」と思って「だって原料は木材を粉にして繊維状にし、それを漉いてそれに色々の粉を混ぜて乾燥させたものだから、紙になれば粉ではないが、その前はすべて粉ばかりですよ」というと「なるほどそういえばそうですね。製紙は粉を作って水で練って乾燥した粉なんだ」と。

なぜそれほど細かくする必要があったのか。それは粒子が小さいほど粒子間付着力が大きくなり、固い組織が得られた。その発見の経緯は興味深い。乾燥後固くて粉砕できない膠（にかわ）の乾燥品のようなものができた。これでは不良品である。そのときその正体をつきとめようとして、それが細かい粒子、つまりコロイドであることがわかった。実はこれがナノ微粒子だった。研究を重ねた結果、コロイド状になったスラリーにステアリン酸石鹼とか樹脂酸石鹼とかを数パーセント加えるとそれを微粉化することに成功したという。手元にあったしゃぼん（石鹼）を使ったのである。

そのころ同社の創業者白石恒二の助手として研究を手伝っていた山中嘉兵衛は「なんとかして軟く乾くようにしたいものと、いろいろな薬品をいろいろに条件を変えては、缶詰の空缶に入れ、小さな手回卵泡立機で攪拌しては乾燥して、試作を重ねること約数百種類、そのうち効き目のよかったのがシャボンであった。（私が白石工業の取締役だった時机を並べていた山中取締役は嘉兵衛さんの息子さんであった。上記のお話を生で聞く機会があった）それから、あらゆるシャボンの種類を比較し、最後に色もよく、値段も安く、ゴムにも効果的な試作品を数種類作ってA・B・C・Dなどの符号をつけた。その名残りがCC、DDの名で、今なおそのまま市販されている」（『白石工業』ダイヤモンド社刊）。桑名工場閉鎖は一九六九年だったが、この工場は私の故郷（岐阜県）に近く、自転車で行ける距離だったから、子供の頃の遊び場の延長線上だった。現地は長い年月を経ているので現在は廃墟になっていて、容易には立ち入りできないが、HP検索で白石鉱山でヒットし、その壮大なスケールを見ることができる。

## 6　パルプの製法の進歩

ここで紙が粉の塊と理解するには、もう少し粉の説明を要する。紙は植物繊維を水の中で分散させ、金網などで薄く、平らに濾して脱水し繊維を絡み合わせて膠着させたものである。紙の骨組みになっている原料は植物繊維なので、まず木材を細かくする第一段階としてチップと呼ばれる。これは本書でいう大きい粉である。これを叩解（こうかい）と称して粉砕する。製紙工場では精砕機あるいはリファイナーと呼んでいるが、紙工業用に特化した粉砕機である。

粉砕物はリグニンなどなどで固まっている。それから繊維だけをとり出さねばならない。それには化学的方法で行なう。まず苛性ソーダで溶かすことが行われていた。しかし繊維が短く、できた紙の引張り、引裂き、折れというような紙の強さが弱く、パルプの収率も低いので行われなくなった。一八八二年にドイツで木材チップを酸性亜硫酸カルシウム溶液で比較的高温高圧で短時間処理してパルプを造る酸性亜硫酸法（サルファイト法）を完成した。日本でも一八八九年に静岡県春野町の王子製紙で操業開始。木桶に石灰乳を入れ、ここに硫黄を燃やしてつくった亜硫酸ガスを吹き込んで造った。

亜硫酸法のパルプ化で使える原料木材は樹脂の少ない針葉樹材が適しているため、日本では北海道や樺太（サハリン）にパルプ工場が作られた。しかし大規模な工場のため工場廃液や排煙による公害問題が発生した。この廃液の処理は難しく、有効な利用もない。一九五八年にはパルプ工場排水による水質汚濁事件が発生した。そのためこの方法は次のクラフト法に変わった。

クラフト法というのは一八七九年にドイツで発明された。木材チップを苛性ソーダと硫化ソーダで高温・高圧で処理する。強い紙ができるので、クラフト（ドイツ語で力：kraft）法という。発明当時は褐色で漂白しにくかったので包装紙用に使われたが、漂白剤の進歩により、白い紙をつくれるようになった。

この方法は原料木材の種類を選ばないため、針葉樹、広葉樹のいずれも使える。さらに廃液を濃縮して燃料として回収し、燃焼後の灰は石灰で苛性化して苛性ソーダと硫化ソーダになり、循環使用できる。欠点は悪臭を出すが、その対策も行われて、問題なくなっている。

## 7　漂白法と塡料の進歩

川晒し（和紙では原料の楮）などの繊維の漂白に川の流れに浸して水中の酸素で漂白したり、冬は雪の上に並べて日光にあて紫外線で漂白した。塩素漂白は有機塩素化合物が排水に出るので使えない。酸素漂白やオゾン漂白が行われる。

印刷するためには紙の不透明度を高める必要がある。そのために鉱物質の白色粉末を入れる。石灰石を粉砕して造る重質炭酸カルシウムは紙抄機のワイヤーを摩耗させる。そこでもっとも広く利用されているのが、石灰乳に炭酸ガスを吹き込んで造る軽質炭酸カルシウムであった。カオリン、クレーも同じ目的で使われる。

紙は公害事件のはしりでもあった。一九五六年、東京の江戸川べりにある本州製紙が黒い廃液を流出し、川や下流の浦安の海を汚し、魚や貝が大量に死んだ事件で漁民は会社に乱入して警官隊と激突。八人が逮捕。町長も議員も住民も一致団結して戦い、浦安の人々が勝った。だが、一三年後に漁民は埋立などのため漁業権を全面放棄した。こんな悲しい話が現代の紙の文明の裏舞台で語り継がれている（浦安廃液事件のキーワードで出る）。

パルプは、その約八割が国産パルプであるとされている。しかし、これは日本国内でパルプに加工されたものを指しているので、その原料である木材チップの約七割は輸入されている。パルプとして輸入されるものと合わせ、パルプの原料の約四分の三が海外の原料であり、日本の木材チップの輸入は、増加の傾向にある。二〇〇〇年には、一四四二万トンと過去最高となった。紙原料に占める輸入木材チップの割合も、年々高くなっている。二〇〇〇年は、前年と比べてオーストラリア、南アフリカ、中国からの輸入量が増加した一方、アメリカからの輸入量が減少した。このように製紙工業の発達史はまさに文明史である。

## 8 ナノカーボン、ナノチューブ発見秘話

ナノ時代は二〇世紀にその準備段階に入っていたので、少々重要事項だけは述べねばならない。ナノメートルの世界に入った現代を代表するナノカーボンの話題だ。わかりやすいのは、カーボンナノチューブ発見の経緯の解説である。著者は、高分解能電子顕微鏡を世界に先駆けて開発した方で、NEC基礎研究所の、飯島澄男主席研究員である。一九八〇年、炭素物質に関する論文に発表された。グラファイトの中に、タマネギのような形をした、直径〇・八〜一ナノメートルほどの粒があることに気づき、「タマネギのような球形グラファイトを説明するには、炭素六員環のほかに、五員環が一二個必要」とまとめたのだが、このタマネギ構造は黒鉛（グラファイト）は、炭素原子が六角形に並んだ平面結晶層で、鉛筆

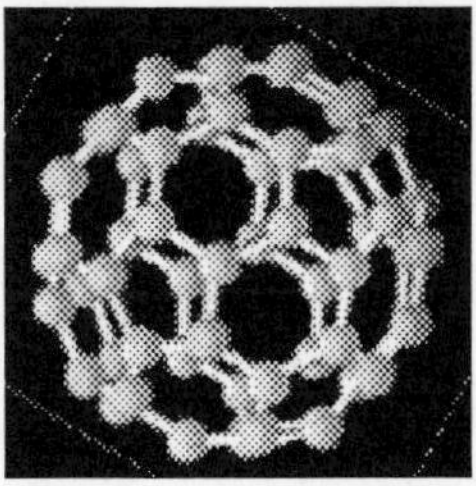
図10.3　ナノカーボン

の芯や繊維としてゴルフクラブやテニスラケットに使われてる。六員環とは、原子が正六角形の各頂点に並んだ状態である。一九八五年に、アメリカの研究者たちがフラーレン（$C_{60}$）を発見した。

## 9　フラーレン（$C_{60}$：fullerenes）の構造

「このようなきれいな対称性を持つ分子構造がどのように作られるのか」に新たな興味が生まれた。一九八七年にNECの基礎研究所に移ってからは、五年前の研究を再確認するために、もう一度そのタマネギを調べてみようと考えた。ところが、タマネギ構造の研究を始めて間もなく彼の目をひきつけたのは、タマネギ構造の$C_{60}$ではなく、そのそばに写っていた針状の物質であった。一九九〇年に発表された$C_{60}$の大量合成法では、二本の炭素棒電極間の放電（アーク放電）で$C_{60}$が発生するのだが、彼は陰極の炭素棒の上に堆積したススの中に、それまで見たことのない針状の物質を見つけた。その針状の物質こそが、後に「カーボンナノチューブ」と命名された物質であった。

ナノチューブはフラーレン（$C_{60}$）を延ばした竹籠を長く延ばしたような構造を持っている。炭素のみでできたナノメートルの大きさの直径を持つ炭素シートから構成されている。しかし、ナノチューブはその直径が少し違うだけで電気をよく通す金属になったり、まったく通さない絶縁体になったりする。つまり、チューブの直径が少し違う炭素のみでできたナノチューブを接合するだけで、Si素子のような整流作用が実現できることになる。

大きさはSi素子の一〇〇分の一程度であり、分子素子という範疇に入る。また、ナノチューブ内の空間に分子を人工的に配列させた、新たな電気的、機械的特性を示す新構造材料を作製することができる。このようなナノチューブを実際に作製し、電子顕微鏡を使い原子分子の世界を探りながら、新たな電子物性、機械物性を発現させる新機能ナノ材料の開発・発掘が行われている。

## 10 ナノカーボンの電気接点改質剤

金属の表面は一見滑らかに見えても細かく見れば凸凹状態でありそれらの接触部分は隙間だらけの点接触に過ぎない。面接合に見えても実際の接触は数パーセントにすぎないとも言われており電流や信号の流れも実際は不安定な状態にある。直径一五ナノメートルのカーボンが金属表面の凸凹を埋めて電気の流れを飛躍的に向上させる。従来のクリーニングを目的とした接点復活剤とはまったく異なり最先端の素材と高度な技術に裏付けられたまったく新しい接点改質剤になる。実はガタガタなその表面を平らに埋め、点接触を面接触に近づけて電気伝導率を高める。

カーボンナノチューブの危険性を指摘する声がある(http://www.mri.co.jp/COLUMN/TODAY/HONDAK/2003/0903HK.html)。カーボンナノチューブは直径数ナノメートルの針状物質であるが、この形状が悪名高いアスベストと類似していることから、同様に発ガン性等の悪影響を及ぼすのではないか、というのである。世界保健機関によれば、直径が三㎛以下、長さが九㎛以下の繊維状物質は肺の内部に吸収されるとされており、カーボンナノチューブは正にそのサイズである。このような状況に照らしてみると、ナノチューブ類の応用においては安全性の確認が必要であるとの意見にはうなずける。ここではナノチューブを例として取り上げたが、ナノ材料を利用したドラッグデリバリー（クスリを必要な部位に運ぶシステム）やナノ微粒子に関する安全性に関しても議論が必要とされている。

## 11 燃料電池（Fuel Cell）

一八世紀の初めイギリスでH・デイヴィー（Davy, H.）やM・ファラデイ（Faraday, M.）が電気に関する研究を進めて数々の成果を生み、電気の正体が明らかになりつつあった一八三九年、イギリスのW・グローブ（Grove, W.）は水素と酸素を反応させて電流を取りだす実験に成功した（http://www.gas.or.jp/fuelcell/contents/01_5.html）。一九五二年にはイギリスのF・T・ベーコン（Bacon）が現在の燃料電池の原型となる実験に成功し、特許を取得（http://www.gmi.edu/~altfuel/fcback.htm）。その後、五キロワットの発電試験にも成功した。一九六八年にはアポロ計画に燃料電池が採用された。（http://www.kettering.edu/~altfuel/fcimages/spacefc.jpg）

燃料電池は、従来のエネルギーとはまったく概念の異なるもので、実用化に成功すれば、将来のエネルギー事情を一変させる可能性を秘めている。水に電気を通すと水素と酸素に分解される作用を「電気分解」というが、燃料電池はこの原理を逆に応用したもの。つまり、水素と酸素を化学反応させ、その過程で生じる電気を取り出して利用しようという発電システムである。

燃料電池には水素と酸素が不可欠だが、水素は天然資源としてはほとんど存在しない。このため、まずは水素を取り出す原燃料が必要となる。だから「燃料電池」と呼ばれる。原燃料としては様々なものが考えられている。天然ガス、メタノール、ＬＰＧ、ガソリン、灯油などがその候補だが、水素をたくさん取り出せる上に安価で扱いやすく、その普及にあたってＳＳ（サービスステーション）を供給インフラとして利用できるメリットもあるので、ＬＰＧ、ガソリン、灯油などの石油系燃料が、最も有力な候補の一つとされている。

燃料電池による発電の様子を解説した文がいろいろあるが、わかりにくいものが多い。一番わかりやすいのは、東京ガスのＨＰだった。(http://www.tokyo-gas.co.jp/pefc/what-fc_23.html)

まず水の電気分解の実験を示す。水に電解質を加え、電極として炭素棒（鉛筆の芯）や銅板などを溶液に漬けて、電池をつなぐと、陰極に水素、陽極に酸素が発生してくる。その水素と酸素を逃げないように試験管などでためておける構造にしておく。電極に水素と酸素が十分に接するまで溜ったら、電池を外して替わりに豆電球をつなぐ。すると今度は豆電球がつく。電気が流れるのである。

陰極では、溜っている水素と水酸化イオンが反応し、電子が発生し電線中を流れ、豆電球を点灯させる。

$H_2 + 2OH^- \rightarrow 2H_2O + 2e^-$

陽極では、水と酸素が電子をもらって反応し水酸化イオンができる。

$H_2O + 1/2O_2 + 2e^- \rightarrow 2OH$

つまり陽極で発生した水酸化イオン（$OH^-$）が電解質中を移動し、陰極で水素と反応して電子を発生させている。この電子が電線、豆電球を通って陽極に流れ、豆電球を点けることができる。これらの化学式が先ほどの水の電気分解の化学式の矢印を逆にしたものになっているので「燃料電池は水の電気分解の逆」と表現されるのである。

ここで説明したのはアルカリ形（水酸化イオンがアルカリ性だから）と呼ばれる燃料電池の発電原理である。近年家庭用、自動車用などで注目を浴びている固体高分子形と呼ばれる燃料電池では、水酸化イオン($OH^-$)の代わりに水素イオン($H^+$)が電極間を移動する。化学式で書くと以下のようになっている。

陰極：$H_2 \rightarrow 2H^+ + 2e^-$　陽極：$1/2O_2 + 2H^+ + 2e^- \rightarrow H_2O$

ノート型パソコンや携帯電話機など携帯情報機器にも燃料電池を搭載する動きが急ピッチに進んでいる。直接メタノール（DM: direct methanol）方式燃料電池。特にノート型パソコン用は二〇〇四年から二〇〇五年にかけて、各社が実用化を目指している。電極や電解質膜の材料開発や構造設計には粉のナノテクノロジーが欠かせないことは言うまでもない。

## 12 太陽光電池（PV: Photovoltaic cells）

「おそらく二一世紀には化石燃料が没落して、太陽の時代（ソーラー発電）になるだろう。」と予言したのは一九九九年刊『地球白書一九九九〜二〇〇〇』(http://www.nava21.ne.jp/~tokuda/chon/hayasi/tikyuu2-1.htm) であった。化石燃料の寿命は石油四〇年強、天然ガス・ウラン七〇年前後、石炭二三〇年前後と予測されている。太陽エネルギーを利用したいとは誰でも考えたくなる。そんなとき気になるのは新幹線岐阜羽島駅近くに目を引く巨大なモニュメントだ。太陽光発電システムで、ソーラーアークとよばれている。世界最大といわれ三洋電機株式会社の全長三一五メートルと、太陽電池のパネル数は五〇四六枚で最大出力は六三〇キロワット、年間発電量は約五三万キロワット／時といい、これにより年間節約できる石油量は灯油缶で七一四五缶、$CO_2$削減量は九五トンという。

光を電気に変換する試みはすでに一八三九年にフランスのE・ベックレ（Becquerel, E）という人がわずかながら電流が流れることを見つけていた。彼は電解液に浸した一対の金属電極板の一方に光を当てると、金属板間にごくわずかであるが電気が発生することを見出した (http://inventors.about.com/library/inventors/blsolarcar.htm)。次いで、一八七七年アダムス（Adams, W. G.）らがセレン（Se）固体による光電変換現象を世界ではじめて発見した。(http://www.teicontrols.com/notes/Tech Communications EE333T/Final Report Photovoltaic Power Generation.pdf)。現在市販されているようなpn結晶半導体型太陽電池は、一九五四年にアメリカのチャピン、ヒューラー、ピアソンズらにより発見された。この時期はちょうど接合トランジスタの開花期で、半導体理論・技術の延長線上でこの世に誕生した。ダングリングボンド（共有結合がきれた未結合手）の悪影響が消えて、不純物添加によってpn接合を作ることが英国のスピーアらにより発明されてから、太陽電池への開発が急展開した。

シリコン結晶・アモルファスシリコン太陽電池をパネルに成型した「ソーラーパネル」を太陽側に向けて設置し、太陽光の一〇〜二〇%を電気に変換する。石油ショック以降、「サンシャインプロジェクト」によって開発普及が進んだ。セラミックスや半導体工学の進展により、変換効率も向上し、エミッションフリー（屑が出ない：Emission-free Manufacturing：EFM）で環境保全の観点からも、最近需要が伸びている。

一キロワットの発電能力あたり、五〇万円から一〇〇万円程度の費用がかかるが、小規模でも効率の低下がない。さしあたり太陽光発電を自宅に導入したいときは太陽光発電協会を検索すればわかりやすい解説がある。

アモルファスシリコンと聞けば私は鳴き砂を思いだす。鳴き砂の講演を東大の素材研究室から依頼があった。私の知人のいた鉱山学科の隣室だったから引き受けたが、大教授連勢揃いだった。先方の興味は鳴き砂生成の秘密ではなかった。鳴き砂を長時間洗浄し続けると針状結晶が発生する。これは何物かと訝ったら、それがアモルファスシリコンだった。ゆっくりした石英粒子同士の緩い摩擦で生成するのは、コロイド状の極微粒子で、それはわずかに水溶性を有することを鳴き砂生成の秘密で述べたが、それに関わっていた事実に驚いた。

## 13　走査トンネル顕微鏡

量子の法則が支配するナノの世界では、電子が粒子と波の二重性を持ちはじめる。その電子の波を目に見える形にしたのが、走査トンネル顕微鏡（STM: Scanning Tunneling Microscope）だった。一九八一年にアメリカのG・バイニング（Binning, G.）らが発明し、ナノの世界がよりハッキリ見えるようになって新しい世界が開けた。この装置は、ナノテクノロジーの歴史のなかで大きな意味を持っていた。調べたい対象に、非常に細い探り針（プローブ）を近づけ、対象と針に電圧をかける。この針を少しずつ対象に近づけていくと、針と対象の間のギャップに電気が流れ始める。名前の通り、量子トンネル効果を利用した装置である。後は、この電流の値が一定になるように針の位置を保つことで金属などの固体表面の形や凸凹を記録して行く。このＳＴＭは原子を直接動かすこともできる。ＩＢＭの研究員が探り針の先で原子をくっつけることができるのに気づき、すぐに原子を直接動かす方法が見出された。原子で自社の名前ＩＢＭを書いたのはよく知られている（http://www.almaden.ibm.com/vis/stm/images/stm10.jpg）。

## 14　医療のナノテクノロジー

ドラッグ・デリバリー・システム（DDS）――目標とする患部（臓器や組織、細胞、病原体など）に薬物を効果的かつ集中的に送り込む技術で、薬剤を膜などで包むことにより、途中で吸収・分解されることなく患部に到達させ患部で薬剤を放出して治療効果を高める手法で、「薬物送達システム」、「薬物輸送システム」などとも呼ばれる。DDSで中心となる技術は、ナノテクノロジー（超微細技術）である。微量の薬剤を包み込み、毛細血管の微小な穴を通り抜けることができる数十ナノメートル程度のカプセルである。このような超微細物質を作る技術は手先が器用で精密機器の開発を得意とする日本人には、まさにうってつけの技術だと言われている。バイオ技術では米国に大きく差をつけられたが、ナノテクノロジーでは、逆に米国に差をつけることができるのではないかと、現在最も期待されており、産官学が連携して開発に乗り出している。そして、そのナノテクノロジーの応用分野として、最も利益が見込めるのが、医薬品開発であると言う。

## 15　日本の古紙回収は世界のトップクラス

古紙回収は全国的に資源回収運動が進んでいるが、その結末は意外に知られていない。日本製紙連合会刊『紙の春秋』（二〇〇三年）によると日本の古紙利用率は二〇〇一年現在で五八％で世界のトップクラスという。古紙を利用すると木材から作った新しいパルプに比べ省エネになるという。日本の古紙再生技術も世界のトップレベルだ。もうひとつ知られていないのは、和紙は長い繊維が漉き込まれているのに、洋紙は短い繊維の組み合わせなのに形を保っているのは繊維同士が水素結合という分子レベルでくっついているためだ。水に浸せば水素結合が切れて、元の通り一本一本の繊維に戻るという。また家屋解体材や芯が腐った木（天然低質材）、間伐材なども有効に利用されている。なお古紙だけでは再生紙は無理で、劣化が進んでいない原料を混ぜる必要がある。

## 16 ナノテクノロジーの危険性

先にカーボンナノチューブの危険性について述べたが、Ｗｅｂ検索でキーワード「ナノテクノロジー危険性」で出てくる内外の専門家が論じている情報は日々変化している。二〇〇四年四月八日に出た情報はその一例である。「ナノ素材は多種多様で、なかには毒性をもつ可能性が高いものもある」とビューカー（Bucher, J. R.）博士は述べる。「ナノテクの影響を判断するのは容易なことではない。ナノ素材の特性はまだ明確になっていないからだ。通常は生物学的に不活性である金のような物質も、ナノサイズになると反応性が強まり、生物学的作用を阻害する可能性が高くなる。そのうえ、これほど小さな粒子は探し出すこと自体が難しいという問題がある（http://hotwired.goo.ne.jp/news/news/

20040115302.html)。ナノ粒子を確認できるほど強力な顕微鏡（日本語版記事）はまだ少ない」と。また一九九三年に発行された環境保健クライテリア、「合成有機繊維」によると、生産される有機繊維は、非吸入性あるいは少なくとも非呼吸性であり、加工や使用、あるいは廃棄において呼吸可能の繊維を生じさせてはならないこと、吸入されやすい繊維では生物への蓄積や毒性を示さないものとすることが提案されている。

ナノ微粒子は自然界には存在しない。それは人間だけが作り出すものであるということだ。周りの自然界には存在しないから、もはや自然は人間を助けてくれない。「神様は勝手にせい」と手放しだ。さらにもっと危険なことは、これらの事故や悪用を個人や小さなグループの手の届く範囲で行うことができるということである。それらは大きな設備や希少な原材料を必要としない。知識だけがあればよい。実際、われわれはＧＮＲ技術（遺伝子工学）に関する知識が拡散することによる本質的な危険性——知識だけで大量破壊を可能とする危険性——についての明白な警告を以前から受けている。

ナノ物質は非常に小さいのでほとんどすべてのフィルターを通過してしまい、目に見ることができない。日本で発明されたカーボンナノチューブは鋼鉄の数十倍の強さを持ち、いくら曲げても折れないほどしなやかで、薬品や高熱にも耐え、銀よりも電気を、ダイヤモンドよりも熱をよく伝える。コンピューターを今より数百倍高性能にし、エネルギー問題を解決する可能性まで秘めているという。

自然界には存在しないものを作った場合、もし、問題が生じてナノ物質を通常の環境から除去しようとしても、それはすでに手遅れになる。実験室の外に出たナノ物質を検出するセンサーは存在しない。ナノテクノロジーの驚くべき可能性に秘められた危険性には十分注意する必要がある。

しかし、ここまで科学を発展させてきて神に見放された人類には、もはや引き返す道はない。科学という道具をいかに賢く使っていくのか。人類の未来はそこにかかっている。物質や生命の源を操れるようになり始めたいま、そのことはますます真実になっていくだろう。

# 主要参考文献


第1章

三輪茂雄著『粉の文化史』(新潮選書、一九八七)
三輪茂雄著『粉がつくった世界』(福音館、一九八七)
荒木宏著『奈良と鎌倉の大仏』(有隣堂、一九五九)
石野亨著『鋳造』(産業技術センター、一九七七)
樋口清之著『木炭の文化史』(東出版、一九六二)

第2章

三輪茂雄著『粉がつくった世界』(福音館、一九八七)
志村史夫著『古代日本の超技術』(講談社、一九九七)
小林達雄著『縄文土器の研究』(学生社、二〇〇二)
安田喜憲著『環境考古学のすすめ』(丸善ライブラリー、二〇〇一)
Bennet, R, Elton, J. "History of Corn Milling" (全四巻 Burt Franklin, New York, 1898)
篠田統著『中国食物史の研究』(八坂書房、一九七八)
三輪茂雄著『篩』(法政大学出版局、一九八九)
J・ニーダム著『東と西の学者と工匠』(山田慶児訳、河出書房新社、一九七八)

第3章

木内石亭著『雲根志』
『陽精顕秘訣』（一八一一）
M・ダウマス著『ラボアジェ』（島尾永康訳、東京図書、一九九八）
ファーブ著『土は生きている』（蒼樹書房、一九七六）
N・ペリン著『鉄砲を捨てた日本人』（川勝平太訳、中公文庫、一九九一）

第4章

瀧川政次郎「碾磑考」『社会科学』（改造社、一九二六）
貝原益軒著『筑前国風土記』（一七九八）
尹瑞石著『韓国の食文化史』（ドメス出版、一九九五）
村井古道著『奈良坊目拙解』（一七三五）
三輪茂雄著『臼』（法政大学出版局、一九七八）
三輪茂雄著『石臼の謎』（クオリ、一九九四）
森本孝順著『唐招提寺』（学生社、一九七二）
栄西禅師著『喫茶養生記』

第5章

J・H・リンスホーテン著『東方案内記』（一五九六）
ノエル・ペリン著『鉄砲を捨てた日本人』（川勝平太訳、中公文庫、一九九一）
柳田国男著『木綿以前の事』

市毛勲著『新版朱の考古学』(雄山閣出版、一九九八)
松田権六著『うるしの話』(岩波新書)

第6章

横井也有著『鶉衣』(一七八六)

# あとがき

私の大学時代は湯川博士の素粒子理論が華々しい時代だった。わけもわからず先生の講演会に出席したりしていた。統計的手法で書いた卒業論文は量子力学を含む物理化学であった。就職試験に行く学友を他人事のように、卒業後も大学院へと思っていた。教授も「君は院生になりなさい。君は会社には似合わない」と言う。ところが友人たちが就職試験に出て先方で優遇されているのを見て、羨ましくなり、気まぐれに受けてみたくなった。試験場は大教室三つに満杯。ところが二次試験に行って見ると僅か数十人。「先生どうしましょう」「受かったらゆくべきですよ」。ここで人生の分かれ道があった。会社に出ると「どこの工場にゆきたいか」ときかれたから、長野県に行きたい、というと、「変なやつだな、皆京浜地区というのに」。私はただ北アルプス登山に行きたかっただけである。現地で工場長が「なぜここに来た」、これこれこうと言うと「あきれたもんだ」。

案の定、現場には大学出の仕事などなかった。当時は日本に統計的品質管理の手法が導入された時期で、昭和電工はデミング賞受賞を機に全社が挙げて管理図書きに没頭していた。私は統計的手法に飽き飽きしていたから、ここで反統計派になった。現場沈潜に徹し、三直交代の勤務に着いた。開放形電気炉の仕事だったから、熱線で真っ黒になった。帰省したとき親爺が驚いたものである。「お前は土方やっとるのじゃないか」と。

しかしこの体験は私のその後の人生を決めた。列車で送られて来るコークスの倉庫番をしているとき、巨大な蟻地獄を見た。そこは本来危険故立ち入り禁止区域だった。最大5センチの塊から1ミリの混合物だった。ほとんど光が差し込まない暗い倉内に不気味に口を開けた蟻地獄。壮観でしたよと係長に報告したら大いに叱られた。それからしばらくして、近くの工場で数人が同じ蟻地獄に落ちる人身事故が起こった。

この恐怖の想い出は粒度偏析という概念を生み、私の会社における粉の研究の最初の研究を生んだ。ガリ版のものだったが、社内研究発表会を経て粉体工学会で報告書が発行され、その後粒度偏析という語は広く普及して、後に聞いたことだが、日本の熔鉱炉の研究に寄与したと聞く。

二〇〇五年八月には私の故郷の岐阜県養老郡上石津村に世界臼類文化館がオープンする予定で、四〇代の若い世代の連中が張りきっている。シルクロードを往復して完成した石臼を基本に置いている。

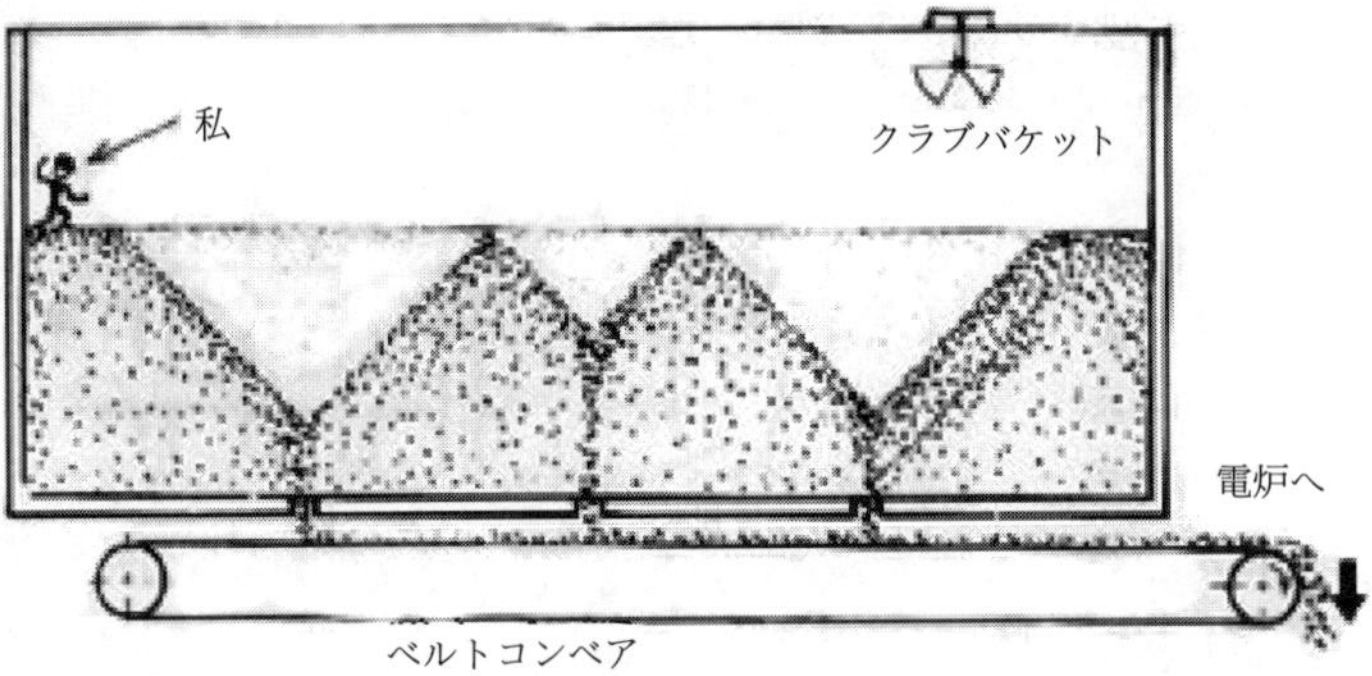

なお最後に原稿用紙を使わずＣＤにすることをお許しいただき、法政大学出版局の松永辰郎氏にご迷惑をかけたわがままをお詫びします。

私の研究の出発点を述べて粉の文化史のあとがきとします。

二〇〇五年三月吉日

三輪茂雄

著者略歴

三輪茂雄（みわ　しげお）

1927年岐阜県に生まれる．名古屋大学工学部卒業．工学博士，昭和電工を経て同志社大学教授．現在，同大学名誉教授．日本粉体工業協会名誉会員．粉体工学専攻．粉体工学会名誉会員．

著書：『臼』（ものと人間の文化史）『石臼の謎』『粉粒体工学』『粉体のフルイ分け』『篩（ふるい）』（ものと人間の文化史）『粉の文化史』『粉体工学通論』『消えゆく白砂の唄――鳴き砂幻想』ほか．

ものと人間の文化史　125・粉（こな）

2005年6月1日　初版第1刷発行



発行所 財団法人 法政大学出版局

〒102-0073 東京都千代田区九段北3-2-7
電話03(5214)5540／振替00160-6-95814
印刷／平文社　製本／鈴木製本所

Printed in Japan

ISBN4-588-21251-6

# ものと人間の文化史

★第9回梓会出版文化賞受賞

文化の基礎をなすと同時に人間のつくり上げたもっとも具体的な「かたち」である個々の「もの」について、その根源から問い直し、「もの」とのかかわりにおいて営々と築かれてきたくらしの具体相を通じて歴史を捉え直す

1　須藤利一編

## 船

海国日本では古来、漁業・水運・交易はもとより、大陸文化も船によって運ばれた。本書は造船技術、航海の模様の推移を中心に、漂流、船霊信仰、伝説の数々を語る。　四六判３６８頁・'68

2　直良信夫

## 狩猟

人類の歴史は狩猟から始まった。本書は、わが国の遺跡に出土する獣骨、猟具の実証的考察をおこないながら、狩猟をつうじて発展した人間の知恵と生活の軌跡を辿る。　四六判２７２頁・'68

3　立川昭二

## からくり

〈からくり〉は自動機械であり、驚嘆すべき庶民の技術的創意がこめられている。本書は、日本と西洋のからくりを発掘・復元・遍歴し、埋もれた技術の水脈をさぐる。　四六判４１０頁・'69

4　久下司

## 化粧

美を求める人間の心が生みだした化粧―その手法と道具に語らせた人間の欲望と本性、そして社会関係。歴史を遡り、全国を踏査して書かれた比類ない美と醜の文化史。　四六判３６８頁・'70

5　大河直躬

## 番匠

番匠はわが国中世の建築工匠。地方・在地を舞台に開花した彼らの造型・装飾・工法等の諸技術、さらに信仰と生活等、職人以前の独自で多彩な工匠的世界を描き出す。　四六判２８８頁・'71

6　額田巌

## 結び

〈結び〉の発達は人間の叡知の結晶である。本書はその諸形態および技法を作業・装飾・象徴の三つの系譜に辿り、〈結び〉のすべてを民俗学的・人類学的に考察する。　四六判２６４頁・'72

7　平島裕正

## 塩

人類史に貴重な役割を果たしてきた塩をめぐって、発見から伝承・製造技術の発展過程にいたる総体を歴史的に描き出すとともに、その多彩な効用と味覚の秘密を解く。　四六判２７２頁・'73

8　潮田鉄雄

## はきもの

田下駄・かんじき・わらじなど、日本人の生活の礎となってきた伝統的はきものの成り立ちと変遷を、二〇年余の実地調査と細密な観察・描写によって辿る庶民生活史　四六判２８０頁・'73

9　井上宗和

## 城

古代城塞・城柵から近世代名の居城として集大成されるまでの日本の城の変遷を辿り、文化の各領野で果たしてきたその役割を再検討。あわせて世界城郭史に位置づける。　四六判３１０頁・'73

10 室井綽

## 竹

食生活、建築、民芸、造園、信仰等々にわたって、竹と人間との交流史は驚くほど深く永い。その多岐にわたる発展の過程を個々に辿り、竹の特異な性格を浮彫にする。四六判324頁・'73

11 宮下章

## 海藻

古来日本人にとって生活必需品とされてきた海藻をめぐって、その採取・加工法の変遷、商品としての流通史および神事・祭事での役割に至るまでを歴史的に考証する。四六判330頁・'74

12 岩井宏實

## 絵馬

古くは祭礼における神への献馬にはじまり、民間信仰と絵画のみごとな結晶として民衆の手で描かれ祀り伝えられてきた各地の絵馬を豊富な写真と史料によってたどる。四六判302頁・'74

13 吉田光邦

## 機械

畜力・水力・風力などの自然のエネルギーを利用し、幾多の改良を経て形成された初期の機械の歩みを検証し、日本文化の形成における科学・技術の役割を再検討する。四六判242頁・'74

14 千葉徳爾

## 狩猟伝承

狩猟には古来、感謝と慰霊の祭祀がともない、人獣交渉の豊かで意味深い歴史があった。狩猟用具、巻物、儀式具、またけものたちの生態を通して語る狩猟文化の世界。四六判346頁・'75

15 田淵実夫

## 石垣

採石から運搬、加工、石積みに至るまで、石垣の造成をめぐって積み重ねられてきた石工たちの苦闘の足跡を掘り起こし、その独自な技術の形成過程と伝承を集成する。四六判224頁・'75

16 高嶋雄三郎

## 松

日本人の精神史に深く根をおろした松の伝承に光を当て、食用、薬用等の実用の松、祭祀・観賞用の松、さらに文学・芸能・美術に表現された松のシンボリズムを説く。四六判342頁・'75

17 直良信夫

## 釣針

人と魚との出会いから現在に至るまで、釣針がたどった一万有余年の変遷を、世界各地の遺跡出土物を通して実証しつつ、漁撈によって生きた人々の生活と文化を探る。四六判278頁・'76

18 吉川金次

## 鋸

鋸鍛冶の家に生まれ、鋸の研究を生涯の課題とする著者が、出土遺品や文献・絵画により各時代の鋸を復元・実験し、庶民の手仕事にみられる驚くべき合理性を実証する。四六判360頁・'76

19 飯沼二郎／堀尾尚志

## 農具

鍬と犂の交代・進化の歩みとして発達したわが国農耕文化の発展経過を世界史的視野において再検討しつつ、無名の農具たちによる驚くべき創意のかずかずを記録する。四六判220頁・'76

20 額田巌
# 包み
結びとともに文化の起源にかかわる〈包み〉の系譜を人類史的視野において捉え、衣・食・住をはじめ社会・経済史、信仰、祭事などにおけるその実際と役割とを描く。四六判354頁・'77

21 阪本祐二
# 蓮
仏教における蓮の象徴的位置の成立と深化、美術・文芸等に見る人間とのかかわりを歴史的に考察。また大賀蓮はじめ多様な品種とその来歴を紹介しつつその美を語る。四六判306頁・'77

22 小泉袈裟勝
# ものさし
ものをつくる人間にとって最も基本的な道具であり、数千年にわたって社会生活を律してきたその変遷を実証的に追求し、歴史の中で果たしてきた役割を浮彫りにする。四六判314頁・'77

23-I 増川宏一
# 将棋I
その起源を古代インドに、我国への伝播の道すじを海のシルクロードに探り、また伝来後一千年におよぶ日本将棋の変化と発展を盤、駒、ルール等にわたって跡づける。四六判280頁・'77

23-II 増川宏一
# 将棋II
わが国伝来後の普及と変遷を貴族や武家・豪商の日記等に博捜し、遊戯者の歴史をあとづけると共に、中国伝来説の誤りを正し、将棋宗家の位置と役割を明らかにする。四六判346頁・'85

24 金井典美
# 湿原祭祀 第2版
古代日本の自然環境に着目し、各地の湿原聖地を稲作社会との関連において捉え直して古代国家成立の背景を浮彫にしつつ、水と植物にまつわる日本人の宇宙観を探る。四六判410頁・'77

25 三輪茂雄
# 臼
臼が人類の生活文化の中で果たしてきた役割を、各地に遺る貴重な民俗資料・伝承と実地調査にもとづいて解明。失われゆく道具のなかに、未来の生活文化の姿を探る。四六判412頁・'78

26 盛田嘉徳
# 河原巻物
中世末期以来の被差別部落民が生きる権利を守るために偽作し護り伝えてきた河原巻物を全国にわたって踏査し、そこに秘められた最底辺の人びとの叫びに耳を傾ける。四六判226頁・'78

27 山田憲太郎
# 香料 日本のにおい
焼香供養の香から趣味としての薫物へ、さらに沈香木を焚く香道へと変遷した日本の「匂い」の歴史を豊富な史料に基づいて辿り、我国風俗史の知られざる側面を描く。四六判370頁・'78

28 景山春樹
# 神像 神々の心と形
神仏習合によって変貌しつつも、常にその原型＝自然を保持してきた日本の神々の造型を図像学的方法によって捉え直し、その多彩な形象に日本人の精神構造をさぐる。四六判342頁・'78

29 増川宏一
## 盤上遊戯
祭具・占具としての発生を『死者の書』をはじめとする古代の文献にさぐり、形状・遊戯法を分類しつつその〈進化〉の過程を考察。〈遊戯者たちの歴史〉をも跡づける。四六判326頁・'78

30 田淵実夫
## 筆
筆の里・熊野に筆づくりの現場を訪ねて、筆匠たちの境涯と製筆の由来を克明に記録しつつ、筆の発生と変遷、種類、製筆法、さらには筆塚、筆供養にまで説きおよぶ。四六判204頁・'78

31 橋本鉄男
## ろくろ
日本の山野を漂移しつづけ、高度の技術文化と幾多の伝説とをもたらした特異な旅職集団＝木地屋の生態を、その呼称、地名、伝承、文書等をもとに生き生きと描く。四六判460頁・'79

32 吉野裕子
## 蛇
日本古代信仰の根幹をなす蛇巫をめぐって、祭事におけるさまざまな蛇の「もどき」や各種の蛇の造型・伝承に鋭い考証を加え、忘れられたその呪性を大胆に暴き出す。四六判250頁・'79

33 岡本誠之
## 鋏（はさみ）
梃子の原理の発見から鋏の誕生に至る過程を推理し、日本鋏の特異な歴史的位置を明らかにするとともに、刀鍛冶等から転進した鋏職人たちの創意と苦闘の跡をたどる。四六判396頁・'79

34 廣瀬鎮
## 猿
嫌悪と愛玩、軽蔑と畏敬の交錯する日本人とサルとの関わりあいの歴史を、狩猟伝承や祭祀・風習、美術・工芸や芸能のなかに探り、日本人の動物観を浮彫りにする。四六判292頁・'79

35 矢野憲一
## 鮫
神話の時代から今日まで、津々浦々につたわるサメの伝承とサメをめぐる海の民俗を集成し、神饌、食用、薬用等に活用されてきたサメと人間のかかわりの変遷を描く。四六判292頁・'79

36 小泉袈裟勝
## 枡
米の経済の枢要をなす器として千年余にわたり日本人の生活の中に生きてきた枡の変遷をたどり、記録・伝承をもとにこの独特な計量器が果たした役割を再検討する。四六判322頁・'80

37 田中信清
## 経木
食品の包装材料として近年まで身近に存在した経木の起源を、こけら経や塔婆、木簡、屋根板等に遡って明らかにし、その製造・流通に携った人々の労苦の足跡を辿る。四六判288頁・'80

38 前田雨城
## 色 染と色彩
わが国古代の染色技術の復元と文献解読をもとに日本色彩史を体系づけ、赤・白・青・黒等におけるわが国独自の色彩感覚を探りつつ日本文化における色の構造を解明。四六判320頁・'80

39 吉野裕子

## 狐 陰陽五行と稲荷信仰

その伝承と文献を渉猟しつつ、中国古代哲学＝陰陽五行の原理の応用という独自の視点から、謎とされてきた稲荷信仰と狐との密接な結びつきを明快に解き明かす。 四六判２３２頁・'80

40-Ⅰ 増川宏一

## 賭博Ⅰ

時代、地域、階層を超えて連綿と行なわれてきた賭博。——その起源を古代の神判、スポーツ、遊戯等の中に探り、抑圧と許容の歴史を物語る。全Ⅲ分冊の〈総説篇〉。 四六判２９８頁・'80

40-Ⅱ 増川宏一

## 賭博Ⅱ

古代インド文学の世界からラスベガスまで、賭博の形態・用具・方法の時代的特質を明らかにし、夥しい禁令に賭博の不滅のエネルギーを見る。全Ⅲ分冊の〈外国篇〉。 四六判４５６頁・'82

40-Ⅲ 増川宏一

## 賭博Ⅲ

聞香、闘茶、笠附等、わが国独特の賭博を中心にその具体例を網羅し、方法の変遷に賭博の時代性を探りつつ禁令の改廃に時代の賭博観を追う。全Ⅲ分冊の〈日本篇〉。 四六判３８８頁・'83

41-Ⅰ むしゃこうじ・みのる

## 地方仏Ⅰ

古代から中世にかけて全国各地で作られた無銘の仏像を訪ね、素朴で多様なノミの跡に民衆の祈りと地域の願望を探る。宗教の伝播、文化の創造を考える異色の紀行。 四六判２５６頁・'80

41-Ⅱ むしゃこうじ・みのる

## 地方仏Ⅱ

紀州や飛騨を中心に草の根の仏たちを訪ねて、その相好と像容の魅力を探り、技法を比較考証して仏像彫刻史に位置づけつつ、中世地域社会の形成と信仰の実態に迫る。 四六判２６０頁・'97

42 岡田芳朗

## 南部絵暦

田山・盛岡地方で「盲暦」として古くから親しまれてきた独得の絵解き暦を詳しく紹介しつつその全体像を復元する。その無類の生活暦は、南部農民の哀歓をつたえる。 四六判２８８頁・'80

43 青葉高

## 野菜 在来品種の系譜

蕪、大根、茄子等の日本在来野菜をめぐって、その渡来・伝播経路、品種分布と栽培のいきさつを各地の伝承や古記録をもとに辿り、畑作文化の源流とその風土を描く。 四六判３６８頁・'81

44 中沢厚

## つぶて

弥生投弾、古代・中世の石戦と印地の様相、投石具の発達を展望しつつ、願かけの小石、正月つぶて、石こづみ等の習俗を辿り、石塊に託した民衆の願いや怒りを探る。 四六判３３８頁・'81

45 山田幸一

## 壁

弥生時代から明治期に至るわが国の壁の変遷を壁塗＝左官工事の側面から辿り直し、その技術的復元・考証を通じて建築史・文化史における壁の役割を浮き彫りにする。 四六判２９６頁・'81

46 小泉和子
# 簞笥（たんす）
★第II回江馬賞受賞
近世における簞笥の出現＝箱から抽斗への転換に着目し、以降近現代に至るその変遷を社会・経済・技術の側面からあとづける。著者自身による簞笥製作の記録を付す。四六判378頁・'82

47 松山利夫
# 木の実
山村の重要な食糧資源であった木の実をめぐる各地の記録・伝承を集成し、その採集・加工における幾多の試みを実地に検証しつつ、稲作農耕以前の食生活文化を復元。四六判384頁・'82

48 小泉袈裟勝
# 秤（はかり）
秤の起源を東西に探るとともに、わが国律令制下における中国制度の導入、近世商品経済の発展に伴う秤座の出現、明治期近代化政策による洋式秤受容等の経緯を描く。四六判326頁・'82

49 山口健児
# 鶏（にわとり）
神話・伝説をはじめ遠い歴史の中の鶏を古今東西の伝承・文献に探り、特に我国の信仰・絵画・文学等に遺された鶏の足跡を追って、鶏をめぐる民俗の記憶を蘇らせる。四六判346頁・'83

50 深津正
# 燈用植物
人類が燈火を得るために用いてきた多種多様な植物との出会いと個個の植物の来歴、特性及びはたらきを詳しく検証しつつ「あかり」の原点を問いなおす異色の植物誌。四六判442頁・'83

51 吉川金次
# 斧・鑿・鉋（おの・のみ・かんな）
古墳出土品や文献・絵画をもとに、古代から現代までの斧・鑿・鉋を復元・実験し、労働体験によって生まれた民衆の知恵と道具の変遷を蘇らせる異色の日本木工具史。四六判304頁・'84

52 額田巖
# 垣根
大和・山辺の道に神々と垣との関わりを探り、各地に垣の伝承を訪ねて、寺院の垣、民家の垣、露地の垣など、風土と生活に培われた生垣の独特のはたらきと美を描く。四六判234頁・'84

53-I 四手井綱英
# 森林I
森林生態学の立場から、森林のなりたちとその生活史を辿りつつ、産業の発展と消費社会の拡大により刻々と変貌する森林の現状を語り、未来への再生のみちをさぐる。四六判306頁・'85

53-II 四手井綱英
# 森林II
森林と人間との多様なかかわりを包括的に語り、人と自然が共生するための森や里山をいかにして創出するか、森林再生への具体的な方策を提示する21世紀への提言。四六判308頁・'98

53-III 四手井綱英
# 森林III
地球規模で進行しつつある森林破壊の現状を実地に踏査し、森と人が共存する日本人の伝統的自然観を未来へ伝えるために、いま何が必要なのかを具体的に提言する。四六判304頁・'00

54 酒向昇
## 海老（えび）
人類との出会いからエビの科学、漁法、さらには調理法を語り、めでたい姿態と色彩にまつわる多彩なエビの民俗を、地名や人名、詩歌・文学、絵画や芸能の中に探る。四六判428頁・'85

55-I 宮崎清
## 藁（わら）I
稲作農耕とともに二千年余の歴史をもち、日本人の全生活領域に生きてきた藁の文化を日本文化の原型として捉え、風土に根ざしたそのゆたかな遺産を詳細に検討する。四六判400頁・'85

55-II 宮崎清
## 藁（わら）II
床・畳から壁・屋根にいたる住居における藁の製作・使用のメカニズムを明らかにし、日本人の生活空間における藁の役割を見なおすとともに、藁の文化の復権を説く。四六判400頁・'85

56 松井魁
## 鮎
清楚な姿態と独特な味覚によって、日本人の目と舌を魅了しつづけてきたアユ――その形態と分布、生態、漁法等を詳述し、古今のアユ料理や文芸にみるアユにおよぶ。四六判296頁・'86

57 額田巌
## ひも
物と物、人と物とを結びつける不思議な力を秘めた「ひも」の謎を追って、民俗学的視点から多角的なアプローチを試みる。『結び』、『包み』につづく三部作の完結篇。四六判250頁・'86

58 北垣聰一郎
## 石垣普請
近世石垣の技術者集団「穴太」の足跡を辿り、各地城郭の石垣遺構の実地調査と資料・文献をもとに石垣普請の歴史的系譜を復元しつつ石工たちの技術伝承を集成する。四六判438頁・'87

59 増川宏一
## 碁
その起源を古代の盤上遊戯に探ると共に、定着以来二千年の歴史を時代の状況や遊び手の社会環境との関わりにおいて跡づける。逸話や伝説を排して綴る初の囲碁全史。四六判366頁・'87

60 南波松太郎
## 日和山（ひよりやま）
千石船の時代、航海の安全のために観天望気した日和山――多くは忘れられ、あるいは失われた船舶・航海史の貴重な遺跡を追って、全国津々浦々におよんだ調査紀行。四六判382頁・'88

61 三輪茂雄
## 篩（ふるい）
臼とともに人類の生産活動に不可欠な道具であった篩、箕(み)、笊(ざる)の多彩な変遷を豊富な図解入りでたどり、現代技術の先端に再生するまでの歩みをえがく。四六判334頁・'89

62 矢野憲一
## 鮑（あわび）
縄文時代以来、貝肉の美味と貝殻の美しさによって日本人を魅了し続けてきたアワビ――その生態と養殖、神饌としての歴史、漁法、螺鈿の技法からアワビ料理に及ぶ。四六判344頁・'89

63 むしゃこうじ・みのる
## 絵師
日本古代の渡来画工から江戸前期の菱川師宣まで、時代の代表的絵師の列伝で辿る絵画制作の文化史。前近代社会における絵画の意味や芸術創造の社会的条件を考える。四六判230頁・'90

64 碓井益雄
## 蛙（かえる）
動物学の立場からその特異な生態を描き出すとともに、和漢洋の文献資料を駆使して故事・習俗・神事・民話・文芸・美術工芸にわたる蛙の多彩な活躍ぶりを活写する。四六判382頁・'89

65-I 竹内淳子
## 藍（あい）I 風土が生んだ色
全国各地の〈藍の里〉を訪ねて、藍栽培から染色・加工のすべてにわたり、藍とともに生きた人々の伝承を克明に描き、風土と人間が生んだ〈日本の色〉の秘密を探る。四六判416頁・'91

65-II 竹内淳子
## 藍（あい）II 暮らしが育てた色
日本の風土に生まれ、伝統に育てられた藍が、今なお暮らしの中で生き生きと活躍しているさまを、手わざに生きる人々との出会いを通じて描く。藍の里紀行の続篇。四六判406頁・'99

66 小山田了三
## 橋
丸木橋・舟橋・吊橋から板橋・アーチ型石橋まで、人々に親しまれてきた各地の橋を訪ねて、その来歴と築橋の技術伝承を辿り、土木文化の伝播・交流の足跡をえがく。四六判312頁・'91

67 宮内悊 ★平成三年度日本技術史学会賞受賞
## 箱
日本の伝統的な箱（櫃）と西欧のチェストを比較文化史の視点から考察し、居住・収納・運搬・装飾の各分野における箱の重要な役割とその多彩な文化を浮彫りにする。四六判390頁・'91

68-I 伊藤智夫
## 絹 I
養蚕の起源を神話や説話に探り、伝来の時期とルートを跡づけ、記紀・万葉の時代から近世に至るまで、それぞれの時代・社会・階層が生み出した絹の文化を描き出す。四六判304頁・'92

68-II 伊藤智夫
## 絹 II
生糸と絹織物の生産と輸出が、わが国の近代化にはたした役割を描くと共に、養蚕の道具、信仰や庶民生活にわたる養蚕と絹の民俗、さらには蚕の種類と生態におよぶ。四六判294頁・'92

69 鈴木克美
## 鯛（たい）
古来「魚の王」とされてきた鯛をめぐって、その生態・味覚から漁法、祭り、工芸、文芸にわたる多彩な伝承文化を語りつつ、鯛と日本人とのかかわりの原点をさぐる。四六判418頁・'92

70 増川宏一
## さいころ
古代神話の世界から近現代の博徒の動向まで、さいころの役割を各時代・社会に位置づけ、木の実や貝殻のさいころから投げ棒型や立方体のさいころへの変遷をたどる。四六判374頁・'92

71 樋口清之
## 木炭
炭の起源から炭焼、流通、経済、文化にわたる木炭の歩みを歴史・考古・民俗の知見を総合して描き出し、独自で多彩な文化を育んできた木炭の尽きせぬ魅力を語る。 四六判296頁・'93

72 朝岡康二
## 鍋・釜（なべ・かま）
日本をはじめ韓国、中国、インドネシアなど東アジアの各地を歩きながら鍋・釜の製作と使用の現場に立ち会い、調理をめぐる庶民生活の変遷とその交流の足跡を探る。 四六判326頁・'93

73 田辺悟
## 海女（あま）
その漁の実際と社会組織、風習、信仰、民具などを克明に描くとともに海女の起源・分布・交流を探り、わが国漁撈文化の古層としての海女の生活と文化をあとづける。 四六判294頁・'93

74 刀禰勇太郎
## 蛸（たこ）
蛸をめぐる信仰や多彩な民間伝承を紹介するとともに、その生態・分布・捕獲法・繁殖と保護・調理法などを集成し、日本人と蛸との知られざるかかわりの歴史を探る。 四六判370頁・'94

75 岩井宏實
## 曲物（まげもの）
桶・樽出現以前から伝承され、古来最も簡便・重宝な木製容器として愛用された曲物の加工技術と機能・利用形態の変遷をさぐり、手づくりの「木の文化」を見なおす。 四六判318頁・'94

76-I 石井謙治
## 和船I
★第49回毎日出版文化賞受賞
江戸時代の海運を担った千石船（弁才船）について、その構造と技術、帆走性能を綿密に調査し、通説の誤りを正すとともに、海難と信仰、船絵馬等の考察にもおよぶ。 四六判436頁・'95

76-II 石井謙治
## 和船II
★第49回毎日出版文化賞受賞
造船史から見た著名な船を紹介し、遣唐使船や遣欧使節船、幕末の洋式船における外国技術の導入について論じつつ、船の名称と船型を海船・川船にわたって解説する。 四六判316頁・'95

77-I 金子功
## 反射炉I
日本初の佐賀鍋島藩の反射炉と精練方＝理化学研究所、島津藩の反射炉と集成館＝近代工場群を軸に、日本の産業革命の時代における人と技術を現地に訪ねて発掘する。 四六判244頁・'95

77-II 金子功
## 反射炉II
伊豆韮山の反射炉をはじめ、全国各地の反射炉建設にかかわった有名無名の人々の足跡をたどり、開国か攘夷かに揺れる幕末の政治と社会の悲喜劇をも生き生きと描く。 四六判226頁・'95

78-I 竹内淳子
## 草木布（そうもくふ）I
風土に育まれた布を求めて全国各地を歩き、木綿普及以前に山野の草木を利用して豊かな衣生活文化を築き上げてきた庶民の知られざる知恵のかずかずを実地にさぐる。 四六判282頁・'95

78-II 竹内淳子

## 草木布（そうもくふ）II

アサ、クズ、シナ、コウゾ、カラムシ、フジなどの草木の繊維から、どのようにして糸を採り、布を織っていたのか――聞書きをもとに忘れられた技術と文化を発掘する。四六判282頁・'95

79-I 増川宏一

## すごろくI

古代エジプトのセネト、ヨーロッパのバクギャモン、中近東のナルド、中国の双陸などの系譜に日本の盤雙六を位置づけ、遊戯・賭博としてのその数奇なる運命を辿る。四六判312頁・'95

79-II 増川宏一

## すごろくII

ヨーロッパの鵞鳥のゲームから日本中世の浄土双六、近世の華麗な絵双六、さらには近現代の少年誌の附録まで、絵双六の変遷を追って時代の社会・文化を読みとる。四六判390頁・'95

80 安達巖

## パン

古代オリエントに起ったパン食文化が中国・朝鮮を経て弥生時代の日本に伝えられたことを史料と伝承をもとに解明し、わが国パン食文化二〇〇〇年の足跡を描き出す。四六判260頁・'96

81 矢野憲一

## 枕（まくら）

神さまの枕・大嘗祭の枕から枕絵の世界まで、人生の三分の一を共に過す枕をめぐって、その材質の変遷を辿り、伝説と怪談、俗信と民俗、エピソードを興味深く語る。四六判252頁・'96

82-I 石村真一

## 桶・樽（おけ・たる）I

日本、中国、朝鮮、ヨーロッパにわたる厖大な資料を集成してその豊かな文化の系譜を探り、東西の木工技術史を比較しつつ世界史的視野から桶・樽の文化を描き出す。四六判388頁・'97

82-II 石村真一

## 桶・樽（おけ・たる）II

多数の調査資料と絵画・民俗資料をもとにその製作技術を復元し、東西の木工技術を比較考証しつつ、技術文化史の視点から桶・樽製作の実態とその変遷を跡づける。四六判372頁・'97

82-III 石村真一

## 桶・樽（おけ・たる）III

樹木と人間とのかかわり、製作者と消費者とのかかわりを通じて桶樽と生活文化の変遷を考察し、木材資源の有効利用という視点から桶樽の文化史的役割を浮彫にする。四六判352頁・'97

83-I 白井祥平

## 貝I

世界各地の現地調査と文献資料を駆使して、古来至高の財宝とされてきた宝貝のルーツとその変遷を探り、貝と人間とのかかわりの歴史を「貝貨」の文化史として描く。四六判386頁・'97

83-II 白井祥平

## 貝II

サザエ、アワビ、イモガイなど古来人類とかかわりの深い貝をめぐって、その生態・分布・地方名、装身具や貝貨としての利用法などを豊富なエピソードを交えて語る。四六判328頁・'97

83-Ⅲ 白井祥平
# 貝Ⅲ
シンジュガイ、ハマグリ、アカガイ、シャコガイなどをめぐって世界各地の民族誌を渉猟し、それらが人類文化に残した足跡を辿る。参考文献一覧／総索引を付す。 四六判392頁・'97

84 有岡利幸
# 松茸（まつたけ）
秋の味覚として古来珍重されてきた松茸の由来を求めて、稲作文化と里山（松林）の生態系から説きおこし、日本人の伝統的生活文化の中に松茸流行の秘密をさぐる。 四六判296頁・'97

85 朝岡康二
# 野鍛冶（のかじ）
鉄製農具の製作・修理・再生を担ってきた農鍛冶の歴史的役割を探り、近代化の大波の中で変貌する職人技術の実態をアジア各地のフィールドワークを通して描き出す。 四六判280頁・'98

86 菅 洋
# 稲 品種改良の系譜
作物としての稲の誕生、稲の渡来と伝播の経緯から説きおこし、明治以降主として庄内地方の民間育種家の手によって飛躍的発展をとげたわが国品種改良の歩みを描く。 四六判332頁・'98

87 吉武利文
# 橘（たちばな）
永遠のかぐわしい果実として日本の神話・伝説に特別の位置を占めて語り継がれてきた橘をめぐって、その育まれた風土とかずかずの伝承の中に日本文化の特質を探る。 四六判286頁・'98

88 矢野憲一
# 杖（つえ）
神の依代としての杖や仏教の錫杖に杖と信仰とのかかわりを探り、人類が突きつつ歩んだその歴史と民俗を興味ぶかく語る。多彩な材質と用途を網羅した杖の博物誌。 四六判314頁・'98

89 渡部忠世／深澤小百合
# もち（糯・餅）
モチイネの栽培・育種から食品加工、民俗、儀礼にわたってそのルーツと伝承の足跡をたどり、アジア稲作文化という広範な視野からこの特異な食文化の謎を解明する。 四六判330頁・'98

90 坂井健吉
# さつまいも
その栽培の起源と伝播経路を跡づけるとともに、わが国伝来後四百年の経緯を詳細にたどり、世界に冠たる育種と栽培・利用法を築いた人々の知られざる足跡をえがく。 四六判328頁・'99

91 鈴木克美
# 珊瑚（さんご）
海岸の自然保護に重要な役割を果たす岩石サンゴから宝飾品として知られる宝石サンゴまで、人間生活と深くかかわってきたサンゴの多彩な姿を人類文化史として描く。 四六判370頁・'99

92-Ⅰ 有岡利幸
# 梅Ⅰ
万葉集、源氏物語、五山文学などの古典や天神信仰に表れた梅の足跡を克明に辿りつつ日本人の精神史に刻印された梅を浮彫にし、梅と日本人の二〇〇〇年史を描く。 四六判274頁・'99

92-II 有岡利幸
## 梅II
その植生と栽培、伝承、梅の名所や鑑賞法の変遷から戦前の国定教科書に表れた梅まで、梅と日本人との多彩なかかわりを探り、桜との対比において梅の文化史を描く。四六判338頁・'99

93 福井貞子
## 木綿口伝（もめんくでん） 第2版
老女たちからの聞書を経糸とし、厖大な遺品・資料を緯糸として、母から娘へと幾代にも伝えられた手づくりの木綿文化を掘り起し、近代の木綿の盛衰を描く。増補版 四六判336頁・'00

94 増川宏一
## 合せもの
「合せる」には古来、一致させるの他に、競う、闘う、比べる等の意味があった。貝合せや絵合せ等の遊戯・賭博を中心に、広範な人間の営みを「合せる」行為に辿る。四六判300頁・'00

95 福井貞子
## 野良着（のらぎ）
明治初期から昭和四〇年までの野良着を収集・分類・整理し、それらの用途と年代、形態、材質、重量、呼称などを精査して、働く庶民の創意にみちた生活史を描く。四六判292頁・'00

96 山内昶
## 食具（しょくぐ）
東西の食文化に関する資料を渉猟し、食法の違いを人間の自然に対するかかわり方の違いとして捉えつつ、食具を人間と自然をつなぐ基本的な媒介物として位置づける。四六判290頁・'00

97 宮下章
## 鰹節（かつおぶし）
黒潮からの贈り物・カツオの漁法から鰹節の製法や食法、商品としての流通までを歴史的に展望するとともに、沖縄やモルジブ諸島の調査をもとにそのルーツを探る。四六判382頁・'00

98 出口晶子
## 丸木舟（まるきぶね）
先史時代から現代の高度文明社会まで、もっとも長期にわたり使われてきた刳り舟に焦点を当て、その技術伝承を辿りつつ、森や水辺の文化の広がりと動態をえがく。四六判324頁・'01

99 有岡利幸
## 梅干（うめぼし）
日本人の食生活に不可欠の自然食品・梅干をつくりだした先人たちの知恵に学ぶとともに、健康増進に驚くべき薬効を発揮する、その知られざるパワーの秘密を探る。四六判300頁・'01

100 森郁夫
## 瓦（かわら）
仏教文化と共に中国・朝鮮から伝来し、一四〇〇年にわたり日本の建築を飾ってきた瓦をめぐって、発掘資料をもとにその製造技術、形態、文様などの変遷をたどる。四六判320頁・'01

101 長澤武
## 植物民俗
衣食住から子供の遊びまで、幾世代にも伝承された植物をめぐる暮らしの知恵を克明に記録し、高度経済成長期以前の農山村の豊かな生活文化を愛惜をこめて描き出す。四六判348頁・'01

102 向井由紀子／橋本慶子

## 箸（はし）

そのルーツを中国、朝鮮半島に探るとともに、日本人の食生活に不可欠の食具となり、日本文化のシンボルとされるまでに洗練された箸の文化の変遷を総合的に描く。　四六判３３４頁・'01

103 赤羽正春

## 採集　ブナ林の恵み

縄文時代から今日に至る採集・狩猟民の暮らしを復元し、動物の生態系と採集生活の関連を明らかにしつつ、民俗学と考古学の両面から山に生かされた人々の姿を描く。　四六判２９８頁・'01

104 秋田裕毅

## 下駄　神のはきもの

古墳や井戸等から出土する下駄に着目し、下駄が地上と地下の他界を結ぶ聖なるはきものであったという大胆な仮説を提出、日本の神々の忘れられた側面を浮彫にする。　四六判３０４頁・'02

105 福井貞子

## 絣（かすり）

膨大な絣遺品を収集・分類し、絣産地を実地に調査して絣の技法と文様の変遷を地域別・時代別に跡づけ、明治・大正・昭和の手づくりの染織文化の盛衰を描き出す。　四六判３１０頁・'02

106 田辺悟

## 網（あみ）

漁網を中心に、網に関する基本資料を網羅して網の変遷と網をめぐる民俗を体系的に描き出し、網の文化を集成する。「網に関する小事典」「網のある博物館」を付す。　四六判３１６頁・'02

107 斎藤慎一郎

## 蜘蛛（くも）

「土蜘蛛」の呼称で畏怖される一方「クモ合戦」など子供の遊びとしても親しまれてきたクモと人間との長い交渉の歴史をその深層に遡って追究した異色のクモ文化論。　四六判３２０頁・'02

108 むしゃこうじ・みのる

## 襖（ふすま）

襖の起源と変遷を建築史・絵画史の中に探りつつその用と美を浮彫にし、衝立・障子・屛風等と共に日本建築の空間構成に不可欠の建具となるまでの経緯を描き出す。　四六判２７０頁・'02

109 川島秀一

## 漁撈伝承（ぎょろうでんしょう）

漁師たちからの聞き書きをもとに、寄り物、船霊、大漁旗など、漁撈にまつわる〈もの〉の伝承を集成し、海の道によって運ばれた習俗や信仰の民俗地図を描き出す。　四六判３３４頁・'03

110 増川宏一

## チェス

世界中に数億人の愛好者を持つチェスの起源と文化を、欧米における膨大な研究の蓄積を渉猟しつつ探り、日本への伝来の経緯から美術工芸品としてのチェスにおよぶ。　四六判２９８頁・'03

111 宮下章

## 海苔（のり）

海苔の歴史は厳しい自然とのたたかいの歴史だった——採取から養殖、加工、流通、消費に至る先人たちの苦難の歩みを史料と実地調査によって浮彫にする食物文化史。　四六判　　頁・'03

112 原田多加司
# 屋根 檜皮葺と柿葺
屋根葺師一〇代の著者が、自らの体験と職人の本懐を語り、連綿として受け継がれてきた伝統の手わざを体系的にたどりつつ伝統技術の保存と継承の必要性を訴える。 四六判340頁・'03

113 鈴木克美
# 水族館
初期水族館の歩みを創始者たちの足跡を通して辿りなおし、水族館をめぐる社会の発展と風俗の変遷を描き出すとともにその未来像をさぐる初の〈日本水族館史〉の試み。 四六判290頁・'03

114 朝岡康二
# 古着（ふるぎ）
仕立てと着方、管理と保存、再生と再利用等にわたり衣生活の変容を近代の日常生活の変化として捉え直し、衣服をめぐるリサイクル文化が形成される経緯を描き出す。 四六判292頁・'03

115 今井敬潤
# 柿渋（かきしぶ）
染料・塗料をはじめ生活百般の必需品であった柿渋の伝承を記録し、文献資料をもとにその製造技術と利用の実態を明らかにして、忘れられた豊かな生活技術を見直す。 四六判294頁・'03

116-I 武部健一
# 道I
道の歴史を先史時代から説き起こし、古代律令制国家の要請によって駅路が設けられ、しだいに幹線道路として整えられてゆく経緯を技術史・社会史の両面からえがく。 四六判248頁・'03

116-II 武部健一
# 道II
中世の鎌倉街道、近世の五街道、近代の開拓道路から現代の高速道路網までを通観し、道路を拓いた人々の手によって今日の交通ネットワークが形成された歴史を語る。 四六判280頁・'03

117 狩野敏次
# かまど
日常の煮炊きの道具であるとともに祭りと信仰に重要な位置を占めてきたカマドをめぐる忘れられた伝承を掘り起こし、民俗空間の壮大なコスモロジーを浮彫りにする。 四六判292頁・'04

118-I 有岡利幸
# 里山I
縄文時代から近世までの里山の変遷を人々の暮らしと植生の変化の両面から跡づけ、その源流を記紀万葉に描かれた里山の景観や大和・三輪山の古記録・伝承等に探る。 四六判276頁・'04

118-II 有岡利幸
# 里山II
明治の地租改正による山林の混乱、相次ぐ戦争による山野の荒廃、エネルギー革命、高度成長による大規模開発など、近代化の荒波に翻弄される里山の見直しを説く。 四六判274頁・'04

119 菅 洋
# 有用植物
人間生活に不可欠のものとして利用されてきた身近な植物たちの来歴と栽培・育種・品種改良・伝播の経緯を平易に語り、植物と共に歩んだ文明の足跡を浮彫にする。 四六判324頁・'04

120-I 山下涉登
# 捕鯨I
世界の海で展開された鯨と人間との格闘の歴史を振り返り、「大航海時代」の副産物として開始された捕鯨業の誕生以来四〇〇年にわたる盛衰の社会的背景をさぐる。 四六判314頁・'04

120-II 山下涉登
# 捕鯨II
近代捕鯨の登場により鯨資源の激減を招き、捕鯨の規制・管理のための国際条約締結に至る経緯をたどり、グローバルな課題としての自然環境問題を浮き彫りにする。 四六判312頁・'04

121 竹内淳子
# 紅花（べにばな）
栽培、加工、流通、利用の実際を現地に探訪して紅花とかかわってきた人々からの聞き書きを集成し、忘れられた〈紅花文化〉を復元しつつその豊かな味わいを見直す。 四六判346頁・'04

122-I 山内昶
# もののけI
日本の妖怪変化、未開社会の〈マナ〉、西欧の悪魔やデーモンを比較考察し、名づけ得ぬ未知の対象を指す万能のゼロ記号〈もの〉をめぐる人類文化史を跡づける博物誌。 四六判320頁・'04

122-II 山内昶
# もののけII
日本の鬼、古代ギリシアのダイモン、中世の異端狩り・魔女狩り等々をめぐり、自然＝カオスと文化＝コスモスの対立の中で〈野生の思考〉が果たしてきた役割をさぐる。 四六判280頁・'04

123 福井貞子
# 染織（そめおり）
自らの体験と厖大な残存資料をもとに、糸づくりから織り、染めにわたる手づくりの豊かな生活文化を見直す。創意にみちた手わざのかずかずを復元する庶民生活誌。 四六判294頁・'05

124-I 長澤武
# 動物民俗I
神として崇められたクマやシカをはじめ、人間にとって不可欠の鳥獣や魚、さらには人間を脅かす動物など、多種多様な動物たちと交流してきた人々の暮らしの民俗誌。 四六判264頁・'05

124-II 長澤武
# 動物民俗II
動物の捕獲法をめぐる各地の伝承を紹介するとともに、全国で語り継がれてきた多彩な動物民話・昔話を渉猟し、暮らしの中で培われた動物フォークロアの世界を描く。 四六判266頁・'05

125 三輪茂雄
# 粉（こな）
粉体の研究をライフワークとする著者が、粉食の発見からナノテクノロジーまで、人類文明の歩みを〈粉〉の視点から捉え直した壮大なスケールの〈文明の粉体史観〉 四六判320頁・'05